"十二五"普通高等教育本科规划教材

混凝土材料

张丰庆 主编
林荣峰 安雪蕾 副主编

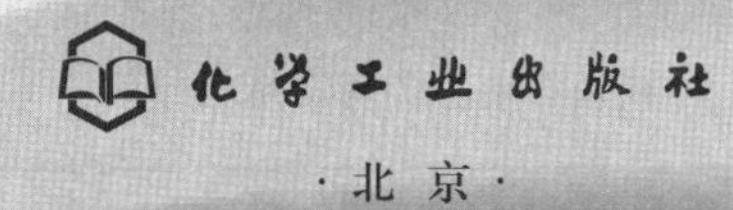

·北京·

为适应高校创新实践教学改革的需要，结合当前建筑发展背景，对混凝土实验教学内容进行理性地设计和整合，全书包含混凝土相关知识及其原材料实验，并从实验教学内容、教学方法和教学手段入手，围绕混凝土配合比设计、混凝土拌和物性能试验、混凝土长期性和耐久性、混凝土组成材料的试验展开，结合标准规范，对组成混凝土的原材料从试验入手了解，以深化读者对混凝土性能的理解，提高学生的实验动手能力，分析解决问题的能力，加强学生实践能力与创新能力的培养。

本书可以作为普通高等学校材料和土木类及相关专业本科生与研究生的实验教学用书，也可以为从事与混凝土相关工作的科技人员和相关专业工程技术人员提供参考。

图书在版编目（CIP）数据

混凝土材料/张丰庆主编．—北京：化学工业出版社，2015.8

“十二五”普通高等教育本科规划教材

ISBN 978-7-122-24084-2

Ⅰ.①混…　Ⅱ.①张…　Ⅲ.①混凝土-建筑材料-教材　Ⅳ.①TU528

中国版本图书馆CIP数据核字（2015）第111254号

责任编辑：杨　菁　李玉晖　　文字编辑：李锦侠

责任校对：王素芹　　装帧设计：韩　飞

出版发行：化学工业出版社（北京市东城区青年湖南街13号　邮政编码100011）

印　　装：三河市延风印装有限公司

787mm×1092mm　1/16　印张12¼　字数305千字　2015年8月北京第1版第1次印刷

购书咨询：010-64518888（传真：010-64519686）　售后服务：010-64518899

网　　址：http://www.cip.com.cn

凡购买本书，如有缺损质量问题，本社销售中心负责调换。

定　　价：32.00元

前言

混凝土是土木工程中用途最广、用量最大的一种建筑材料。随着社会主义建设的发展，对高等教育培养的人才提出了更高的要求。同时，考虑到我国高等教育的现状，绝大多数学校在一段时间内仍然会以建筑工程为主要培养方向，但是，很多学校存在的问题是：把土木工程中的施工和设计作为主要教学方向，而在材料专业中也不以混凝土材料作为重点教学内容，都只是把混凝土材料作为介绍内容，大部分从事混凝土材料工作方向的学生都是在实践中学习，没有系统理论的学习。

近年来我国对从事混凝土材料的研究、生产与应用等方面工作的人才的需求量呈现不断增加的趋势。在混凝土材料的研究、开发和生产中，人们越来越注重采用科学合理的方法来管理和生产，以充分提高材料、产品的性能，更好地满足实际应用的需要。因此，加强对学生在混凝土方面的基本知识、基本能力和基本技能的培养和训练，是造就适应社会需要的合格人才的客观要求。

为适应高校创新实践教学改革的需要，结合当前建筑发展背景，对混凝土实验教学内容进行理性地设计和整合，全书包含混凝土相关知识及其原材料实验，并从实验教学内容、教学方法和教学手段入手，围绕混凝土配合比设计、混凝土拌和物性能试验、混凝土长期性和耐久性、混凝土组成材料的试验展开，结合标准规范，对组成混凝土的原材料从试验入手了解，以深化读者对混凝土性能的理解，提高学生的实验动手能力，分析解决问题的能力，加强学生实践能力与创新能力的培养。混凝土及其原材料实验是充实、加深和强化学生对相关专业知识的认识和理解的重要教学环节，在培养和提高学生对基础理论、基本知识的实际运用能力方面起着不可替代的作用。本书旨在进一步充实、加深和强化学生对相关专业知识的认识和理解，使学生与时俱进，掌握材料混凝土设计和性能及其原材料实验测试方法，以深化对混凝土性能的理解，具备配合比设计、正确选择原材料以及对材料进行检测及相关性研究的能力；提高学生的实验技能、动手能力、分析问题和解决问题的能力，加强学生实践能力和创新能力的培养，为今后改进现有材料的制备工艺或探索新型材料打下基础。

本书内容丰富、涉及面广、实用性强。全书共设混凝土配合比设计、混凝土拌和物性能试验、混凝土硬化后性能试验、混凝土长期性和耐久性试验、混凝土的组成原材料试验，旨在让学生能全方位对混凝土材料有一个初步的认识。

本书由张丰庆编写1～4章，林荣峰编写5～7章、安雪蕾编写第8章，全书由张丰庆统稿。本书的出版得到了山东建筑大学材料科学与工程学院的大力支持，谨此一并表示感谢。对关心本教材和为本教材的编写付出辛勤劳动的所有老师和学生表示衷心的感谢。

鉴于编者水平有限，书中疏漏及欠妥之处在所难免，希望使用本书的老师、同学及读者及时向我们提出宝贵意见，便于我们在工作中及时改进，也可避免再版时再犯同类错误。

张丰庆

2015 年 1 月

目录

1 混凝土

混凝土是由胶凝材料、水和粗、细集料按适当比例配合、拌制成拌和物，经一定时间硬化而成的人造石材。混凝土种类繁多，按所用胶凝材料种类不同可分为水泥混凝土、石膏混凝土、水玻璃混凝土、沥青混凝土、聚合物混凝土等。土木工程中用量最大的为水泥混凝土，属于水泥基复合材料。

混凝土按体积密度的大小可分为以下四种。

① 重混凝土。干体积密度大于 2800kg/m^3，是用体积密度大的集料（重晶石、铁矿石和钢屑等）制成的混凝土。常用重混凝土干体积密度大于 3200kg/m^3。由于其对 X 射线和 γ 射线有较高的屏蔽能力，主要用于核反应堆以及其他放射线工程中。

② 普通混凝土。干体积密度为 2300～2800kg/m^3，用普通的砂、石作集料配制而成，常用普通混凝土干体积密度为 2300～2500kg/m^3。广泛应用于房屋、桥梁、大坝、路面、海洋等工程，是各种工程中用量最大的混凝土。

③ 次轻混凝土。干体积密度 1950～2300kg/m^3，除采用轻粗集料外，还部分使用了普通天然密实的粗集料。主要用于高层、大跨度结构。

④ 轻混凝土。干体积密度小于 1950kg/m^3，是采用轻集料或引入气孔制成的混凝土，包括轻集料混凝土、多孔混凝土和大孔混凝土。强度等级较高的轻混凝土可用于桥梁、房屋等承重结构，强度等级较低的轻混凝土主要作隔热保温用。

混凝土还可按照主要功能或结构特征、施工特点来分类，如防水混凝土、耐热混凝土、高强混凝土、泵送混凝土、流态混凝土、喷射混凝土、纤维混凝土等。

1.1 普通混凝土的组成材料

普通混凝土一般由水泥、砂、石和水所组成，其结构如图 1-1 所示。为改善混凝土的某些性能还常加入适量的外加剂和掺和料。水和水泥组成水泥浆，水泥浆包裹在砂的表面，并填充于砂的空隙中形成砂浆，砂浆又包裹在石子的表面，并填充石子的空隙。水泥浆和砂浆在混凝土拌和物中分别起到润滑砂、石的作用，使混凝土具有施工要求的流动性，并使混凝土易于成型密实。硬化后，水泥石将砂、石牢固地胶结成为整体，使混凝土具有所需的强度、耐久性等性能。通常所用砂、石的强度高于水泥石的强度，且砂、石占混凝土总体积的 65%～75%，因而它们在混凝土中起到骨架的作用，又称为集料。集料主要起到限制与减小混凝土的干缩与开

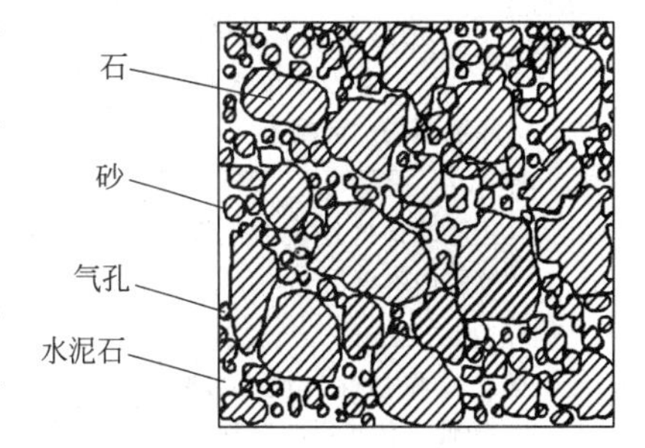

图 1-1　混凝土结构示意图

裂，减少水泥用量、降低水泥水化热与混凝土温升，降低混凝土成本的作用，并可起到提高混凝土强度和耐久性的作用。

混凝土是一种非均质多相复合材料。从亚微观上来看，混凝土是由粗、细集料、水泥的水化产物、毛细孔、气孔、微裂纹（因水化热、干缩等致使水泥石开裂）、界面微裂纹（因干缩、泌水所致）及界面过渡层等组成。混凝土在受力之前，内部就存在有许多微裂纹。界面过渡层是由于泌水等原因，在集料表面形成的厚度为 30～60μm 的水泥石薄层，结构相对较为疏松，其中常含有微裂纹或孔隙。界面过渡层对混凝土的强度和耐久性有着重大的影响，特别是粗集料与砂浆（或水泥石）的界面。从宏观上看，混凝土是由集料和水泥石组成的二相复合材料。因此，混凝土的性质主要取决于混凝土中集料与水泥石的性质、它们的相对含量以及集料与水泥石间的界面黏结强度。

集料的强度一般均高于水泥石的强度，因而普通混凝土的强度主要取决于水泥石的强度和界面黏结强度，界面黏结强度又取决于水泥石的强度和集料的表面状况（粗糙程度、棱角的多少、黏附的泥等杂质的多少、吸水性的大小等），以及凝结硬化条件和混凝土拌和物的泌水性等。界面是普通混凝土中最为薄弱的环节。

1.1.1 水泥

1.1.1.1 水泥的品种选择

配制普通混凝土通用的水泥有：硅酸盐水泥、普通水泥、矿渣水泥、火山灰水泥、粉煤灰水泥和复合水泥。必要时也可采用快硬硅酸盐水泥或其他水泥。水泥品种的选择应根据混凝土工程特点、所处环境条件以及设计施工的要求进行，常用水泥品种的选择见表 1-1。

表 1-1 不同环境及工程特点条件下常用水泥的选用

混凝土工程特点或所处环境条件		优先选用	可以选用	不得使用
环境条件	在普通气候环境中的混凝土	普通硅酸盐水泥	矿渣硅酸盐水泥，火山灰质硅酸盐水泥，粉煤灰硅酸盐水泥	
	在干燥环境中的混凝土	普通硅酸盐水泥	矿渣硅酸盐水泥	火山灰硅酸盐水泥、粉煤灰硅酸盐水泥
	在高温、湿度环境中或永远处在水下的混凝土	矿渣硅酸盐水泥	普通硅酸盐水泥、火山灰质硅酸盐水泥、粉煤灰硅酸盐水泥	
	严寒地区的露天混凝土、寒冷地区处在水位升降范围内的混凝土	普通硅酸盐水泥（强度等级≥32.5 级）	矿渣硅酸盐水泥（强度等级≥32.5 级）	火山灰硅酸盐水泥、粉煤灰硅酸盐水泥
	严寒地区处在水位升降范围内的混凝土	普通硅酸盐水泥（强度等级≥32.5 级）		火山灰硅酸盐水泥、粉煤灰硅酸盐水泥、矿渣硅酸盐水泥
	受侵蚀性环境水或侵蚀性气体作用的混凝土	根据侵蚀性介质的种类、浓缩等具体条件按专门（或设计）规定选用		
工程特点	厚大体积的混凝土	粉煤灰硅酸盐水泥、矿渣硅酸盐水泥	普通硅酸盐水泥、火山灰硅酸盐水泥	硅酸盐水泥、快硬硅酸盐水泥

续表

混凝土工程特点或所处环境条件		优先选用	可以选用	不得使用
工程特点	要求快硬的混凝土	硅酸盐水泥、快硬硅酸盐水泥	普通硅酸盐水泥	矿渣硅酸盐水泥、火山灰硅酸盐水泥、粉煤灰硅酸盐水泥
	高强（大于C50）的混凝土	硅酸盐水泥	普通硅酸盐水泥、矿渣硅酸盐水泥	火山灰质硅酸盐水泥、粉煤灰硅酸盐水泥
	有抗渗要求的混凝土	普通硅酸盐水泥、火山灰硅酸盐水泥		矿渣硅酸盐水泥
	有耐磨要求的混凝土	硅酸盐水泥、普通硅酸盐水泥(强度等级≥32.5级)	矿渣硅酸盐水泥(强度等级≥32.5级)	火山灰硅酸盐水泥、粉煤灰硅酸盐水泥

1.1.1.2 水泥强度等级选择

水泥强度等级的选择应与混凝土的设计强度等级相适应。混凝土用水泥强度等级选择的一般原则是：配制高强度的混凝土选用强度等级高的水泥；配制低强度的混凝土，选用强度等级低的水泥。对C30及其以下的混凝土，水泥强度等级一般应为混凝土强度等级的1.5～2.5倍；对C30～C50的混凝土，水泥强度等级一般应为混凝土强度等级的1.1～1.5倍；对C60以上的高强混凝土，水泥强度等级与混凝土强度等级的比值可小于1.0，但一般不宜低于0.70。如配制混凝土的水泥强度偏低，会使水泥用量过大，不经济，而且会显著增加混凝土的水化热和温升、干缩与徐变。如配制混凝土的水泥强度偏高，则水泥用量必然偏少，会影响混凝土的和易性和密实度，导致该混凝土的耐久性差。如必须用强度等级高的水泥配低强度的混凝土，可通过掺入一定数量的混合材料来改善和易性，提高密实度。

过分追求高强度水泥或早强型水泥在很多情况下是非常有害的。高强度水泥或早强型水泥，特别是铝酸三钙含量高的水泥，凝结硬化速度快、水化放热量高，化学收缩和干缩大，常会使混凝土在尚未凝结的情况下，即在塑性阶段出现大量表面裂纹（即早期塑性开裂），这对混凝土的耐久性极为不利。此种现象在掺用膨胀剂、高效减水剂、促凝型外加剂等的混凝土中，更易出现。

1.1.2 集料

1.1.2.1 集料的分类

集料按粒径大小分为粗集料和细集料。

粒径为0.15～4.75mm（方孔筛）的集料称为细集料，俗称砂。混凝土用砂分为天然砂、人工砂两类。天然砂是由自然风化、水流搬运、分选和堆积形成的、粒径小于4.75mm的岩石颗粒，但不包括软质岩、风化岩石的颗粒。天然砂按产源分为河（江）砂、山砂、海砂等。山砂表面粗糙、棱角高，含泥量和有机质含量较高。海砂长期受海水的冲刷，表面圆滑，较为清洁，但海砂中常混有贝壳和较多的盐分；河砂（江砂）的表面圆滑，较为清洁，且分布广，为混凝土的主要用砂，特别是河砂的耐磨性较机制砂高，故在混凝土路面中广泛使用。

人工砂是经过除土处理的机制砂、混合砂的统称。机制砂是由天然岩石或河卵石破碎而成的，表面粗糙、棱角多、较为清洁，但砂中含有较多的片状颗粒及石粉，且成本较高，一般仅在缺乏天然砂时才使用。使用机制砂时，其磨光值应大于35。由泥岩、页岩、板岩制得的机制砂的耐磨性差，不宜用于路面和桥面混凝土。

粒径大于4.75mm的集料称为粗集料，俗称石。常用的有碎石和卵石两类。碎石是天然岩石经过机械破碎、筛分制成的、粒径大于4.75mm的岩石颗粒。卵石是由自然风化、水流搬运、分选和堆积而成的、粒径大于4.75mm的岩石颗粒。卵石和碎石颗粒的长度大于该颗粒所属相应粒级的平均粒径的2.4倍者称为针状颗粒；厚度小于平均粒径的0.4倍者称为片状颗粒（平均粒径指该粒级上、下限粒径的平均值）。

1.1.2.2 集料的技术性质对混凝土性能的影响

集料的各项性能指标将直接影响到混凝土的施工性能和使用性能。集料的主要技术性质包括：颗粒级配及粗细程度、颗粒形态和表面特征、强度、坚固性、含泥量、泥块含量、有害物质及碱集料反应等。

（1）颗粒级配及粗细程度

颗粒级配表示集料大小颗粒的搭配情况。在混凝土中集料间的空隙是由水泥浆所填充的，为达到节约水泥和提高强度的目的，应尽量减少集料的总表面积和集料间的空隙。集料的总表面积通过集料粗细程度控制，集料间的空隙通过颗粒级配来控制。

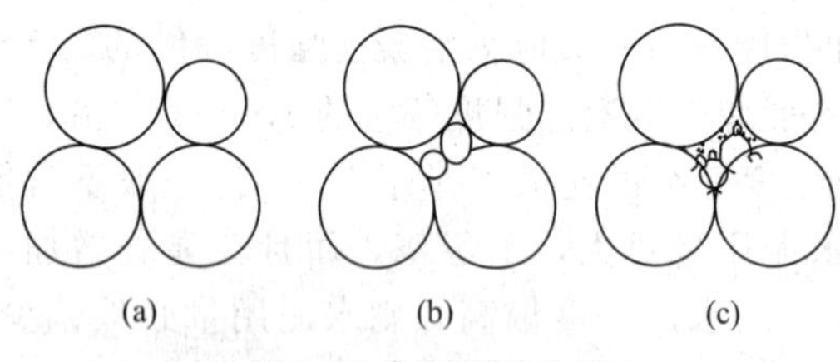

图1-2 集料颗粒级配

从图1-2可以看到：如果集料粗细相同，则空隙很大［见图1-2(a)］；粗颗粒间填充了小的颗粒，则空隙就减少了［见图1-2(b)］；当用更小的颗粒填充，其空隙就更小了［见图1-2(c)］。由此可见，要想减小颗粒间的空隙，就必须有大小不同的颗粒搭配。

在配制混凝土时，集料的颗粒级配和粗细程度这两个因素应同时考虑。当集料的级配良好且颗粒较大时，则使空隙及总表面积均较小，这样的集料比较理想，不仅水泥浆用量较少，而且还可以提高混凝土的密实性和强度。粗集料颗粒级配有连续级配与间断级配之分。连续级配是从最大粒径开始，由大到小各级相连，其中每一级石子都占有相当的比例，连续级配在工程中应用较多。间断级配是各级石子不连续，即省去中间的一级、二级石子。例如将5～10mm与20～40mm两种粒级的石子配合使用，中间缺少了10～20mm的石子，即称为间断级配。间断级配能降低集料的空隙率，可节约水泥，但易使混凝土拌和物产生离析，故工程中应用较少。

工程中应优先使用中砂或粗砂。当使用细砂和特细砂时，应采取一些相应的技术措施。对路面工程，应优先使用中砂，也可使用细度模数为2.0～3.5的砂，而细砂和特细砂会降低路面的耐磨性和抗滑性，因而不宜选用。

（2）颗粒形态和表面特征

集料特别是粗集料的颗粒形状和表面特征对水泥混凝土和沥青混合料的性能有显著的影响。通常，集料颗粒有浑圆状、多棱角状、针状和片状四种类型。其中，较好的是接近球体或立方体的浑圆状和多棱角状颗粒；呈细长和扁平的针状和片状颗粒对水泥混凝土的和易性、强度和稳定性等性能有不良影响，因此，应限制集料中针、片状颗粒的含量。

针、片状集料的比表面积与空隙率较大，且内摩擦力大，受力时易折断，含量高时会显著增加混凝土的用水量、水泥用量及混凝土的干缩与徐变，降低混凝土拌和物的流动性及混凝土的强度与耐久性。针片状颗粒还影响混凝土的铺摊效果和平整度。国内大部分采石厂使用颚式破碎机加工集料，虽然生产效率高，价格便宜，但集料中的针片状颗粒多、质量低，在很大程度上制约了配制的混凝土的质量。锤式、反击式、对流式破碎机生产的粒型较好。

C60与C60以上的混凝土，以及泵送混凝土、自密实混凝土、高耐久性混凝土，粗集料中针、片状颗粒的含量须小于10%，高性能混凝土须小于5%；C30～C55的混凝土以及有耐久性要求的混凝土，小于15%；C30以下的混凝土，须小于25%（道路混凝土须小于20%）；C10及C10以下的混凝土，可放宽到40%。

集料的表面特征又称表面结构，是指集料表面的粗糙程度及孔隙特征等。集料按表面特征分为光滑的、平整的和粗糙的颗粒表面。集料的表面特征主要影响混凝土的和易性和胶结料的黏结力：表面粗糙的集料制作的混凝土的和易性较差，与胶结料的黏结力较强；反之，表面光滑的集料制作的混凝土的和易性较好，一般与胶结料的黏结力较差。

（3）强度

粗集料在水泥混凝土中起骨架作用，应具有一定的强度。粗集料的强度可用抗压强度和压碎指标值两种方法表示。碎石的强度用岩石的抗压强度和碎石的压碎指标值来表示，卵石的强度用压碎指标值来表示。工程上可采用压碎指标值来进行质量控制。

压碎指标值越大，则粗集料的强度越小。C60及C60以上的混凝土应进行岩石的抗压强度检验。岩石的抗压强度与混凝土强度等级之比不应小于1.5。

（4）坚固性

坚固性是指集料在自然风化和其他外界物理化学因素作用下抵抗破坏的能力。集料在长期受到各种自然因素的综合作用下，其物理力学性能会逐渐下降。这些自然因素包括温度变化、干湿变化和冻融循环等。对粗集料及天然砂采用硫酸钠溶液法进行试验，对人工砂采用压碎值指标法进行试验。

（5）含泥量与泥块含量

粒径小于0.075mm的黏土、淤泥、石屑等粉状物统称为泥。块状的黏土、淤泥统称为泥块或黏土块（对于细集料指粒径大于1.20mm，经水洗手捏后成为小于0.60mm的颗粒；对于粗集料指粒径大于4.75mm，经水洗手捏后成为小于2.36mm的颗粒）。泥常包覆在砂粒的表面，因而会大大降低砂与水泥石间的界面黏结力，使混凝土的强度降低，同时泥的比表面积大，含量多时会降低混凝土拌和物流动性，或增加拌和用水量和水泥用量以及混凝土的干缩与徐变，并使混凝土的耐久性降低。泥块对混凝土性质的影响更为严重，因为它在搅拌时不易散开。

（6）有害物质

集料中除不应有草根、树叶、塑料、煤块、炉渣等杂物外，应对卵石和碎石中的有机物、硫化物及硫酸盐做出限制，还应对砂中的云母、轻物质、氯化物做出限制。

硫化物、硫酸盐、有机物等对水泥石有腐蚀作用。云母表面光滑，与水泥石的黏结力差，且本身强度低，会降低混凝土的强度和耐久性。

轻物质（表观密度小于2000kg/m^3）本身强度低，与水泥石黏结不牢，因而会降低混凝土强度及耐久性。

氯离子对钢筋有腐蚀作用，当采用海砂配制混凝土时，海砂中氯离子含量不应大于0.06%（以干砂的质量计）；对于预应力混凝土，则不宜用海砂。

（7）碱集料反应

碱集料反应是指水泥、外加剂等混凝土构成物及环境中的碱集料中碱活性矿物在潮湿环境下缓慢发生并导致混凝土开裂破坏的膨胀反应。碱集料反应包括碱-硅酸盐反应和碱-碳酸盐反应等。

集料中若含有无定形二氧化硅等活性集料，当混凝土中有水分存在时能与水泥中的碱（K_2O及Na_2O）起作用，产生碱-集料反应，使混凝土发生破坏。重要工程混凝土使用的集料或者怀疑集料中含有无定形二氧化硅可能引起碱-集料反应时，应进行专门试验，以确定集料是否可用。

(8) 集料的含水状态

集料含水状态可分为干燥状态、气干状态、饱和面干状态和湿润状态四种，如图 1-3 所示。

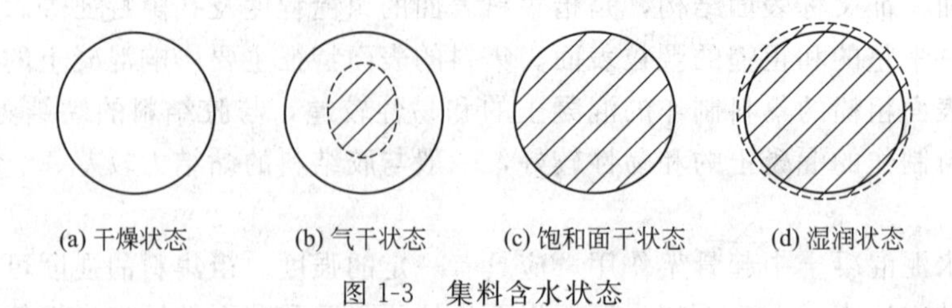

图 1-3　集料含水状态

① 干燥状态　含水率等于或接近于零［见图 1-3(a)］。

② 气干状态　含水率与大气湿度相平衡［见图 1-3(b)］。

③ 饱和面干状态　集料表面干燥而内部孔隙含水达到饱和［见图 1-3(c)］。

④ 湿润状态　集料内部孔隙充满水，而且表面还附有一层表面水［见图 1-3(d)］。

在拌制混凝土时，由于集料含水状态不同，将影响混凝土的用水量和集料用量。集料在饱和面干状态时的含水率，称为饱和面干吸水率。在计算混凝土中各项材料的配合比时，如以饱和面干集料为基准，则不会影响混凝土的用水量和集料用量，因为饱和面干集料既不从混凝土中吸取水分，也不向混凝土拌和物中释放水分。因此一些大型水利工程常以饱和面干状态集料为基准，这样混凝土的用水量控制比较准确。

在一般工业和民用建筑工程中混凝土配合比设计，常以干燥状态集料为基准。这是因为坚固的集料其饱和面干吸水率一般不超过 2%，而且在工程施工中，必须经常测定集料的含水率，以及时调整混凝土组成材料实际用量的比例，从而保证混凝土的质量。

1.1.3　掺和料

在混凝土拌和物制备时，为了节约水泥、改善混凝土性能、调节混凝土强度等级而加入的天然或人工的矿物材料，通称为混凝土矿物掺和料，已成为混凝土的第六组分。矿物掺和料的比表面积一般应大于 $350m^2/kg$。比表面积大于 $600m^2/kg$ 的称为超细矿物掺和料，其增强效果更优，但对混凝土早期塑性开裂有不利影响。

用于混凝土中的掺和料可分为两大类。

① 非活性矿物掺和料　非活性矿物掺和料一般与水泥组分不起化学作用或化学作用很小，如磨细石英砂、石灰石或活性指标达不到要求的矿渣等材料。

② 活性矿物掺和料　活性矿物掺和料虽然本身不硬化或硬化速度很慢，但能与水泥水化产生的 $Ca(OH)_2$ 发生化学反应，生成具有水硬性的胶凝材料。如粒化高炉矿渣粉、火山灰质材料、粉煤灰、硅灰等。

1.1.3.1　粉煤灰

粉煤灰是从煅烧煤粉的锅炉烟气中收集到的细粉末，其颗粒多呈球形，表面光滑。粉煤灰按其钙含量分为高钙粉煤灰和低钙粉煤灰。

粉煤灰的细度、活性氧化硅和活性氧化铝的含量等直接影响粉煤灰的质量。为提高粉煤灰的活性，经常将粉煤灰进行磨细处理。高钙粉煤灰的活性优于低钙粉煤灰，但使用时需注意其体积安定性必须合格。低钙粉煤灰的来源比较广泛，是当前国内外用量最大、使用范围最广的混凝土掺和料。

由于粉煤灰为球形玻璃体微珠，掺入到混凝土中可减少用水量或可提高混凝土拌和物的和易性，特别是混凝土拌和物的流动性。此外，掺加粉煤灰还可以减小混凝土的干缩性，提高混凝土的体积安定性。

粉煤灰适合用于普通工业与民用建筑结构用的混凝土，尤其适用于配制预应力混凝土、高强混凝土、高性能混凝土、泵送混凝土与流态混凝土、大体积混凝土、抗渗混凝土、高抗冻性混凝土、抗硫酸盐与抗软水侵蚀的混凝土、蒸养混凝土、轻集料混凝土、地下与水下工程混凝土、压浆混凝土、碾压混凝土、道路混凝土等。当粉煤灰用于抗冻性要求高的混凝土时，必须掺加引气剂；用于水泥混凝土路面工程时不得使用湿排灰、潮湿粉煤灰和已结块的粉煤灰；此外，非大体积工程低温季节施工时，粉煤灰掺量不宜太多。

1.1.3.2 硅灰

硅灰又称硅粉，是从电弧炉冶炼硅铁合金时所排放烟气中收集到的颗粒极细的烟尘，色呈铅灰到深灰。是石英在2000℃的高温下被还原成Si、SiO气体，冷却过程中又被氧化成SiO_2的极微细颗粒。硅灰中SiO_2的含量达80%以上，主要是非晶体的SiO_2。硅灰颗粒的平均粒径为0.1～0.2μm，比表面积为20000～25000m^2/kg，因而具有极高的活性。

硅灰有很高的火山灰活性，硅灰取代水泥的效果远远高于粉煤灰，它可大幅度提高混凝土的强度、抗渗性、抗侵蚀性，并可明显抑制碱-集料反应，降低水化热，减小温升。由于硅灰的活性极高，即使在早期也会与氢氧化钙发生水化反应。所以，利用硅灰取代水泥后还可提高混凝土的早期强度。由于硅灰的比表面积巨大，故掺加硅灰后混凝土拌和物的泌水性和流动性明显降低，须配以减水剂才能保证混凝土的和易性。硅灰对混凝土的早期干裂有促进作用，使用时需特别注意。

硅灰的取代水泥量一般为5%～15%，使用时必须同时掺加减水剂，以保证混凝土的流动性。同时，掺用硅灰和高效减水剂可配制出100MPa的高强混凝土，但由于硅灰的价格很高，故一般只用于高强或超高强混凝土、泵送混凝土、高耐久性混凝土以及其他高性能混凝土。

1.1.3.3 磨细粒化高炉矿渣

由粒化高炉矿渣磨细而得（磨细时可添加少量石膏），简称磨细矿渣或矿渣粉。磨细矿渣的活性与其碱性系数［$M=(mCaO+mMgO)/(mSiO_2+mAl_2O_3)$，$M>1$为碱性矿渣，$M=1$为中性矿渣，$M<1$为酸性矿渣］和质量系数［$K=(mCaO+mMgO+mAl_2O_3)/(mSiO_2+mMnO+mTiO_2)$］有着密切的关系。通常采用碱性系数$M>1$，质量系数$K\geqslant1.2$的粒化高炉矿渣来磨制。磨细矿渣除含有活性$SiO_2$和$Al_2O_3$外，还含有部分$\beta$-$C_2S$，因而磨细矿渣具有较高的活性，其掺量与效果均高于粉煤灰。

磨细矿渣的掺量为10%～70%，对拌和物的流动性影响不大，可明显降低混凝土的温升。细度较低时，随掺量的增加，泌水量增大。对混凝土的干缩影响不大，但超细矿渣会加大混凝土的塑性开裂。磨细矿渣的适用范围与粉煤灰基本相同，但掺量更高。

1.1.3.4 磨细天然沸石

磨细天然沸石，由天然沸石（主要为斜发沸石和丝光沸石）磨细而成，代号Z。沸石是含有微孔的含水铝酸盐矿物，SiO_2含量为60%～70%，Al_2O_3含量为8%～12%，内比表面积很大。因此，磨细沸石具有较高的活性，其效果优于粉煤灰。

磨细天然沸石的掺量一般为5%～20%，掺加后混凝土拌和物的流动性降低，掺量大时，流动性显著降低。掺加沸石粉可提高混凝土的抗冻性、抗渗性，抑制碱-集料反应（优于磨细矿渣和粉煤灰），但干缩有所增大。

两种以上矿物掺和料复合使用可以获得较单掺一种矿物掺和料更大的掺量和更好的技术效果。因此，在条件允许的情况下，应尽量复合使用矿物掺和料。

1.1.4 掺和料

混凝土外加剂是在拌制混凝土过程中掺入的用以改善混凝土性能的物质，又称为混凝土化学外加剂。外加剂掺量一般不大于水泥质量的5%（特殊情况除外）。外加剂的掺量虽小，但其技术经济效果却显著，因此，外加剂已成为混凝土的重要组成部分，被称为混凝土的第五组分，越来越广泛地应用在混凝土中。混凝土外加剂按功能主要分为四类。

① 改善混凝土拌和物流变性能的外加剂　包括各种减水剂、引气剂和泵送剂等。

② 调节混凝土凝结时间、硬化性能的外加剂　包括缓凝剂、早强剂和速凝剂等。

③ 改善混凝土耐久性的外加剂　包括引气剂、防水剂和阻锈剂等。

④ 改善混凝土其他性能的外加剂　如加气剂、膨胀剂、防冻剂、着色剂、防水剂等。

建筑工程上常用的外加剂有：减水剂、早强剂、缓凝剂、引气剂和复合型外加剂等。

外加剂的掺入方法有以下三种。

① 先掺法　先将外加剂与水泥混合，然后再与集料和水一起搅拌。

② 后掺法　在混凝土拌和物送到浇筑地点后，才加入外加剂并再次搅拌均匀。

③ 同掺法　将外加剂先溶于水形成溶液再加入拌和物中一起搅拌。

1.1.5 混凝土拌和及养护用水

混凝土的拌和用水及养护用水应符合JGJ 63—2006《混凝土拌和用水标准》的规定。凡符合国家标准的生活饮用水，均可拌制混凝土。

混凝土拌和用水水源可分为饮用水、地表水、地下水、海水以及经适当处理或处置后的工业废水。

对混凝土拌和及养护用水质量的要求是：不得影响混凝土的和易性及凝结（水泥初凝时间差及终凝时间差均不大于30min，且初凝及终凝时间应符合水泥标准的要求）；不得有损于混凝土强度（水泥胶砂强度3d、28d强度不应低于饮用水配制的水泥胶砂3d、28d强度的90%）及污染表面；不得降低混凝土的耐久性和腐蚀钢筋。

海水中含有硫酸盐、镁盐和氯化物，对水泥石有侵蚀作用，造成钢筋锈蚀，因此不得用于拌制钢筋混凝土和预应力混凝土。拌和水中有害物质含量限值见表1-2。

表1-2　拌和水中有害物质含量限值

项目	预应力混凝土	钢筋混凝土	素混凝土
pH值	≥5	≥4.5	≥4.5
不溶物/(mg/L)	≤2000	≤2000	≤5000
可溶物/(mg/L)	≤2000	≤5000	≤10000
Cl^-/(mg/L)	≤500	≤1000	≤3500
SO_4^{2-}/(mg/L)	≤600	≤2000	≤2700
碱含量/(mg/L)	≤1500	≤1500	≤1500

注：1. 对于使用年限为100年的结构混凝土，Cl^-含量不得超过500mg/L；对使用钢丝或经处理钢筋的预应力混凝土，Cl^-不得超过350mg/L。

2. 碱含量按$Na_2O+0.658K_2O$计算值来表示。采用非碱性活性集料时，可不检验碱含量。

1.2 普通混凝土的配合比设计及质量控制

1.2.1 混凝土的基本要求与质量控制

1.2.1.1 混凝土的基本要求

建筑工程中所使用的混凝土必须满足以下四项基本要求。

① 混凝土拌和物须具有与施工条件相适应的和易性。

② 满足混凝土结构设计的强度等级。

③ 具有适应所处环境条件的耐久性。

④ 在保证上述三项基本要求的前提下的经济性。

1.2.1.2 混凝土的质量控制

混凝土质量控制的目标是使所生产的混凝土能按规定的保证率满足设计要求。质量控制过程包括以下三个过程。

① 混凝土生产前的初步控制，主要包括人员配备、设备调试、组成材料的检验及配合比的确定与调整等内容。

② 混凝土生产过程中的控制，包括控制称量、搅拌、运输、浇筑、振捣及养护等内容。

③ 混凝土生产后的合格性控制，包括批量划分，确定批取样数，确定检测方法和验收界限等内容。

1.2.1.3 混凝土生产质量水平评定

用数理统计方法可求出几个特征统计量：强度平均值（$\overline{f}_{cu}$）、强度标准差（σ）以及变异系数（C_v）。强度标准差越大，说明强度的离散程度越大，混凝土质量愈不均匀。也可用变异系数来评定，变异系数愈小，混凝土质量愈均匀。我国《混凝土强度检验评定标准》根据强度标准差的大小，将混凝土生产单位的质量管理水平划分为“优良”、“一般”及“差”三等。

1.2.1.4 混凝土配合比设计的基本规定

① 混凝土配合比设计应采用工程实际使用的原材料；配合比设计所采用的细骨料含水率应小于 0.5%，粗骨料含水率应小于 0.2%。

② 混凝土的最大水胶比应符合现行国家标准《混凝土结构设计规范》GB 50010 的规定。

③ 除配置 C15 及其以下强度等级的混凝土外，混凝土的最小胶凝材料用量应符合表 1-3 的规定。

表 1-3 混凝土的最小胶凝材料用量

最大水胶比	最小胶凝材料用量/(kg/m³)		
	素混凝土	钢筋混凝土	预应力混凝土
0.60	250	280	300
0.55	280	300	300
0.50	320		
≤0.45	330		

④ 矿物掺和料在混凝土中的掺量应通过试验确定。采用硅酸盐水泥或普通硅酸盐水泥

时，钢筋混凝土中矿物掺和料的最大掺量宜符合表1-4的规定，预应力混凝土中矿物掺和料的最大掺量宜符合表1-5的规定。对基础大体积混凝土，粉煤灰、粒化高炉矿渣粉和复合掺和料的最大掺量可增加5%。采用掺量大于30%的C类粉煤灰的混凝土应以实际使用的水泥和粉煤灰掺量进行安定性检验。

表1-4　钢筋混凝土中矿物掺和料的最大掺量

矿物掺和料种类	水胶比	最大掺量/%	
		采用硅酸盐水泥时	采用普通硅酸盐水泥时
粉煤灰	≤0.40	45	35
	>0.40	40	30
粒化高炉矿渣粉	≤0.40	65	55
	>0.40	55	45
钢渣粉	—	30	20
磷渣粉	—	30	20
硅灰	—	10	10
复合掺和料	≤0.40	65	55
	>0.40	55	45

注：1. 采用其他通用硅酸盐水泥时，宜将水泥混合材掺量20%以上的混合材量计入矿物掺和料。
2. 复合掺和料各组分的掺量不宜超过单掺时的最大掺量。
3. 在混合使用两种或两种以上矿物掺和料时，矿物掺和料总掺量应符合表中复合掺和料的规定。

表1-5　预应力混凝土中矿物掺和料的最大掺量

矿物掺和料种类	水胶比	最大掺量/%	
		采用硅酸盐水泥时	采用普通硅酸盐水泥时
粉煤灰	≤0.40	35	30
	>0.40	25	20
粒化高炉矿渣粉	≤0.40	55	45
	>0.40	45	35
钢渣粉	—	20	10
磷渣粉	—	20	10
硅灰	—	10	10
复合掺和料	≤0.40	55	45
	>0.40	45	35

注：1. 采用其他通用硅酸盐水泥时，宜将水泥混合材掺量20%以上的混合材量计入矿物掺和料。
2. 复合掺和料各组分的掺量不宜超过单掺时的最大掺量。
3. 在混合使用两种或两种以上矿物掺和料时，矿物掺和料总掺量应符合表中复合掺和料的规定。

⑤ 混凝土拌和物中水溶性氯离子最大含量应符合表1-6的规定，其测试方法应符合现行行业标准《水运工程混凝土试验规程》JTJ 270中混凝土拌和物中氯离子含量的快速测定方法的规定。

⑥ 长期处于潮湿或水位变动的寒冷和严寒环境以及盐冻环境的混凝土应掺用引气剂，引气剂的掺量应根据混凝土含气量要求经试验确定，混凝土最小含气量应符合表1-7的规定，最大不宜超过7.0%。

表 1-6 混凝土拌和物中水溶性氯离子最大含量

环境条件	水溶性氯离子最大含量/%(水泥用量的质量分数)		
	钢筋混凝土	预应力混凝土	素混凝土
干燥环境	0.30	0.06	1.00
潮湿但不含氯离子的环境	0.20		
潮湿且含有氯离子的环境、盐渍土环境	0.10		
除冰盐等侵蚀性物质的腐蚀环境	0.06		

表 1-7 混凝土最小含气量

粗骨料最大公称粒径/mm	混凝土最小含气量/%	
	潮湿或水位变动的寒冷和严寒环境	盐冻环境
40.0	4.5	5.0
25.0	5.0	5.5
20.0	5.5	6.0

注：含气量为气体占混凝土体积的百分数。

⑦ 对于有预防混凝土碱骨料反应设计要求的工程，宜掺用适量粉煤灰或其他矿物掺和料，混凝土中最大碱含量不应大于 3.0kg/m³；对于矿物掺和料碱含量，粉煤灰碱含量可取实测值的 1/6，粒化高炉矿渣粉碱含量可取实测值的 1/2。

1.2.2 普通混凝土的配合比设计

一个完整的混凝土配合比设计应包括：初步配合比计算、试配和调整等步骤。

1.2.2.1 混凝土配合比设计的主要参数

(1) 混凝土配合比表示方法

混凝土配合比是指混凝土中各组成材料数量之间的比例关系。常用的表示方法有两种。

一种是以每 1m³ 混凝土中各项材料的质量表示。如某配合比：水泥 300kg，水 180kg，砂 720kg，石子 1200kg，该混凝土 1m³ 总质量为 2400kg。

另一种表示方法是以各项材料相互间的质量比来表示（以水泥质量为 1）将上例换算成质量比为：水泥∶砂∶石＝1∶2.4∶4，水灰比＝0.6。

进行配合比设计计算时，计算公式和有关参数表格中的数据均系以干燥状态的集料为基准，干燥状态集料是指含水率小于 0.5%的细集料或含水率小于 0.2%的粗集料，如需以饱和面干集料为基准进行计算，应作相应的修改。

(2) 主要参数

混凝土配合比设计实质上就是确定水泥、水、砂与石子这四项基本组成材料用量之间的三个比例关系：

① 水与水泥之间的比例关系，常用水灰比表示；

② 砂与石之间的比例关系，常用砂率表示；

③ 水泥浆与集料之间的比例关系，常用单位用水量（1m³ 混凝土的用水量）来表示。

水灰比、砂率、单位用水量是混凝土配合比的三个重要参数，因为这三个参数与混凝土的各项性能之间有着密切的关系，在配合比设计中正确地确定这三个参数，就能使混凝土满足上述设计要求。

1.2.2.2 混凝土配合比的设计

混凝土配合比的计算须按照行业标准 JGJ 55—2011《普通混凝土配合比设计规程》所规定的步骤进行。

(1) 计算配制强度 $f_{cu,0}$ 并求出相应的水灰比

① 计算配制强度（$f_{cu,0}$） 当混凝土的设计强度等级小于 C60 时，标准规定现行配制强度可由下式求得：

$$f_{cu,0} \geqslant f_{cu,k} + 1.645\sigma$$

式中 $f_{cu,0}$——混凝土的配制强度，MPa；

$f_{cu,k}$——混凝土立方体抗压强度标准值，这里取混凝土的设计强度等级值，MPa；

σ——混凝土强度标准差，MPa；

1.645——强度保证系数，对应的强度保证率为 95%。

当混凝土的设计强度等级不小于 C60 时，标准规定现行配制强度可由下式求得：

$$f_{cu,0} \geqslant 1.15 f_{cu,k}$$

强度保证率是指混凝土强度总体中，强度不低于设计强度的等级值（$f_{cu,k}$）的百分率。在试验室配制强度能满足设计强度等级的混凝土，应考虑到实际施工条件与试验室条件的差别。在实际工程中，混凝土强度难免有波动，如施工中各项原材料的质量能否保持均匀一致，混凝土配合比能否控制准确，拌和、运输、浇筑、振捣及养护等工序是否正确等，这些因素的变化将造成混凝土质量的不稳定，即使在正常的原材料工艺和施工条件下，混凝土的强度也会有时偏高，有时偏低，但总是在配制强度的附近波动，总体符合正态分布规律。质量控制越严，施工管理水平越高，则波动幅度越小；反之则波动幅度越大。

当具有近一个月到三个月的同一品种、同一强度等级混凝土的强度资料，且试件组数不小于 30 时，混凝土强度标准差 σ 应按下式计算：

$$\sigma = \sqrt{\frac{\sum_{i=1}^{N} f_{cu,i}^{2} - N m_{fcu}^{2}}{N-1}}$$

式中 $f_{cu,i}$——统计周期内第 i 组混凝土试件的立方体抗压强度值，MPa；

N——统计周期内相同强度等级的混凝土试件组数，$N \geqslant 30$；

m_{fcu}——统计周期内 N 组混凝土试件立方体抗压强度平均值，MPa。

同一品种混凝土是指混凝土强度等级相同且生产工艺和配合比基本相同的混凝土。

对于混凝土强度等级大于 C30 且小于 C60 的混凝土，当混凝土强度标准差计算值不小于 4.0MPa 时，应按上式的计算结果取值；当强度标准差计算值低于 4.0MPa 时，应取 4.0MPa。

对于混凝土强度等级不大于 C30 的混凝土，当混凝土强度标准差计算值不小于 3.0MPa 时，应按上式计算结果取值；当强度标准差计算值低于 3.0MPa 时，应取 3.0MPa。

当没有近期的同一品种、同一强度等级混凝土强度资料时，其强度标准差可按表 1-8 取值。

表 1-8 强度标准差 σ 值 单位：MPa

混凝土强度等级	低于 C20	C20～C45	C50～C55
σ	4.0	5.0	6.0

② 计算水胶比（W/B） 根据已测定的水泥实际强度，粗集料种类及所要求的混凝土配制强度（$f_{cu,0}$），当混凝土强度等级小于C60时，混凝土水胶比宜按下式计算：

$$\frac{W}{B}=\frac{\alpha_a f_b}{f_{cu,0}+\alpha_a\alpha_b f_b}$$

式中 W/B——混凝土水胶比；

α_a，α_b——回归系数；根据工程所使用的原材料，通过试验建立的水胶比与混凝土强度关系式来确定，当不具备试验统计资料时，可按表1-9选用；

f_b——胶凝材料28d胶砂抗压强度，MPa；可按GB/T 17671实测；也可按下列规定确定。

表1-9 回归系数（α_a、α_b）的取值

系数	粗骨料品种	
	碎石	卵石
α_a	0.53	0.49
α_b	0.20	0.13

当胶凝材料28d胶砂抗压强度值（f_b）无实测值时，可按下式计算：

$$f_b=\gamma_f\gamma_s f_{ce}$$

式中 γ_f，γ_s——粉煤灰影响系数和粒化高炉矿渣粉影响系数，可按表1-10选用；

f_{ce}——水泥28d胶砂抗压强度，MPa；可实测，也可按下列规定确定。

表1-10 粉煤灰影响系数γ_f和粒化高炉矿渣粉影响系数γ_s

掺量/%	种类	
	粉煤灰影响系数γ_f	粒化高炉矿渣粉影响系数γ_s
0	1.00	1.00
10	0.85～0.95	1.00
20	0.75～0.85	0.95～1.00
30	0.65～0.75	0.90～1.00
40	0.55～0.65	0.80～0.90
50	—	0.70～0.85

注：1. 采用一级、二级粉煤灰宜取上限值。

2. 采用S75级粒化高炉矿渣粉宜取下限值，采用S95级粒化高炉矿渣粉宜取上限值，采用S105级粒化高炉矿渣粉可取上限值加0.05。

3. 当超出表中的掺量时，粉煤灰和粒化高炉矿渣粉影响系数应经试验确定。

当无水泥28d抗压强度实测值f_{ce}时，按式$f_{ce}=\gamma_c f_{ce,g}$计算。$f_{ce,g}$为水泥强度等级；γ_c为水泥强度等级富余系数，可按实际统计确定；当缺乏实际统计资料时，可按表1-11选用。

表1-11 水泥强度等级值的富余系数γ_c

水泥强度等级值	32.5	42.5	52.5
富余系数	1.12	1.16	1.10

③ 用水量和外加剂用量

a. 干硬性和塑性混凝土用水量的确定 单位用水量（m_{w0}）是指每立方米混凝土的用水量。水灰比范围在0.4～0.8的干硬性和塑性混凝土，可根据混凝土所用粗集料类型、最大粒径和混凝土的坍落度要求，用水量按表 1-12 选取。

表 1-12　塑性混凝土和干硬性混凝土的单位用水量　　　单位：kg/m³

拌和物稠度		卵石最大粒径/mm				碎石最大粒径/mm			
		10	20	31.5	40	16	20	31.5	40
坍落度/mm	10～30	190	170	160	150	200	185	175	165
	35～50	200	180	170	160	210	195	185	175
	55～70	210	190	180	170	220	205	195	185
	75～90	215	195	185	175	230	215	205	195
维勃稠度/s	16～20	175	160		145	180	170		155
	11～15	180	165	—	150	185	175	—	160
	5～10	185	170		155	190	180		165

注：1. 本表用水量系采用中砂时的平均取值。采用细砂时，每立方米混凝土用水量可增加 5～10kg；采用粗砂时，则可减少 5～10kg。

2. 掺用各种化学外加剂和矿物掺和料时，用水量应相应调整。

水灰比小于 0.4 的混凝土以及采用特殊成型工艺的混凝土用水量应通过试验确定。

b. 掺外加剂时，流动性和大流动性混凝土用水量的确定　混凝土用水量可按下式计算：

$$m_{wa}=m_{w0}(1-\beta)$$

式中　m_{wa}——掺外加剂每立方米混凝土的用水量，kg/m³；

m_{w0}——未掺外加剂混凝土每立方米的用水量，kg/m³，用水量以表 1-12 中坍落度为 90mm 的用水量为基础，按坍落度每增加 20mm 用水量增加 5kg/m³，当坍落度增大到 180mm 以上时，随坍落度相应增加的用水量可减少；

β——外加剂的减水率，%，应经混凝土试验确定。

每立方米混凝土中外加剂用量（m_{a0}）应按下式计算：

$$m_{a0}=m_{b0}\beta_a$$

式中　m_{a0}——计算配合比每立方米混凝土的外加剂用量，kg/m³；

m_{b0}——计算配合比每立方米混凝土的胶凝材料用量，kg/m³；

β_a——外加剂掺量，%，应经混凝土试验确定。

④ 胶凝材料、矿物掺和料和水泥用量　每立方米混凝土的矿物掺和料用量（m_{f0}）应按下式计算：

$$m_{f0}=m_{b0}\beta_f$$

式中　m_{f0}——计算配合比每立方米混凝土的矿物掺和料用量，kg/m³；

β_f——矿物掺和料掺量，%。

每立方米混凝土的水泥用量（m_{c0}）应按下式计算：

$$m_{c0}=m_{b0}-m_{f0}$$

式中　m_{c0}——计算配合比每立方米混凝土的水泥用量，kg/m³。

⑤ 选取砂率（β_s）　计算粗集料和细集料的用量，并提出供试配用的计算配合比。

合理的砂率应根据混凝土拌和物的坍落度、黏聚性及施工要求等特征来确定。当无历史资料可参考时，混凝土砂率的确定应符合下列规定。

a. 坍落度小于 10mm 的混凝土，其砂率应经试验确定。

b. 坍落度为 10～60mm 的混凝土，其砂率可根据粗集料的品种、粒径及混凝土的水灰比按表 1-13 选取。

表 1-13 混凝土砂率选用 单位：%

水灰比(W/C)	卵石最大粒径/mm			碎石最大粒径/mm		
	10	20	40	16	20	40
0.40	26～32	25～31	24～30	30～35	29～34	27～32
0.50	30～35	29～34	28～33	33～38	32～37	30～35
0.60	33～38	32～37	31～36	36～41	35～40	33～38
0.70	36～41	35～40	34～39	39～44	38～43	36～41

注：1. 本表数值系中砂的选用砂率，对细砂或粗砂，可相应地减小或增大砂率。
2. 采用人工砂配制混凝土时，砂率应适当增大。
3. 采用一个粒级粗骨料配制混凝土时，砂率应适当增大。

c. 坍落度大于 60mm 的混凝土砂率，可经试验确定，也可在表 1-13 的基础上，按坍落度每增大 20mm，砂率增大 1%的幅度予以调整。

⑥ 计算粗、细集料的用量（m_{g0}和 m_{s0}） 粗、细集料用量的计算方法有质量法和体积法两种。

a. 质量法 根据经验，如果原材料质量比较稳定，所配制的混凝土拌和物的表观密度将接近一个固定值，可先根据工程经验估计每立方米混凝土拌和物的质量，按下列方程组计算粗、细集料的用量：

$$\begin{cases} m_{c0}+m_{f0}+m_{g0}+m_{s0}+m_{w0}=m_{cp} \\ \beta_s=\dfrac{m_{s0}}{m_{g0}+m_{s0}}\times 100 \end{cases}$$

式中 m_{c0}——每立方米混凝土的水泥用量，kg；
m_{f0}——每立方米混凝土的矿物掺和料用量，kg；
m_{g0}——每立方米混凝土的粗集料用量，kg；
m_{s0}——每立方米混凝土的细集料用量，kg；
m_{w0}——每立方米混凝土的用水量，kg；
β_s——砂率，%；
m_{cp}——每立方米混凝土拌和物的假设质量，kg。

每立方米混凝土拌和物的假设质量可根据历史经验取值。如无资料可根据集料的类型、粒径以及混凝土强度等级，在 2350～2450kg 的范围内选取。

b. 体积法 体积法是根据混凝土拌和物的体积等于各组成材料的绝对体积和混凝土拌和物中所含空气的体积总和来计算的。可按下列方程组计算出粗、细集料的用量：

$$\begin{cases} \dfrac{m_{c0}}{\rho_c}+\dfrac{m_{f0}}{\rho_f}+\dfrac{m_{g0}}{\rho_g}+\dfrac{m_{s0}}{\rho_s}+\dfrac{m_{w0}}{\rho_w}+0.01\alpha=1 \\ \beta_s=\dfrac{m_{s0}}{m_{g0}+m_{s0}}\times 100 \end{cases}$$

式中 ρ_c——水泥密度，kg/m^3，可取 $2900\sim3100kg/m^3$；
ρ_f——矿物掺和料密度，kg/m^3；
ρ_g——粗集料表观密度，kg/m^3；
ρ_s——细集料表观密度，kg/m^3；
ρ_w——水的密度，kg/m^3，可取 $1000kg/m^3$；

α——混凝土的含气量，%，在不使用引气型外加剂时，α 为 1。

通过以上三个步骤便可将水、水泥、砂和石子的用量全部求出，得到初步配合比，供试配用。

1.2.2.3　配合比的试配、调整与确定

（1）试配

前面求出的各材料的用量，是借助于一些公式和数据计算出来的，或是利用经验资料查得的，不一定能够符合实际情况。因而计算的配合比进行试配时，首先进行试拌，以检查拌和物的和易性是否符合要求。

按初步配合比称取材料进行试拌。混凝土拌和物搅拌均匀后应测定坍落度，并检查黏聚性和保水性的好坏。当试拌得出的拌和物坍落度（或维勃稠度）不能满足要求，或黏聚性和保水性不好时，应在保证水灰比不变的条件下相应调整用水量或砂率。

每次调整后再试拌，直到符合要求为止。试拌调整工作完成后，应测出混凝土拌和物的表观密度，然后提出供混凝土强度试验用的基准配合比。

经过和易性调整试验得出的混凝土基准配合比，其水灰比不一定选用恰当，其结果是强度不一定符合要求。所以应检验混凝土的强度，且检验时至少应采用三个不同的配合比。其中一个应为经过前面拌和物和易性确定的基准配合比，另外两个配合比的水灰比，宜较基准配合比分别增加和减少 0.05；用水量应与基准配合比相同，砂率可分别增加和减少 1%。

制作混凝土强度试验试件时，应检查混凝土拌和物的坍落度或维勃稠度、黏聚性、保水性及拌和物的表观密度，并以此结果作为代表相应配合比的混凝土拌和物的性能。

（2）配合比的调整与确定

由于混凝土抗压强度与其灰水比成直线关系，根据试验得出三组混凝土强度与其相对应灰水比（C/W），用作图法或计算法求出与混凝土配制强度（$f_{cu,0}$）相对应的灰水比，并应按下列原则确定每立方米混凝土的材料用量：

用水量（m_w）应在基准配合比用水量的基础上，根据制作强度试件时测得的坍落度或维勃稠度进行确定；

水泥用量（m_c）应以用水量乘以求出的灰水比计算确定；

粗集料和细集料用量（m_g 和 m_s）应在基准配合比的粗集料和细集料用量的基础上，按求出的灰水比进行调整后确定。

经试配确定配合比后的混凝土，尚应按下列步骤进行校正。

① 应根据前面确定的材料用量按下式计算混凝土的表观密度计算值 $\rho_{c,c}$：

$$\rho_{c,c}=m_c+m_f+m_g+m_s+m_w$$

式中　m_c，m_s，m_g，m_w——每立方米混凝土的水泥、砂、石、水的用量。

② 按下式计算混凝土配合比校正系数 δ：

$$\delta=\frac{\rho_{c,t}}{\rho_{c,c}}$$

式中　$\rho_{c,t}$——混凝土表观密度实测值，kg/m^3；

$\rho_{c,c}$——混凝土表观密度计算值，kg/m^3。

③ 当混凝土表观密度实测值与计算值之差的绝对值不超过计算值的 2%时，前面确定的配合比即为确定的设计配合比；当二者之差超过 2%时，应将配合比中每项材料用量均乘以校正系数 δ，即为确定的设计配合比。

（3）施工配合比

设计配合比时是以干燥材料为基准的，而工地存放的砂、石料都含有一定的水分。所以现场材料的实际称量应按工地存放的砂、石的含水情况进行修正，修正后的配合比，叫做施工配合比。施工配合比按下列公式计算：

$$m_c' = m_c$$
$$m_s' = m(1+W_s)$$
$$m_g' = m_g(1+W_g)$$
$$m_w' = m_w - m_s W_s - m_g W_g$$

式中，W_s、W_g 为砂的含水率和石子的含水率；m_c'、m_s'、m_g'、m_w'为修正后每立方米混凝土拌和物中水泥、砂、石和水的用量。

生产单位可根据常用材料设计出常用的混凝土配合比备用，并应在启用过程中予以验证或调整。遇有下列情况之一时，应重新进行配合比设计：

① 对混凝土性能有特殊要求时；

② 水泥、外加剂或矿物掺和料等原材料品种、质量有显著变化时。

1.2.3 有特殊要求的混凝土

1.2.3.1 抗渗混凝土

混凝土的抗渗性能是用抗渗等级来衡量的，抗渗混凝土是指抗渗等级等于或大于 P6 级的混凝土。混凝土的抗渗等级的选择是根据最大作用水头与建筑物最小壁厚的比值确定的。

通过改善混凝土组成材料的质量、优化混凝土配合比和集料级配、掺加适量外加剂，使混凝土内部密实或是堵塞混凝土内部毛细管通路，可使混凝土具有较高的抗渗性能。

① 抗渗混凝土所用原材料应符合下列规定。

a. 水泥宜采用普通硅酸盐水泥。

b. 粗集料宜采用连续级配，最大粒径不宜大于 40mm，含泥量不得大于 1.0%，泥块含量不得大于 0.5%。

c. 细集料宜采用中砂，含泥量不得大于 3.0%，泥块含量不得大于 1.0%。

d. 抗渗混凝土宜掺用外加剂和矿物掺和料，粉煤灰等级应为一级或二级。

② 抗渗混凝土配合比设计应符合下列规定。

抗渗混凝土配合比的计算方法和试配步骤与普通混凝土相同，但应符合下列规定。

a. 每立方米混凝土中的水泥和矿物掺和料总量不宜小于 320kg。

b. 砂率宜为 35%～45%。

c. 供试配用的最大水胶比应符合表 1-14 的规定。

表 1-14 抗渗混凝土最大水胶比

设计抗渗等级	最大水胶比	
	C20～C30	C30 以上
P6	0.60	0.55
P8～P12	0.55	0.50
P12 以上	0.50	0.45

③ 配合比设计中混凝土抗渗技术要求应符合下列规定。

掺用引气剂的抗渗混凝土的含气量宜控制在 3%～5%。进行抗渗混凝土配合比设计时，应增加抗渗性能试验。试配要求的抗渗水压值应比设计值提高 0.2MPa。试配时，宜采用水灰比最大的配合比做抗渗试验，试验结果应符合下式要求：

$$P_t \geqslant \frac{P}{10} + 0.2$$

式中 P_t——6 个试件中 4 个未出现渗水时的最大水压值，MPa；

P——设计要求的抗渗等级值。

1.2.3.2 抗冻混凝土

① 抗冻混凝土所用原材料应符合下列规定。

a. 水泥宜采用硅酸盐水泥或普通硅酸盐水泥。

b. 粗集料宜采用连续级配，含泥量不得大于 1.0%，泥块含量不得大于 0.5%。

c. 细集料含泥量不得大于 3.0%，泥块含量不得大于 1.0%。

d. 粗、细骨料均应进行坚固性试验，并应符合现行行业标准《普通混凝土用砂、石质量及检验方法标准》JGJ 52 的规定。

e. 抗冻等级不小于 F100 的抗冻混凝土宜掺用引气剂。

f. 在钢筋混凝土和预应力混凝土中不得掺用含有氯盐的防冻剂；在预应力混凝土中不得掺用含有亚硝酸盐或碳酸盐的防冻剂。

② 抗冻混凝土配合比设计应符合下列规定。

a. 最大水胶比和最小胶凝材料用量应符合表 1-15 的规定。

b. 复合矿物掺和料掺量宜符合表 1-16 的规定；其他矿物掺和料掺量宜符合表 1-4 的要求。

c. 掺用引气剂的混凝土最小含气量应符合表 1-7 的要求。

表 1-15 最大水胶比和最小胶凝材料用量

设计抗冻等级	最大水胶比		最小胶凝材料用量/(kg/m³)
	无引气剂时	掺引气剂时	
F50	0.55	0.60	300
F100	0.50	0.55	320
不低于 F150	—	0.50	350

表 1-16 复合矿物掺和料最大掺量

水胶比	最大掺量/%	
	采用硅酸盐水泥时	采用普通硅酸盐水泥时
≤0.40	60	50
>0.4	50	40

注：1. 采用其他通用硅酸盐水泥时，可将水泥混合材掺量 20%以上的混合材量计入矿物掺和料。

2. 复合矿物掺和料中各矿物掺和料组分的掺量不应超过表 1-4 中单掺时的限量。

1.2.3.3 高强混凝土

① 高强混凝土所用原材料应符合下列规定。

a. 应选用质量稳定、强度等级不低于 42.5 级的硅酸盐水泥或普通硅酸盐水泥。

b. 粗集料宜采用连续级配，其最大公称粒径不应大于 25.0mm。针片状颗粒含量不宜大于 5.0%，含泥量不应大于 0.5%，泥块含量不应大于 0.2%。

c. 细集料的细度模数宜大于 2.6～3.0，含泥量不应大于 2.0%，泥块含量不应大于 0.5％。

d. 宜采用减水率不小于 25％的高性减水剂。

e. 配制高强混凝土时应该掺用活性较好的矿物掺和料，且宜复合掺用粒化高炉矿渣粉、粉煤灰和硅灰等矿物掺和料；粉煤灰等级不应低于二级；对强度等级不低于 C80 的高强混凝土宜掺用硅灰。

② 高强混凝土配合比应经试验确定，在缺乏试验依据的情况下，配合比设计宜符合下列规定。

a. 水胶比、胶凝材料用量和砂率可按表 1-17 选取，并应经试配确定。

表 1-17 水胶比、胶凝材料用量和砂率

强度等级	水胶比	胶凝材料用量/(kg/m³)	砂率/％
≥C60，<C80	0.28～0.34	480～560	35～42
≥C80，<C100	0.26～0.28	520～580	
C100	0.24～0.26	550～600	

b. 外加剂和矿物掺和料的品种、掺量，应通过试配确定；矿物掺和料掺量宜为 25％～40％；硅灰掺量不宜大于 10％。

c. 水泥用量不宜大于 500kg/m³。

③ 在试配过程中，应采用三个不同的配合比进行混凝土强度试验，其中一个可为依据表 1-17 计算后调整拌和物的试拌配合比，另外两个配合比的水胶比，宜较试拌配合比分别增加和减少 0.02。

④ 高强混凝土设计配合比确定后，尚应采用该配合比进行不少于三盘混凝土的重复试验，每盘混凝土应至少成型一组试件，每组混凝土的抗压强度不应低于配制强度。

⑤ 高强混凝土抗压强度测定宜采用标准尺寸试件，使用非标准尺寸试件时，尺寸折算系数应经试验确定。

1.2.3.4 泵送混凝土

泵送混凝土是指拌和物的坍落度不低于 100mm，并用泵送施工的混凝土。泵送混凝土除需要满足工程所需的强度外，还需要满足流动性、不离析和少泌水的泵送工艺的要求。由于采用了独特的泵送施工工艺，因而原材料和配合比与普通混凝土不同。混凝土所用原材料应符合下列规定。

① 水泥宜选用硅酸盐水泥、普通硅酸盐水泥、矿渣硅酸盐水泥和粉煤灰硅酸盐水泥，不宜采用火山灰水泥。

② 粗集料宜采用连续级配，其针片状颗粒含量不宜大于 10％；粗骨料的最大公称粒径与输送管径之比宜符合表 1-18 的规定。

表 1-18 粗骨料的最大公称粒径与输送管径之比

粗骨料品种	泵送高度/m	粗骨料的最大公称粒径与输送管径之比
碎石	<50	≤1∶3.0
	50～100	≤1∶4.0
	>100	≤1∶5.0
卵石	<50	≤1∶2.5
	50～100	≤1∶3.0
	>100	≤1∶4.0

③ 细骨料宜采用中砂，其通过公称直径 315μm 筛的颗粒含量不宜少于 15%。

④ 泵送混凝土应掺用泵送剂或减水剂，并宜掺用矿物掺和料。

泵送混凝土配合比的计算和试配步骤除按普通混凝土配合比设计规程的有关规定操作外，还应符合以下规定：

a. 泵送混凝土的水泥和矿物掺和料的总量不宜小于 300kg/m^3；

b. 泵送混凝土的砂率宜为 35%～45%；

c. 泵送混凝土试配时应考虑坍落度经时损失。

1.2.3.5 大体积混凝土

① 大体积混凝土所用原材料应符合下列规定。

a. 水泥宜采用中、低热硅酸盐水泥或低热矿渣硅酸盐水泥，水泥的 3d 和 7d 水化热应符合现行国家标准 GB 200 的规定。当采用硅酸盐水泥或普通硅酸盐水泥时，应掺加矿物掺和料，胶凝材料的 3d 和 7d 水化热分别不宜大于 240kJ/kg 和 270kJ/kg。水化热试验方法应按现行国家标准 GB/T 12959 执行。

b. 粗集料宜采用连续级配，其最大公称粒径不应小于 31.5mm，含泥量不应大于 1.0%。

c. 细集料宜采用中砂，含泥量不应大于 3.0%。

d. 宜采用矿物掺和料和缓凝型减水剂。

② 当采用混凝土 60d 或 90d 龄期的设计强度时，宜采用标准尺寸试件进行抗压强度试验。

③ 大体积混凝土配合比设计应符合下列规定。

a. 水胶比不宜大于 0.55，用水量不宜大于 175kg/m^3。

b. 在保证混凝土性能要求的前提下，宜提高每立方米混凝土中的粗骨料用量；砂率宜为 38%～42%。

c. 在保证混凝土性能要求的前提下，应减少胶凝材料中的水泥用量，提高矿物掺和料的掺量，矿物掺和料的掺量应符合 JGJ 55 中第 3.0.5 条的规定。

④ 在配合比试配和调整时，控制混凝土绝热温升不宜大于 50℃。

⑤ 大体积混凝土配合比应满足施工对混凝土凝结时间的要求。

1.3 混凝土拌和物的性能

混凝土的各组成材料按一定比例配合，经搅拌均匀、未凝结硬化之前，称为混凝土拌和物或新拌混凝土。混凝土拌和物应便于施工，以保证能获得良好质量的混凝土。混凝土拌和物的性能主要考虑和易性和凝结时间等。

1.3.1 和易性

1.3.1.1 和易性的概念

和易性是指混凝土拌和物易于施工操作（搅拌、运输、浇灌、捣实）并能获得质量均匀、成型密实的混凝土的性能。和易性是一项综合的技术性质，包括流动性、黏聚性和保水性三方面的含义。

（1）流动性

流动性是指混凝土拌和物在自重或施工机械振捣的作用下，能产生流动，并均匀密实地填满模板的性能。流动性好的混凝土操作方便，易于捣实、成型。

（2）黏聚性

黏聚性是指混凝土拌和物在施工过程中，组成材料之间具有一定的黏聚力，不致产生分层和离析的现象。在外力作用下，混凝土拌和物各组成材料的沉降不相同，如配合比不当，黏聚性差，施工中易发生分层（即混凝土拌和物各组分出现层状分离现象）、离析（即混凝土拌和物内某些组分出现分离、析出现象）等情况。致使混凝土硬化后产生“蜂窝”、“麻面”等缺陷，影响混凝土的强度和耐久性。

（3）保水性

保水性是指混凝土拌和物在施工过程中，具有一定的保水能力，不致产生严重的泌水现象（指混凝土拌和物中部分水从水泥浆中泌出的现象）。保水性不良的混凝土易出现泌水，水分泌出后会形成连通孔隙，影响混凝土的密实性；泌出的水还会聚集到混凝土表面，引起表面疏松；泌出的水集聚在集料或钢筋的下表面会形成孔隙，削弱集料或钢筋与水泥石的黏结力，影响混凝土的质量。

由此可见，混凝土拌和物的流动性、黏聚性、保水性有其各自的内容，既彼此联系又存在矛盾。和易性是这三方面性质在一定工程条件下达到的统一。

1.3.1.2 和易性的测定方法及评定

和易性是一项综合技术性质，很难用一种指标来全面反映。通常是以测定拌和物流动性（稠度）为主，黏聚性和保水性主要通过观察的方法进行评定。根据拌和物的流动性不同，分别用坍落度与坍落扩展度法和维勃稠度法测定混凝土的稠度。

（1）坍落度与坍落扩展度法

在工地和实验室，常通过坍落度试验测定拌和物的流动性。坍落度试验的方法是：将混凝土拌和物按规定方法装入标准圆锥坍落度筒内（见图 1-4），装满刮平后，垂直向上将筒提起，移到一旁；混凝土拌和物由于自重将会产生坍落现象；然后量出坍落尺寸（见图 1-5），该尺寸（单位为 mm）就是坍落度。坍落度越大表示流动性越好。适用于坍落度大于等于 10mm，且最大粒径小于 40mm 的混凝土拌和物。

图 1-4　圆锥坍落度筒

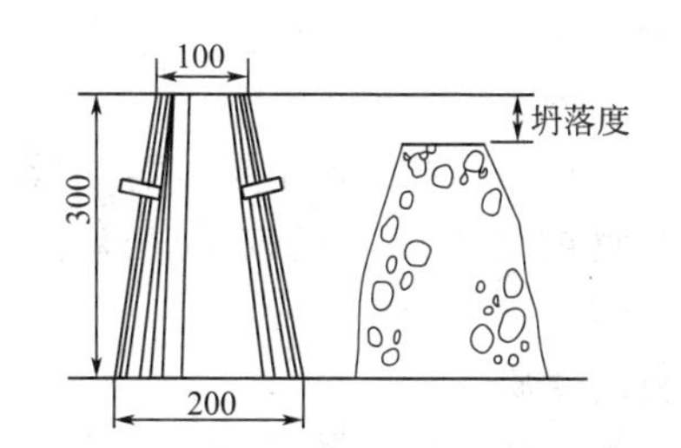

图 1-5　坍落度测定示意图（单位：mm）

当坍落度大于 220mm 时，坍落后呈薄饼状，用钢尺测量混凝土扩展后最终的最大和最小直径，在两直径之差小于 50mm 的条件下，用其算术平均值作为坍落扩展度值；直径坍落至 500mm 时所需的时间记为 T_{500}，两者主要用于评价自密实混凝土。扩展度越大，则混凝土的自流平性与自密实性越高，说明混凝土拌和物的黏度越小，流动越快。

黏聚性的检测方法是：用捣棒在已坍落的混凝土锥体侧面轻轻敲打，若锥体逐渐下沉，则表示黏聚性良好；如果锥体倒塌，部分崩裂或出现石子离析现象，则表示黏聚性不好。

保水性是以混凝土拌和物中的稀水泥浆析出的程度评定的。坍落度筒提起后，如有较多稀水泥浆从底部析出，混凝土拌和物锥体也因失浆而集料外露，表明混凝土拌和物的保水性不好。如坍落度筒提起后无稀水泥浆或仅有少量稀水泥浆自底部析出，表示此混凝土拌和物保水性良好。根据坍落度不同，可将混凝土拌和物分为 4 级，见表 1-19。坍落度试验只适用于集料最大粒径不大于 40mm、坍落度不小于 10mm 的混凝土拌和物。

表 1-19 混凝土按坍落度分级

级别	名称	坍落度/mm	级别	名称	坍落度/mm
T_1	低塑性混凝土	10～40	T_3	流动性混凝土	100～150
T_2	塑性混凝土	50～90	T_4	大流动性混凝土	≥160

注：在分级判定时，坍落度检验结果值，取舍到邻近的 10mm。

(2) 维勃稠度法

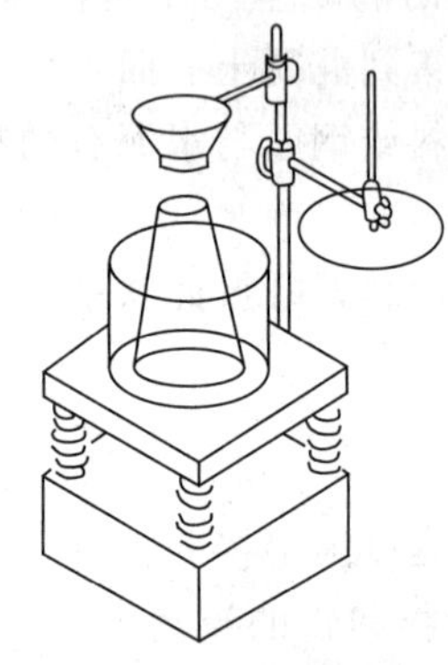

图 1-6 维勃稠度仪

对于干硬性的混凝土拌和物（坍落度值小于 10mm）通常采用维勃稠度仪（见图 1-6）测定稠度（即维勃稠度）。维勃稠度测试方法是：开始在坍落度筒中按规定方法装满拌和物，提起坍落度筒，在拌和物锥体顶面放一透明圆盘，开启振动台，用秒表记录透明圆盘的底面完全被水泥浆布满的时间，关闭振动台。此时可以认为混凝土拌和物已密实。所读秒数称为维勃稠度（Vebe consistency）。该法适用于集料最大粒径不超过 40mm、维勃稠度为 5～30s 的混凝土拌和物的稠度测定。维勃稠度越大，则混凝土拌和物的流动性越小，见表 1-20。

表 1-20 混凝土按维勃稠度分级

级别	名称	维勃稠度/s	级别	名称	维勃稠度/s
V_1	超干硬性混凝土	≥31	V_3	干硬性混凝土	20～11
V_2	特干硬性混凝土	30～21	V_4	半干硬性混凝土	10～5

1.3.1.3 影响和易性的主要因素

影响混凝土拌和物和易性的主要因素有以下几个方面。

(1) 水泥品种

不同品种水泥的颗粒特征不同，需水量也不同。当配合比相同时，若用矿渣水泥和火山灰水泥，拌和物的坍落度一般较用普通水泥时小，但矿渣水泥将使拌和物的泌水性显著增加。

(2) 集料的性质

集料的品种、规格与质量对混凝土拌和物的和易性有较大的影响。卵石和河砂的表面光滑，因而采用卵石、河砂配制混凝土时，混凝土拌和物的流动性大于用碎石、山砂和破碎砂配制的混凝土。采用粒径粗大、级配良好的粗、细集料时，由于集料的比表面积和空隙率较小，因而混凝土拌和物的流动性大，黏聚性及保水性好，但细集料过粗时，会引起黏聚性和保水性下降。采用含泥量、泥块含量、云母含量及针、片状颗粒含量较少的粗、细集料时，混凝土拌和物的流动性较大。

(3) 水泥浆数量——浆集比

浆集比是指混凝土拌和物中水泥浆与集料的质量比。混凝土拌和物中的水泥浆，赋予混凝土拌和物以一定的流动性。

在水灰比不变的情况下，浆集比越大，则拌和物的流动性越好。但若水泥浆过多，易出现流浆现象，使拌和物黏聚性变差，同时对混凝土的强度与耐久性也会产生一定影响，而且水泥用量也大。浆集比偏小时水泥浆不能填满集料空隙或不能很好地包裹集料表面，会产生崩坍现象，黏聚性变差。因此，混凝土拌和物中水泥浆的含量应以满足流动性要求为度，不宜过量。

（4）水泥浆的稠度——水灰比

水泥浆的稠度是由水灰比决定的。水灰比是指混凝土拌和物中水与水泥的质量比。在水泥用量不变的情况下，水灰比越小，水泥浆越稠，混凝土拌和物的流动性越小。当水灰比过小时，水泥浆干稠，混凝土拌和物的流动性过低，会使施工困难，不能保证混凝土的密实性。增加水灰比会使流动性加大，如果水灰比过大，又会造成混凝土拌和物的黏聚性和保水性不良，从而产生流浆、离析现象，并严重影响混凝土的强度。所以水灰比不能过大或过小。一般应根据混凝土强度和耐久性要求合理地选用。

无论是水泥浆的多少还是水泥浆的稀稠，实际上对混凝土拌和物流动性起决定作用的是用水量的多少（恒定用水量法则）。因为无论是提高水灰比或增加水泥浆用量最终会表现为混凝土用水量的增加。应当注意，在试拌混凝土时，不能用单纯改变用水量的办法来调整混凝土拌和物的流动性。因单纯改变用水量会改变混凝土强度和耐久性，与设计不符。因此应该在保持水灰比不变的条件下，用调整水泥浆量的办法来调整混凝土拌和物的流动性。

（5）砂率

砂率 β_s 是指混凝土中砂的质量占砂、石总质量的百分数。砂率的变动会使集料的空隙率和集料的总表面积有显著改变，因而对混凝土拌和物的和易性产生显著影响。砂率过大，则粗、细集料总的比表面积和空隙率大，在水泥浆数量一定的前提下，减薄了起到润滑集料作用的水泥浆层的厚度，使混凝土拌和物的流动性减小；若砂率过小，则粗、细集料总的空隙率大，混凝土拌和物中砂浆量不足，包裹在粗集料表面的砂浆层和厚度过薄，对粗集料的润滑程度和黏聚性不够，甚至不能填满粗集料的空隙，因而砂率过小会降低混凝土拌和物的流动性，特别是使混凝土拌和物的黏聚性及保水性大大降低，产生离析、分层、流浆及泌水等现象，并对混凝土的其他性能也产生不利的影响。砂率过大或过小时，若要保持混凝土拌和物的流动性不变，则须增加水泥浆的数量，即必须增加水泥用量及用水量，这同时会对混凝土的其他性质也造成不利的影响。因此，砂率有一个合理值。

合理砂率是指在用水量及水泥用量一定的情况下，混凝土拌和物获得最大流动性及良好黏聚性与保水性的砂率值，如图 1-7 所示；或指在保证混凝土拌和物具有所要求的流动性及良好黏聚性与保水性的条件下，使水泥用量最少的砂率值，如图 1-8 所示。

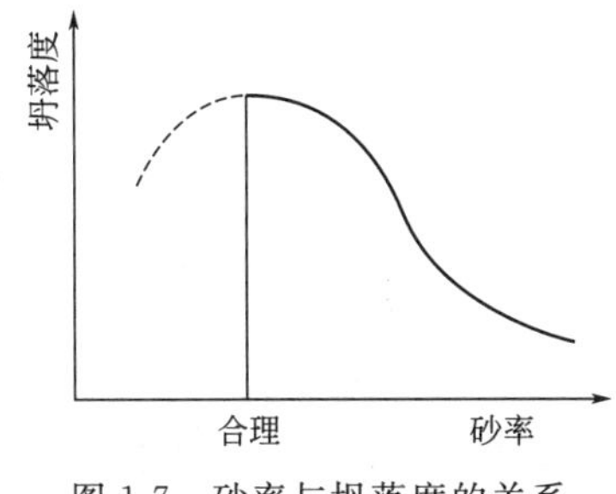

图 1-7　砂率与坍落度的关系

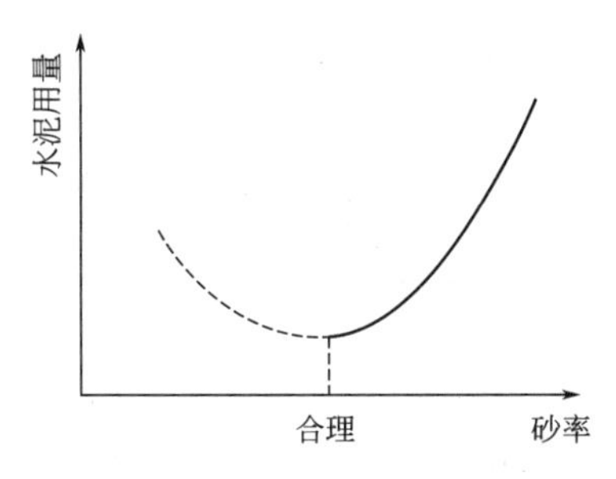

图 1-8　砂率与水泥用量的关系

影响合理砂率大小的因素很多，可概括如下。

石子最大粒径较大、级配较好、表面较光滑时，由于粗集料的空隙率较小，可采用较小的砂率；砂的细度模数较小时，由于砂中细颗粒多，混凝土的黏聚性容易得到保证，可采用较小的砂率；水泥浆较稠（水灰比小）时，由于混凝土的黏聚性较易得到保证，故采用较小的砂率；施工要求的流动性较大时，粗集料常出现离析，所以为保证混凝土的黏聚性，需采用较大的砂率，当掺用引气剂或减水剂等外加剂时，可适当减小砂率。

确定或选择砂率的原则是，在保证混凝土拌和物的黏聚性及保水性的前提下，应尽量用较小的砂率，以节约水泥用量，提高混凝土拌和物的流动性。对于混凝土量大的工程，应通过试验确定合理砂率。

（6）外加剂

在拌制混凝土时，加入很少量的外加剂（如减水剂、引气剂）能使混凝土拌和物在不增加水泥用量的条件下获得很好的和易性，增大流动性和改善黏聚性、降低泌水性。并且由于改变了混凝土的结构，尚能提高混凝土的耐久性。外加剂对混凝土性能的影响在“混凝土外加剂与掺和料”部分介绍。

（7）其他因素

混凝土拌和物的流动性随时间的延长，由于水分的蒸发、集料的吸水及水泥的水化与凝结，而变得干稠，流动性逐渐降低，将这种损失称为经时损失。由于拌和物流动性的这种变化，在施工中测定和易性的时间，以推迟至搅拌完成后约 15min 为宜。温度越高，流动性损失越大，且温度每升高 10℃，坍落度下降 20～40mm。掺加减水剂时，流动性的损失较大。拌制好的混凝土拌和物一般应在 45min 内成型完毕，如超过这一时间，应掺加缓凝剂等以延缓凝结时间，保证成型时的坍落度。

在条件相同的情况下，用火山灰质硅酸盐水泥拌制的混凝土拌和物的流动性较小，而用矿渣硅酸盐水泥拌制的混凝土拌和物的保水性较差。

掺加粉煤灰等矿物掺和料，可提高混凝土拌和物的黏聚性和保水性，特别是在水灰比和流动性较大时，掺加优质粉煤灰、磨细矿渣对流动性也有一定的改善作用。

1.3.1.4 和易性的调整与改善

调整混凝土拌和物的和易性时，一般应先调整黏聚性和保水性，然后调整流动性，且调整流动性时，须保证黏聚性和保水性不受大的损害，并不得损害混凝土的强度和耐久性。

① 当混凝土流动性小于设计要求时，为了保证混凝土的强度和耐久性，不能单独加水，必须保持水灰比不变，增加水泥浆用量。

② 当坍落度大于设计要求时，可在保持砂率不变的前提下，增加砂石用量。实际上是减少水泥用数量，选择合理的浆集比。

③ 改善集料级配，既可增加混凝土流动性，也能改善黏聚性和保水性。

④ 掺减水剂或引气剂是改善混凝土和易性的有效措施。

⑤ 尽可能选用最优砂率。当黏聚性不足时可适当加大砂率。

1.3.2 新拌混凝土的凝结时间

水泥的水化反应是混凝土产生凝结的主要原因，但是混凝土的凝结时间与配制该混凝土所用的水泥的凝结时间并不一致，因为水泥浆体的凝结和硬化过程要受到水化产物在空间填充情况的影响。因此，水灰比的大小会明显影响混凝土的凝结时间，水灰比越大，凝结时间越长。一般配制混凝土所用的水灰比与测定水泥凝结时间规定的水灰比是不同的，所以这两者的凝结时间便有所不同。而且混凝土的凝结时间还会受到其他各种因素的影响，例如环境温度的变化、混凝土中掺入的外加剂，如缓凝剂或速凝剂等，将会明显影响混凝土的凝结时间。

通常用贯入阻力仪测定混凝土拌和物的凝结时间。先用5mm筛孔的筛从拌和物中筛取砂浆，按一定方法装入规定的容器中，然后每隔一定时间测定砂浆贯入到一定深度时的阻力，绘制贯入阻力与时间的关系曲线，从而确定凝结时间。通常情况下混凝土的凝结时间为6～10h，但水泥组成、环境温度、外加剂等都会对混凝土的凝结时间产生影响。当混凝土拌和物在10℃下养护时，初凝和终凝时间要比23℃时分别延缓4h和7h。

1.4 新拌混凝土拌和物的性能试验

1.4.1 混凝土拌和物试样制备

1.4.1.1 试验依据

本试验依据GB/T 50080—2002《普通混凝土拌和物性能试验方法标准》相关规定进行。

1.4.1.2 混凝土拌和物试样制备

(1) 主要仪器设备

搅拌机、磅秤（称量50kg，精确50g）、天平（称量5kg，精度1g）、量筒（$200cm^3$，$1000cm^3$）、拌板、拌铲、盛器等。

(2) 拌制混凝土的一般规定

① 拌制混凝土的原材料应符合技术要求，并与施工实际用料相同，在拌和前，材料的温度应与室温（应保持在20℃±5℃）相同，水泥如有结块现象，应用64孔/cm^2筛过筛，筛余团块不得使用。

② 在决定用水量时，应扣除原材料的含水量，并相应增加其他各种材料的用量。

③ 拌制混凝土的材料用量以质量计，称量的精确度：骨料为±1%，水、水泥、掺和料、外加剂均为±0.5%。

④ 拌制混凝土所用的各种用具（如搅拌机、拌和铁板和铁铲、抹刀等），应预先用水湿润，使用完毕后必须清洗干净，上面不得有混凝土残渣。

1.4.1.3 拌和方法

(1) 人工拌和

将称好的砂料、水泥放在铁板上，用铁铲将水泥和砂料翻拌均匀，然后加入称好的粗集料（石子），再将全部拌和均匀。将拌和均匀的拌和物堆成圆锥形，在中心作一凹坑，将称量好的水（约一半）倒入凹坑中，勿使水溢出，小心拌和均匀。再将材料堆成圆锥形作一凹坑，倒入剩余的水，继续拌和。每翻拌一次，用铁铲在全部拌和物面上压切一次，翻拌一般不少于6次。拌和时间（从加水算起）随拌和物体积不同，宜按下列规定进行：

拌和物体积为30L以下时，4～5min；

拌和物体积为30～50L时，5～9min；

拌和物体积超过50 L时，9～12min。

(2) 机械拌和法

按照所需数量，称取各种材料，分别按石、水泥、砂依次装入料斗，开动机器徐徐将定量的水加入，继续搅拌2～3min，将混凝土拌和物倾倒在铁板上，在经人工翻拌两次，使拌和物均匀一致后用作试验。

混凝土拌和物取样后应立即进行坍落度测定试验或试件成型。从开始加水时算起，全部操作须在 30min 内完成。试验前混凝土拌和物应经人工略加翻拌，以保证其质量均匀。

1.4.2 拌和物稠度试验

混凝土拌和物的和易性是一项综合技术性质，很难用一种指标全面反映其和易性。通常是以测定拌和物稠度（即流动性）为主，并辅以直观经验评定黏聚性和保水性，来确定和易性。混凝土拌和物的流动性用“坍落度或坍落扩展度”和“维勃稠度”指标表示。本处介绍坍落度和坍落扩展度的测定。

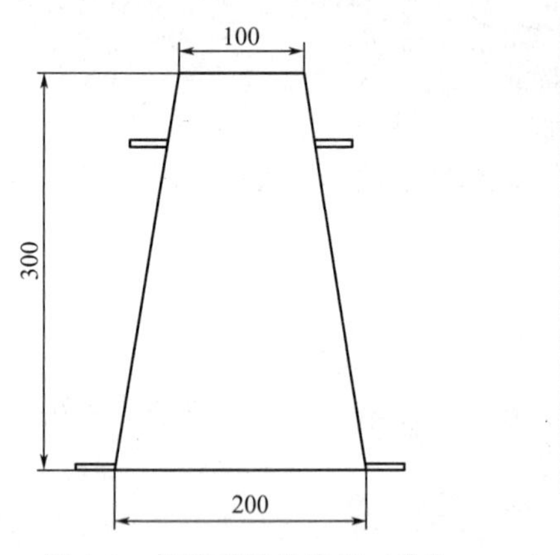

图 1-9　坍落度筒及捣棒（单位：mm）

坍落度法适用于集料最大粒径不大于 40mm、坍落度值不小于 10mm 的混凝土拌和物稠度测定。

（1）主要仪器设备

坍落度筒（见图 1-9）、金属捣棒（直径 16mm，长 500mm 两端磨圆），拌板、铁锹、小铲、钢尺等。

（2）试验步骤及结果判定

① 湿润坍落度筒及底板，在坍落度筒内壁和底板上应无明水。底板应放置在坚实水平面上，并把筒放在底板中心，然后用脚踩住两边的脚踏板，坍落度筒在装料时保持固定的位置。

② 把按要求取得的混凝土试样用小铲分三层均匀地装入筒内，使捣实后每层高度为筒高的 1/3 左右。每层用捣棒插捣 25 次。插捣应沿螺旋方向由外向中心进行，各次插捣应在截面上均匀分布。插捣筒边混凝土时，捣棒可以稍稍倾斜。插捣底层时，捣棒应贯穿整个深度，插捣第二层和顶层时，捣棒应插透本层至下一层的表面；浇灌顶层时，混凝土应灌到高出筒口。插捣过程中，如混凝土沉落到低于筒口，则应随时添加。顶层插捣完后，刮去多余的混凝土，并用抹刀抹平。

③ 清除筒边底板上的混凝土后，垂直平稳地提起坍落度筒。坍落度筒的提离过程应在 5～10s 内完成；从开始装料到提坍落度筒的整个过程应不间断地进行，并应在 150s 内完成。

④ 提起坍落度筒后，测量筒高与坍落后混凝土试体最高点之间的高度差，即为该混凝土拌和物的坍落度值（以 mm 为单位，结果表达精确至 5mm）；坍落度筒提离后，如混凝土发生崩坍或一边剪坏现象，则应重新取样另行测定；如第二次试验仍出现上述现象，则表示该混凝土和易性不好，应予记录备查。

⑤ 观察坍落后的混凝土试体的黏聚性及保水性。黏聚性的检查方法是用捣棒在已坍落的混凝土锥体侧面轻轻敲打，此时如果锥体逐渐下沉，则表示黏聚性良好，如果锥体倒塌、部分崩裂或出现离析现象，则表示黏聚性不好。保水性以混凝土拌和物稀浆析出的程度来评定，坍落度筒提起后如有较多的稀浆从底部析出，锥体部分的拌和物也因失浆而骨料外露，则表明此混凝土拌和物的保水性能不好；如坍落度筒提起后无稀浆或仅有少量稀浆自底部析出，则表明此混凝土拌和物保水性良好。

⑥ 当混凝土拌和物的坍落度大于 220mm 时，用钢尺测量混凝土扩展后最终的最大直径和最小直径，在这两个直径之差小于 50mm 的条件下，用其算术平均值作为坍落扩展度值；

否则，此次试验无效。

如果发现粗骨料在中央集堆或边缘有水泥浆析出，表示此混凝土拌和物抗离析性不好，应予记录。

1.4.3 拌和表观密度试验

本方法适用于测定混凝土拌和物捣实后的单位体积质量（即表观密度）。

（1）主要仪器设备

① 容量筒：金属制成的圆筒，两旁装有提手。对骨料最大粒径不大于40mm的拌和物采用容积为5L的容量筒，其内径与内高均为（186±2)mm，筒壁厚为3mm；骨料最大粒径大于40mm时，容量筒的内径与内高均应大于骨料最大粒径的4倍。容量筒上缘及内壁应光滑平整，顶面与底面应平行并与圆柱体的轴垂直。

容量筒容积应予以标定，标定方法可采用一块能覆盖住容量筒顶面的玻璃板，先称出玻璃板和空筒的质量，然后向容量筒中灌入清水，当水接近上口时，一边不断加水，一边把玻璃板沿筒口徐徐推入盖严，应注意使玻璃板下不带入任何气泡；然后擦净玻璃板面及筒壁外的水分，将容量筒连同玻璃板放在台秤上称其质量；两次质量之差（kg）即为容量筒的容积（L)。

② 台秤：称量50kg，感量50g。

③ 振动台：应符合《混凝土试验室用振动台》JG/T 3020中技术要求的规定；

④ 捣棒等。

（2）试验步骤

① 用湿布把容量筒外擦干净，称出筒的质量（W_1），精确至50g。

② 混凝土的装料及捣实方法应根据拌和物的稠度而定。坍落度不大于70mm的混凝土，以用振动台振实为宜，大于70mm的以用捣棒捣实为宜。

采用捣棒捣实时，应根据容量筒的大小决定分层与插捣次数。用5L容量筒时，混凝土拌和物应分两层装入，每层的插捣次数应为25次。用大于5L的容量筒时，每层混凝土的高度应不大于100mm，每层的插捣次数应按每100cm^{2}截面不小于12次计算。各次插捣应均匀地分布在每层截面上，插捣底层时捣棒应贯穿整个深度，插捣第二层时，捣棒应插透本层至下一层的表面。每一层捣完后用橡胶锤轻轻沿容器外壁敲打5～10次，进行振实，直到拌和物表面插捣孔消失不见大气泡为止。

采用振动台振实时，应一次将混凝土拌和物灌到高出容量筒口。装料时可用捣棒稍加插捣，振动过程中如混凝土沉落到低于筒口，则应随时添加混凝土，振动直至表面出浆为止。

③ 用刮尺齐筒口将多余的混凝土拌和物刮去，表面如有凹陷应予填平。将容量筒外壁擦净，称出混凝土与容量筒的总质量（W_2），精确至50g。

（3）试验结果计算

混凝土拌和物表观密度γ_h（单位为kg/m^3）应按下列公式计算（精确至10kg/m^3）：

$$\gamma_h=\frac{W_2-W_1}{V}\times 1000$$

式中　V——容量筒的容积，L。

1.4.4 凝结时间试验

本方法适用于从混凝土拌和物中筛出的砂浆用贯入阻力法来确定坍落度值不为零的混凝

土拌和物凝结时间的测定。

（1）主要仪器设备

贯入阻力仪应由加荷装置、测针、砂浆试样筒和标准筛组成，可以是手动的，也可以是自动的。贯入阻力仪应符合下列要求：

① 加荷装置：最大测量值应不小于1000N，精度为±10N。

② 测针：长为100mm，承压面积为100mm^2、50mm^{2}和20mm^{2}时有三种测针；在距贯入端25mm处刻有一圈标记。

③ 砂浆试样筒：上口径为160mm、下口径为150mm、净高为150mm的刚性不透水的金属圆筒，并配有盖子。

④ 标准筛：筛孔为5mm的符合现行国家标准《试验筛》GB/T 6005规定的金属圆孔筛。

（2）试验步骤

凝结时间试验应按下列步骤进行。

① 应从按1.4.1节制备或现场取样的混凝土拌和物试样中，用5mm标准筛筛出砂浆，每次应筛净，然后将其拌和均匀。将砂浆一次分别装入三个试样筒中，做三个试验。取样坍落度不大于70mm的混凝土宜用振动台振实砂浆；取样坍落度大于70mm的混凝土宜用捣棒人工捣实。用振动台振实砂浆时，振动应持续到表面出浆为止，不得过振；用捣棒人工捣实时，应沿螺旋方向由外向中心均匀插捣25次，然后用橡皮锤轻轻敲打筒壁，直至插捣孔消失为止。振实或插捣后，砂浆表面应低于砂浆试样筒口约10mm；砂浆试样筒应立即加盖。

② 砂浆试样制备完毕，编号后应置于温度为（20±2）℃的环境中或现场同条件下待试，并在以后的整个测试过程中，环境温度应始终保持在（20±2）℃。现场同条件测试时，应与现场条件保持一致。在整个测试过程中，除在吸取泌水或进行贯入试验时外，试样筒应始终加盖。

③ 凝结时间测定从水泥与水接触瞬间开始计时。根据混凝土拌和物的性能，确定测针试验时间，以后每隔0.5h测试一次，在临近初、终凝时可增加测定次数。

④ 在每次测试前2min，将一片20mm厚的垫块垫入筒底一侧使其倾斜，用吸管吸去表面的泌水，吸水后平稳地复原。

⑤ 测试时将砂浆试样筒置于贯入阻力仪上，测针端部与砂浆表面接触，然后在（10±2）s内均匀地使测针贯入砂浆（25±2）mm深度，记录贯入压力，精确至10N；记录测试时间，精确至1min；记录环境温度，精确至0.5℃。

⑥ 各测点的间距应大于测针直径的两倍且不小于15mm，测点与试样筒壁的距离应不小于25mm。

⑦ 贯入阻力测试在0.2～28MPa之间应至少进行6次，直至贯入阻力大于28MPa为止。

⑧ 在测试过程中应根据砂浆凝结状况，适时更换测针，更换测针宜按表1-21选用。

表1-21 测针选用规定

贯入阻力/MPa	0.2～3.5	3.5～20	20～28
测针面积/mm^2	100	50	20

（3）试验结果计算

贯入阻力的结果计算以及初凝时间和终凝时间的确定应按下述方法进行：

① 贯入阻力应按下式计算：

$$f_{PR}=\frac{P}{A}$$

式中 f_{PR}——贯入阻力，MPa；

P——贯入压力，N；

A——测针面积，mm^2。

计算应精确至 0.1MPa。

② 凝结时间宜通过线性回归方法确定，是将贯入阻力 f_{PR} 和时间 t 分别取自然对数 $\mathrm{In}(f_{PR})$ 和 $\mathrm{In}(t)$，然后把 $\mathrm{In}(f_{PR})$ 当作自变量，$\mathrm{In}(t)$ 当作因变量作线性回归得到回归方程式：

$$\mathrm{In}(t)=A+B\mathrm{In}\ \mathrm{In}(f_{PR})$$

式中 t——时间，min；

f_{PR}——贯入阻力，MPa；

A，B——线性回归系数。

根据上式求得当贯入阻力为 3.5MPa 时为初凝时间 t_s，贯入阻力为 28MPa 时为终凝时间 t_e：

$$t_s=e^{[A+B\mathrm{In}(3.5)]}$$

$$t_e=e^{[A+B\mathrm{In}(28)]}$$

式中 t_s——初凝时间，min；

t_e——终凝时间，min；

A，B——式 $\mathrm{In}(t)=A+B\mathrm{In}\ \mathrm{In}(f_{PR})$ 中的线性回归系数。

凝结时间也可用绘图拟合的方法确定，是以贯入阻力为纵坐标，经过的时间为横坐标（精确至 1min），绘制出贯入阻力与时间之间的关系曲线，以 3.5MPa 和 28MPa 画两条平行于横坐标的直线，分别与曲线相交的两个交点的横坐标即为混凝土拌和物的初凝和终凝时间。

③ 用三个试验结果的初凝和终凝时间的算术平均值作为此次试验的初凝和终凝时间。如果三个测值的最大值或最小值中有一个与中间值之差超过中间值的 10%，则以中间值为试验结果；如果最大值和最小值与中间值之差均超过中间值的 10%，则此次试验无效。

凝结时间用 h：min 表示，并修约至 5min。

1.4.5 泌水试验

本方法适用于骨料最大粒径不大于 40mm 的混凝土拌和物泌水测定。

（1）主要仪器设备

① 试样筒：金属制成的圆筒，两旁装有提手。对骨料最大粒径不大于 40mm 的拌和物采用容积为 5L 的容量筒，其内径与内高均为（186±2）mm，筒壁厚为 3mm；骨料最大粒径大于 40mm 时，容量筒的内径与内高均应大于骨料最大粒径的 4 倍。容量筒上缘及内壁应光滑平整，顶面与底面应平行并与圆柱体的轴垂直；并配有盖子。

② 台秤：称量为 50kg，感量为 50g。

③ 量筒：容量为 10mL、50mL、100mL 的量筒及吸管。

④ 振动台：应符合《混凝土试验室用振动台》JG/T 3020 中技术要求的规定。

⑤ 捣棒等。

(2) 试验步骤

泌水试验应按下列步骤进行。

① 应用湿布湿润试样筒内壁后立即称量，记录试样筒的质量。再将混凝土试样装入试样筒，混凝土的装料及捣实方法有以下两种。

a. 用振动台振实。将试样一次装入试样筒内，开启振动台，振动应持续到表面出浆为止，且应避免过振；并使混凝土拌和物表面低于试样筒筒口 (30±3)mm，用抹刀抹平。抹平后立即计时并称量，记录试样筒与试样的总质量。

b. 用捣棒捣实。采用捣棒捣实时，混凝土拌和物应分两层装入，每层的插捣次数应为 25 次；捣棒由边缘向中心均匀地插捣，插捣底层时捣棒应贯穿整个深度，插捣第二层时，捣棒应插透本层至下一层的表面；每一层捣完后用橡皮锤轻轻沿容量外壁敲打 5～10 次，进行振实，直至拌和物表面插捣孔消失并不见大气泡为止；并使混凝土拌和物表面低于试样筒筒口 (30±3)mm，用抹刀抹平。抹平后立即计时并称量，记录试样筒与试样的总质量。

② 在以下吸取混凝土拌和物表面泌水的整个过程中，应使试样筒保持水平、不受振动；除了吸水操作外，应始终盖好盖子；室温应保持在 (20±2)℃。

③ 从计时开始后 60min 内，每隔 10min 吸取 1 次试样表面渗出的水。60min 后，每隔 30min 吸 1 次水，直至认为不再泌水为止。为了便于吸水，每次吸水前 2min，将一片 35mm 厚的垫块垫入筒底一侧使其倾斜，吸水后平稳地复原。吸出的水放入量筒中，记录每次吸出的水量并计算累计水量，精确至 1mL。

(3) 试验结果计算

泌水量和泌水率的结果计算及其确定应按下列方法进行。

① 泌水量应按下式计算：

$$B_s=\frac{V}{A}$$

式中 B_s——泌水量，mL/mm^2；

V——最后一次吸水后累计的泌水量，mL；

A——试样外露的表面面积，mm^2。

计算应精确至 $0.01mL/mm^2$。泌水量取三个试样测值的平均值。三个测值中的最大值或最小值，如果有一个与中间值之差超过中间值的 15%，则以中间值为试验结果；如果最大值和最小值与中间值之差均超过中间值的 15%，则此次试验无效。

② 泌水率应按下式计算：

$$B=\frac{V_W}{(W/G)G_W}\times 100$$

$$G_W=G_1-G_0$$

式中 B——泌水率，%；

V_W——泌水总量，mL；

G_W——试样质量，g；

W——混凝土拌和物总用水量，mL；

G——混凝土拌和物总质量，g；

G_1——试样筒及试样总质量，g；

G_0——试样筒质量，g。

计算应精确至 1%。泌水率取三个试样测值的平均值。三个测值中的最大值或最小值，如果有一个与中间值之差超过中间值的 15%，则以中间值为试验结果；如果最大值和最小值与中间值之差均超过中间值的 15%，则此次试验无效。

1.4.6 压力泌水试验

本方法适用于骨料最大粒径不大于 40mm 的混凝土拌和物压力泌水测定。

(1) 主要仪器设备

① 压力泌水仪：其主要部件包括压力表、缸体、工作活塞、筛网等（见图 1-10）。压力表最大量程为 6MPa，最小分度值不大于 0.1MPa；缸体内径 (125.00±0.02)mm，内高 (200.0±0.2)mm；工作活塞压强为 3.2MPa，公称直径为 125mm；筛网孔径为 0.315mm。

② 量筒：200mL 量筒。

③ 捣棒等。

(2) 试验步骤

压力泌水试验应按以下步骤进行。

① 混凝土拌和物应分两层装入压力泌水仪的缸体容器内，每层的插捣次数应为 20 次。捣棒由边缘向中心均匀地插捣，插捣底层时捣棒应贯穿整个深度，插捣第二层时，捣棒应插透本层至下一层的表面；每一层捣完后用橡皮锤轻轻沿容器外壁敲打 5～10 次，进行振实，直至拌和物表面插捣孔消失并不见大气泡为止；并使拌和物表面低于容器口以下约 30mm，用抹刀将表面抹平。

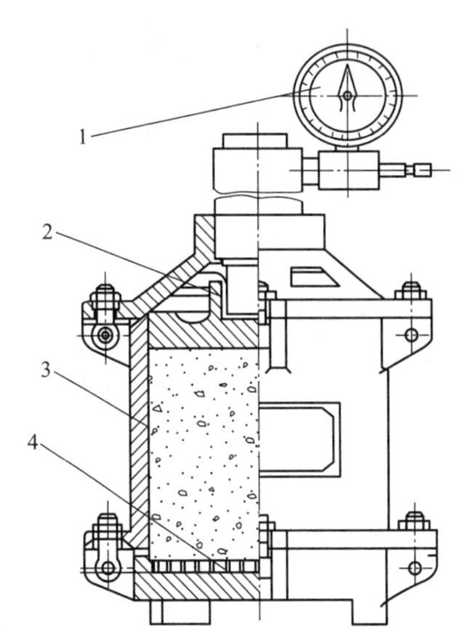

图 1-10 压力泌水仪

1—压力表；2—工作活塞；3—缸体；4—筛网

② 将容器外表擦干净，压力泌水仪按规定安装完毕后应立即给混凝土试样施加压力至 3.2MPa，并打开泌水阀门，同时开始计时，保持恒压，泌出的水接入 200mL 量筒里；加压至 10s 时读取泌水量 V_{10}，加压至 140s 时读取泌水量 V_{140}。

(3) 试验结果计算

压力泌水率应按下式计算：

$$B_v=\frac{V_{10}}{V_{140}}\times 100$$

式中 B_v——压力泌水率，%；

V_{10}——加压至 10s 时的泌水量，mL；

V_{140}——加压至 140s 时的泌水量，mL。

压力泌水率的计算应精确至 1%。

1.4.7 含气量试验

本方法适于骨料最大粒径不大于 40mm 的混凝土拌和物含气量测定。

(1) 主要仪器设备

① 含气量测定仪：如图 1-11 所示，由容器及盖体两部分组成。容器：应由硬质、不易

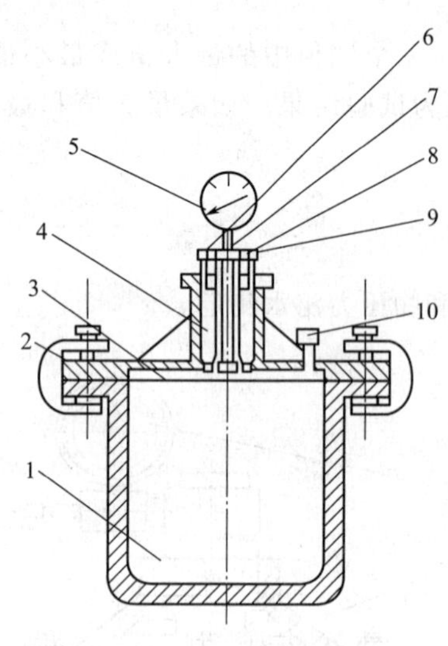

图 1-11　含气量测定仪

1—容器；2—盖体；3—水找平室；4—气室；5—压力表；6—排气阀；7—操作阀；8—排水阀；9—进气阀；10—加水阀

被水泥浆腐蚀的金属制成，其内表面粗糙度不应大于3.2μm，内径应与深度相等，容积为7L。盖体：应用与容器相同的材料制成。盖体部分应包括气室、水找平室、加水阀、排水阀、操作阀、进气阀、排置密封垫圈，用螺栓连接，连接处不得有空气存留，并保证密闭。

② 振动台：应符合《混凝土试验室用振动台》JG/T 3020 中技术要求的规定。

③ 台秤：称量 50kg，感量 50g。

④ 橡皮锤：应带有质量约 250g 的橡皮锤头。

⑤ 捣棒等。

（2）试验前操作步骤

在进行拌和物含气量测定之前，应先按下列步骤测定拌和物所用骨料的含气量。

① 应按下式计算每个试样中粗、细骨料的质量：

$$m_g = \frac{V}{1000} \times m_{lg}$$

$$m_s = \frac{V}{1000} \times m_{ls}$$

式中　m_g，m_s——每个试样中的粗、细骨料质量，kg；

m_{lg}，m_{ls}——每立方米混凝土拌和物中粗、细骨料质量，kg；

V——含气量测定仪容器容积，L。

② 在容器中先注入 1/3 高度的水，然后把通过 40mm 网筛的质量为 m_g、m_s 的粗、细骨料称好、拌匀，慢慢倒入容器中。水面每升高 25mm 左右，轻轻插捣 10 次，并略予搅动，以排除夹杂进去的空气，加料过程中应始终保持水面高出骨料的顶面；骨料全部加入后，应浸泡约 5min，再用橡皮锤轻敲容器外壁，排净气泡，除去水面泡沫，加水至满，擦净容器上口边缘；装好密封圈，加盖拧紧螺栓。

③ 关闭操作阀和排气阀，打开排水阀和加水阀，通过加水阀，向容器内注入水；当排水阀流出的水流不含气泡时，在注水的状态下，同时关闭加水阀和排水阀。

④ 开启进气阀，用气泵向气室内注入空气，使气室内的压力略大于 0.1MPa，待压力表显示值稳定后；微开排气阀，调整压力至 0.1MPa，然后关紧排气阀。

⑤ 开启操作阀，使气室里的压缩空气进入容器，待压力表显示值稳定后记录示值 P_{g1}，然后开启排气阀，压力仪表示值应回零。

⑥ 重复以上步骤④和⑤，对容器内的试样再检测一次，记录表值 P_{g2}。

⑦ 若 P_{g1} 和 P_{g2} 的相对误差小于 0.2%，则取 P_{g1} 和 P_{g2} 的算术平均值，按压力与含气量关系曲线查得骨料的含气量（精确 0.1%）；若不满足，则应进行第三次试验。测得压力值 P_{g3}（MPa）。当 P_{g3} 与 P_{g1}、P_{g2} 中较接近的一个值的相对误差不大于 0.2%时，则取此二值的算术平均值。当仍大于 0.2%时，则此次试验无效，应重做。

（3）试验步骤

混凝土拌和物含气量试验应按下列步骤进行。

① 用湿布擦净容器和盖的内表面，装入混凝土拌和物试样。

② 捣实可采用手工或机械方法。当拌和物坍落度大于 70mm 时，宜采用手工插捣，当

拌和物坍落度不大于70mm时，宜采用机械振捣，如振动台或插入振捣器等；用捣棒捣实时，应将混凝土拌和物分3层装入，每层捣实后高度约为1/3容器高度；每层装料后由边缘向中心均匀地插捣25次，捣棒应插透本层高度，再用木槌沿容器外壁重击10～15次，使插捣留下的插孔填满。最后一层装料应避免过满；采用机械捣实时，一次装入捣实后体积为容器容量的混凝土拌和物，装料时可用捣棒稍加插捣，振实过程中如拌和物低于容器口，应随时添加；振动至混凝土表面平整、表面出浆即止，不得过度振捣；若使用插入式振动器捣实，应避免振动器触及容器内壁和底面；在施工现场测定混凝土拌和物含气量时，应采用与施工振动频率相同的机械方法捣实。

③ 捣实完毕后立即用刮尺刮平，表面如有凹陷应予填平抹光；如需同时测定拌和物表观密度，可在此时称量和计算；然后在正对操作阀孔的混凝土拌和物表面贴一小片塑料薄膜，擦净容器上口边缘，装好密封垫圈，加盖并拧紧栓。

④ 关闭操作阀和排气阀，打开排水阀和加水阀，通过加水阀，向容器内注入水；当排水阀流出的水流不含气泡时，在注水的状态下，同时关闭加水阀和排水阀。

⑤ 然后开启进气阀用气泵注入空气至气室内压力略大于0.1MPa，待压力示值仪表示值稳定后，微微开启排气阀，调整压力至0.1MPa，关闭排气阀。

⑥ 开启操作阀，待压力示值仪稳定后，测得压力值P_{01}（MPa）。

⑦ 开启排气阀，压力仪示值回零；重复上述步骤⑤～⑥，对容器内试样再测一次压力值P_{02}（MPa）。

⑧ 若P_{01}和P_{02}的相对误差小于0.2%，则取P_{01}、P_{02}的算术平均值，按压力与含气量关系曲线查得含气量A_0（精确至0.1%）；若不满足，则应进行第三次试验，测得压力值P_{03}（MPa）。当P_{03}与P_{01}、P_{02}中较接近的一个值的相对误差不大于0.2%时，则取此二值的算术平均值查得A_0；当仍大于0.2%时，此次试验无效。

（4）试验结果计算

混凝土拌和物含气量应按下式计算：

$$A=A_0-A_g$$

式中 A——混凝土拌和物含气量，%；

A_0——两次含气量测定的平均值，%；

A_g——骨料含气量，%。

计算结果精确至0.1%。

（5）测量仪器的标定与率定

含气量测定仪容器容积的标定及率定应按下列规定进行。

① 容器容积的标定按下列步骤进行。

a. 擦净容器，并将含气量仪全部安装好，测定含气量仪的总质量，测量结果精确至50g。

b. 往容器内注水至上缘，然后将盖体安装好，关闭操作阀和排气阀，打开排水阀和加水阀，通过加水阀，向容器内注入水；当排水阀流出的水流不含气泡时，在注水的状态下，同时关闭加水阀和排水阀，再测定其总质量；测量结果精确至50g。

c. 容器的容积应按下式计算：

$$V=\frac{m_2-m_1}{\rho_w}\times 1000$$

式中 V——含气量仪的容积，L；

m_1——干燥含气量仪的总质量，kg；

m_2——水 、含气量仪的总质量，kg；

ρ_w——容器内水的密度，kg/m³。

计算结果精确至 0.01L。

② 含气量测定仪的率定按下列步骤进行。

a. 按上述操作步骤⑤～⑧测得含气量为 0 时的压力值。

b. 开启排气阀，压力示值器示值回零；关闭操作阀和排气阀，打开排水阀，在排水阀口用量筒接水；用气泵缓缓地向气室内打气，当排出的水恰好是含气量仪体积的 1%时。按上述步骤测得含气量为 1%时的压力值。

c. 如此继续测取含气量分别为 2%、3%、4%、5%、6%、7%、8%时的压力值。

d. 以上试验均应进行两次，各次所测压力值均应精确至 0.01MPa。

e. 对以上的各次试验均应进行检验，其相对误差均应小于 0.2%；否则应重新率定。

f. 据此检验以上含气量为 0，1%，…，8%时共 9 次的测量结果，绘制含气量与气体压力之间的关系曲线。

1.5 硬化后混凝土的力学性能

1.5.1 混凝土的受力破坏特点

由于水化热、干燥收缩及泌水等原因，混凝土在受力前就在水泥石中存在有微裂纹，特别是集料的表面处存在着部分界面微裂纹。当混凝土受力后，在微裂纹处产生应力集中，使这些微裂纹不断扩展，数量不断增大，并逐渐汇合连通，最终形成若干条可见的裂缝而使混凝土破坏。

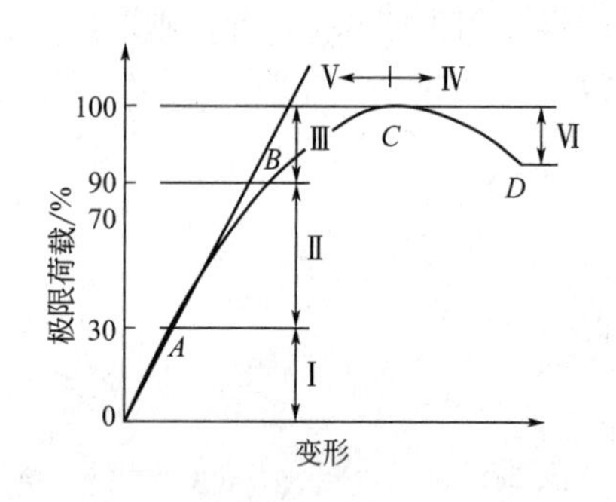

图 1-12　混凝土受压变形曲线

Ⅰ—界面裂缝无明显变化；Ⅱ—界面裂缝快速发展；Ⅲ—出现砂浆裂缝和连续裂缝；Ⅳ—连续裂缝快速发展；Ⅴ—裂缝缓慢增长；Ⅵ—裂缝迅速增长

通过显微镜观测混凝土的受力破坏过程，表明混凝土的破坏过程是内部裂纹产生、发生与汇合的过程，可分为四个阶段。混凝土单轴静力受压时的变形与荷载关系，如图 1-12 所示。

当荷载达到“比例极限”（约为极限荷载的 30%）以前，混凝土的应力较小，界面微裂纹无明显的变化（Ⅰ阶段），此时荷载与变形近似为直线关系。

荷载超过“比例极限”后，界面微裂纹的数量、宽度和长度逐渐增大，但尚无明显的砂浆裂纹（Ⅱ阶段）。此时，变形增大的速度大于荷载增大的速度，荷载与变形已不再是直线关系。

当荷载超过“临界荷载”（约为极限荷载的 70%～90%）时，界面裂纹继续产生与扩展，同时开始出现砂浆裂纹，部分界面裂纹汇合（Ⅲ阶段）。此时变形速度明显加快，荷载与变形曲线明显弯曲。

达到极限荷载后，裂纹急剧扩展、汇合，并贯通成若干条宽度很大的裂纹，同时混凝土的承载力下降，变形急剧增大，直至混凝土破坏（Ⅳ阶段）。

由此可见，混凝土的受力变形与破坏是混凝土内部微裂纹产生、扩展、汇合的结果，只有当微裂纹的数量、长度与宽度达到一定程度时，混凝土才会完全破坏（见图 1-13）。

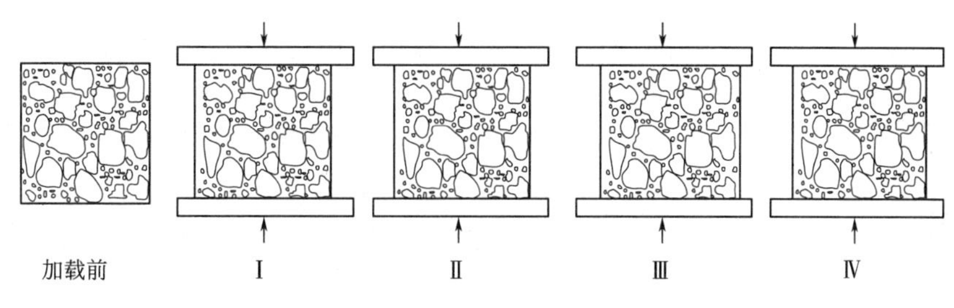

图 1-13 不同受力阶段受力示意图

1.5.2 混凝土的强度

混凝土的强度包括抗压、抗拉、抗弯、抗剪以及握裹钢筋强度等；其中抗压强度最大，工程中主要使用混凝土承受压力。混凝土的抗压强度与其他强度间有一定的相关性，可以根据抗压强度来估计其他强度值，因此混凝土的抗压强度是最重要的一项性能指标。

1.5.2.1 混凝土立方体抗压强度与强度等级

国家标准《普通混凝土力学性能试验方法》GB/T 50081—2002 规定，将混凝土拌和物制作边长为 150mm 的立方体试件，在标准条件（温度 20℃±2℃，相对湿度 95%以上）下，养护到 28d 龄期，测得的抗压强度值为混凝土立方体试件抗压强度（简称立方体抗压强度），以 f_{cu}表示。

按照国家标准《混凝土结构设计规范》GB 50010—2010，混凝土强度等级应按立方体抗压强度标准值确定。立方体抗压强度标准值系指按标准方法制作和养护的边长为 150mm 的立方体试件，在 28d 龄期用标准试验方法测得的具有 95%保证率的抗压强度，以 $f_{cu,k}$表示。普通混凝土划分为十二个强度等级：C15、C20、C25、C30、C35、C40、C45、C50、C65、C70、C75、C80。混凝土强度等级是混凝土结构设计、施工质量控制和工程验收的重要依据。

钢筋混凝土结构的混凝土强度等级不应低于 C15；当采用 HRB335 级钢筋时，混凝土强度等级不宜低于 C20；当采用 HRB400 和 RRB400 级钢筋以及作为承受重复荷载的构件时，混凝土强度等级不得低于 C20。

预应力混凝土结构的混凝土强度等级不应低于 C30；当采用钢绞线、钢丝、热处理钢筋作预应力筋时，混凝土强度等级不宜低于 C40。

1.5.2.2 混凝土的轴心抗压强度和轴心抗拉强度

（1）轴心抗压强度

混凝土的立方体抗压强度只是评定强度等级的一个标志，它不能直接用作结构设计的依据。为了符合工程实际，在结构设计中混凝土受压构件的计算采用混凝土的轴心抗压强度。轴心抗压强度设计值和标准值分别以 f_c 和 f_{ck}表示。

轴心抗压强度的测定采用 150mm×150mm×300mm 棱柱体作为标准试件。试验表明，轴心抗压强度 f_c 比同截面的立方体强度 f_{cu}小，棱柱体试件高宽比越大，轴心抗压强度越小，但当 h/a 达到一定值后，强度就不再降低。但是过高的试件在破坏前由于失稳产生较大的附加偏心，又会降低抗压的试验强度值。在立方抗压强度 f_{cu}=10～55MPa 的范围内，轴心抗压强度 f_c 与 f_{cu}之比为 0.70～0.80。

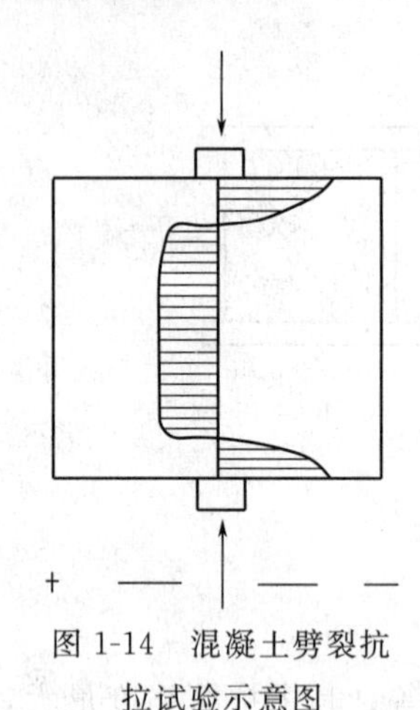

图 1-14　混凝土劈裂抗拉试验示意图

(2) 轴心抗拉强度

混凝土是一种脆性材料，在受拉时很小的变形就要开裂，它在断裂前没有残余变形。

混凝土的抗拉强度只有抗压强度的 (1/10)～(1/20)，且随着混凝土强度等级的提高比值降低。

混凝土在工作时一般不依靠其抗拉强度。但抗拉强度对于抗开裂性有重要意义，在结构设计中抗拉强度是确定混凝土抗裂能力的重要指标。有时也用它来间接衡量混凝土与钢筋的黏结强度等。

混凝土抗拉强度采用立方体劈裂抗拉试验来测定，称为劈裂抗拉强度 f_{ts}。该方法的原理是在试件的两个相对表面的中线上作用均匀分布的压力，这样就能够在压力作用平面内产生均布拉伸应力（见图 1-14），混凝土劈裂抗拉强度应按下式计算：

$$f_{ts}=\frac{2F}{\pi A}=0.637\frac{F}{A}$$

式中　f_{ts}——混凝土劈裂抗拉强度，MPa；

F——破坏荷载，N；

A——试件劈裂面面积，mm^2。

混凝土轴心抗拉强度 f_t 可按劈裂抗拉强度 f_{ts} 换算得到，试验结果表明，混凝土的轴心抗拉强度与劈拉强度的比值约为 0.9。

各强度等级的混凝土轴心抗压强度标准值 f_{ck}、轴心抗拉强度 f_{tk} 应按表 1-22 采用。

表 1-22　混凝土强度标准值

强度种类	混凝土强度等级													
	C15	C20	C25	C30	C35	C40	C45	C50	C55	C60	C65	C70	C75	C80
f_{ck}	10.0	13.4	16.7	20.1	23.4	26.8	29.6	32.4	35.5	38.5	41.5	44.5	47.4	50.2
f_{tk}	1.27	1.54	1.78	2.01	2.20	2.39	2.51	2.64	2.74	2.85	2.93	2.99	3.05	3.11

还需要注意的是，相同强度等级的混凝土轴心抗压强度设计值 f_c、轴心抗拉强度设计值 f_t 低于混凝土轴心抗压、轴心抗拉强度标准值 f_{ck} 和 f_{tk}。

1.5.2.3　混凝土的抗折强度

混凝土的抗折强度（即抗弯强度、弯拉强度），略高于劈拉强度。公路路面、机场跑道路面等以抗折强度作为主要设计指标。

根据《普通混凝土力学性能试验方法》GB/T 50081—2002 规定试验装置如图 1-15 所示。试验机应能施加均匀、连续、速度可控的荷载，并带有能使 2 个相等荷载同时作用在试件跨度 3 分点处的抗折试验装置。

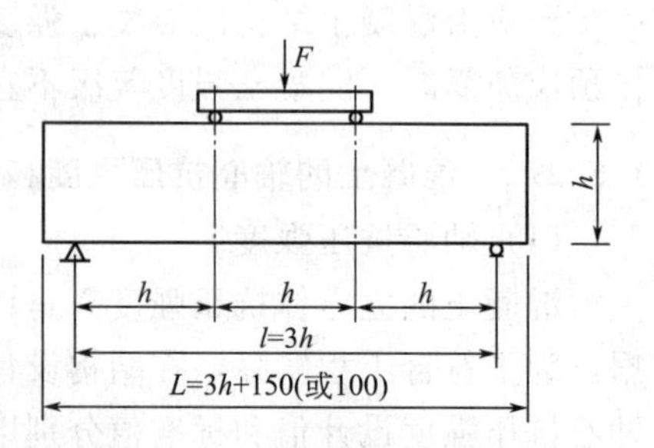

图 1-15　抗折试验装置

抗折强度试件应符合表 1-23 的规定，采用非标准试件时换算系数为 0.85。

表 1-23　抗折强度试件尺寸

标准试件	非标准试件
150mm×150mm×600mm(或 550mm)的棱柱体	100mm×100mm×400mm 的棱柱体

1.5.2.4 影响混凝土强度的因素

影响混凝土强度的因素很多。可从原材料因素、生产工艺因素及实验因素三方面讨论。

(1) 原材料因素

① 水泥强度 从混凝土的结构与混凝土的受力破坏过程可知，混凝土的强度主要取决于水泥石的强度和界面黏结强度。水泥强度的大小直接影响混凝土强度。水泥强度等级越高，水泥石的强度越高，对集料的黏结作用也越强。在配合比相同的条件下，所用水泥强度等级越高，制成的混凝土强度越高。试验表明，混凝土的强度与水泥强度成正比例关系。

② 水灰比 当用同一种水泥时，混凝土的强度主要取决于水灰比。水泥水化时所需的结合水一般只占水泥质量的23%左右，为了获得必要的流动性，在拌制混凝土拌和物时，实际采用较大的水灰比。当混凝土硬化后，多余的水分或残留在混凝土中形成水泡，或蒸发后形成气孔，内部的孔隙削弱了混凝土抵抗外力的能力。因此，满足和易性要求的混凝土，在水泥强度等级相同的情况下，水灰比越小，水泥石的强度越高，与集料的黏结力也越大，混凝土的强度就越高。如果加水太少（水灰比太小），拌和物过于干硬，在一定的捣实成型条件下，无法保证浇灌质量，混凝土中将出现较多的孔洞，强度也将降低。

③ 集料的种类、质量和数量 在水泥强度等级与水灰比相同的条件下，碎石混凝土的强度往往高于卵石混凝土，特别是在水灰比较小时。如当水灰比为0.40时，碎石混凝土较卵石混凝土的强度高20%～35%；而当水灰比为0.65时，二者的强度基本相同。其原因是水灰比小时，界面黏结是主要矛盾，而水灰比大时，水泥石强度成为主要矛盾。

泥及泥块等杂质含量少、级配好的集料，有利于集料与水泥石间的黏结，充分发挥集料的骨架作用，并可降低用水量与水灰比，因而有利于强度的提高。二者对高强混凝土尤为重要。

粒径粗大的集料，可降低用水量及水灰比，有利于提高混凝土的强度。对高强混凝土，较小粒径的粗集料可明显改善粗集料与水泥石的界面黏结强度，提高混凝土的强度。

④ 外加剂和掺和料 混凝土中加入外加剂可按要求改变混凝土的强度及强度发展规律，如掺入减水剂可减少拌和用水量，提高混凝土强度；如掺入早强剂可提高混凝土早期强度，但对其后期强度发展无明显影响。超细的掺和料可配制高性能、超高强度的混凝土。

(2) 生产工艺因素

这里所指的生产工艺因素包括混凝土生产过程中涉及的施工条件（搅拌、振捣)、养护条件、养护时间等因素。如果这些因素控制不当，会对混凝土强度产生严重影响。

① 施工条件——搅拌与振捣 在施工过程中，必须将混凝土拌和物搅拌均匀，浇筑后必须振捣密实，才能使混凝土达到预期强度。

机械搅拌和振捣的力度比人力强，采用机械搅拌比人工搅拌的拌和物更均匀，采用机械振捣比人工振捣的混凝土更密实。强力的机械捣实可适用于更低水灰比的混凝土拌和物，获得更高的强度。

改进施工工艺可提高混凝土强度，如采用分次投料搅拌工艺；采用高速搅拌工艺；采用高频或多频振捣器；采用二次振捣工艺等都会有效地提高混凝土强度。

② 养护条件 混凝土的养护条件主要指所处的环境温度和湿度，它们是通过影响水泥水化过程而影响混凝土强度的。

养护温度高，水泥的水化速度快，早期强度高，但28d及28d以后的强度与水泥的品种有关。普通硅酸盐水泥混凝土与硅酸盐水泥混凝土在高温养护后，再转入常温养护至28d，其强度较一直在常温或标准养护温度下养护至28d的强度低10%～15%；而矿渣硅酸盐水泥以及其他掺活性混合材料多的硅酸盐水泥混凝土，或掺活性矿物掺和料的混凝土经高温养护后，28d强度可提高10%～40%。当温度低于0℃时，水泥水化停止后，混凝土强度停止发展，同时还会受到冻胀破坏作用，严重影响混凝土的早期强度和后期强度。受冻越早，冻胀破坏作用越大，强度损失越大（见图1-16）。因此，应特别防止混凝土早期受冻。GBJ 50164—92规定，混凝土在达到具有抗冻能力的临界强度后，方可撤除保温措施，对硅酸盐水泥或普通硅酸盐水泥配制的混凝土，临界强度应大于设计强度等级的30%，对矿渣硅酸盐水泥配制的混凝土，临界强度应大于设计强度等级的40%，且在任何条件下受冻前的强度不得低于5MPa。当平均气温连续5d低于5℃时，应按冬期施工的规定进行（GB 50204—2002）。

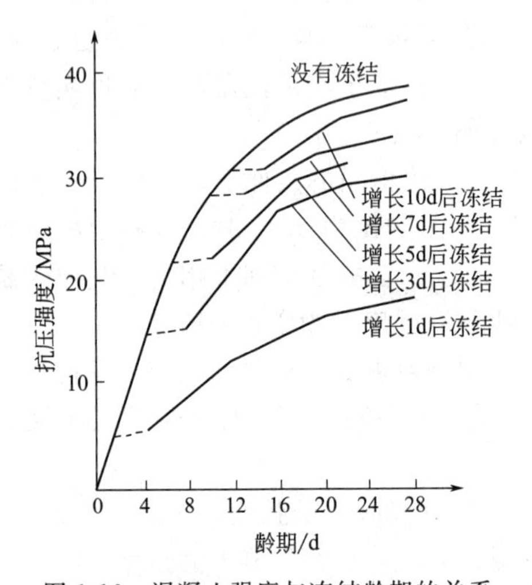

图1-16 混凝土强度与冻结龄期的关系

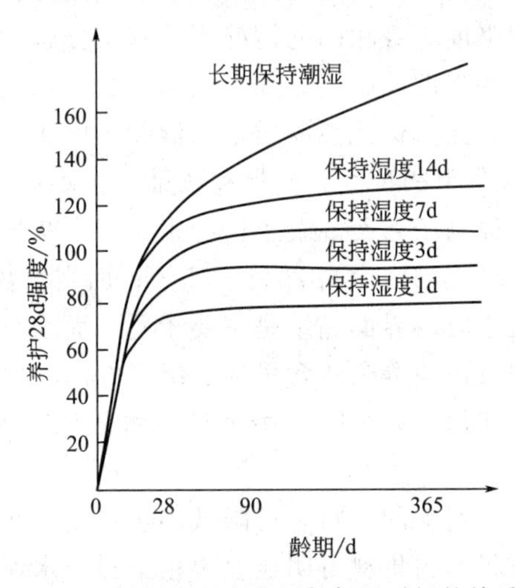

图1-17 混凝土强度发展与保湿时间的关系

环境湿度越高，混凝土的水化程度越高，混凝土的强度越高。如环境湿度低，则由于水分大量蒸发，使混凝土不能正常水化，严重影响混凝土的强度。受干燥作用的时间越早，造成的干缩开裂越严重（因早期混凝土的强度较低），结构越疏松，混凝土的强度损失越大，如图1-17所示。混凝土在浇注后，应在12h内覆盖草袋、塑料薄膜等，以防止水分蒸发过快，并应按规定进行浇水养护。使用硅酸盐水泥、普通硅酸盐水泥、矿渣硅酸盐水泥时，保湿时间不小于7d；使用火山灰质硅酸盐水泥和粉煤灰硅酸盐水泥时，或掺用缓凝型外加剂或有耐久性要求时，应不小于14d。掺粉煤灰的混凝土保湿时间不得少于14d，干燥或炎热气候条件下不得少于21d，路面工程中不得少于28d。高强混凝土、高耐久性混凝土则在成型后须立即覆盖或采取适当的保湿措施。

③ 龄期　龄期是指混凝土在正常养护条件下所经历的时间。在正常养护条件下，混凝土强度将随着龄期的增长而增长。最初7～14d内，强度增长较快，以后逐渐变得缓慢。在有水的情况下，龄期延续很久其强度仍有所增长。

普通水泥制成的混凝土，在标准条件下，龄期不小于3d的混凝土强度发展大致与其龄期的对数成正比。因而在一定条件下养护的混凝土可按下式根据某一龄期的强度推算另一龄期的强度。

$$\frac{f_n}{\lg n}=\frac{f_a}{\lg a}$$

式中 f_n，f_a——龄期为 n 天和 a 天的混凝土抗压强度；

n，a——养护龄期，d，$a>3$、$n>3$。

(3) 试验因素

在进行混凝土强度试验时，试件尺寸与形状、表面状态、含水率以及试验加荷速度都会影响混凝土强度试验的测试结果。

① 试件尺寸与外形　测定混凝土立方体试件抗压强度，可按粗集料最大粒径的尺寸选用不同尺寸的试件。但是试件尺寸不同、形状不同，会影响试件的抗压强度测定结果。因为混凝土试件在压力机上受压时，在沿加荷方向发生纵向变形的同时，也按泊松比效应产生横向膨胀。而钢制压板的横向膨胀较混凝土小，因而在压板与混凝土试件受压面形成摩擦力，对试件的横向膨胀起着约束作用，这种约束作用称为“环箍效应”。“环箍效应”能提高混凝土抗压强度。离压板越远，“环箍效应”越小，在距离试件受压面约 0.866a（a 为试件边长）范围外这种效应消失，这种破坏后的试件形状如图 1-18(a) 所示。

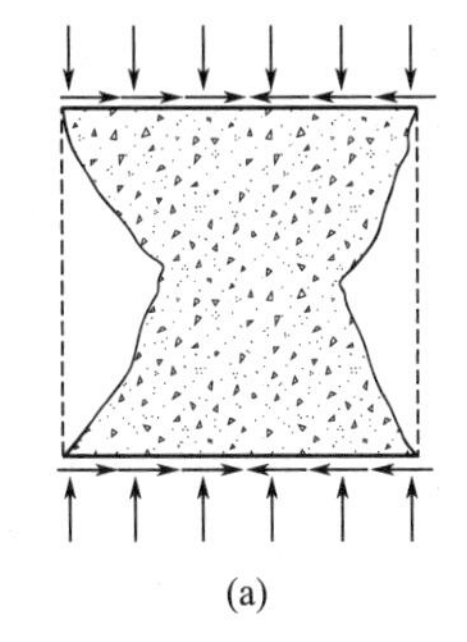

(a)

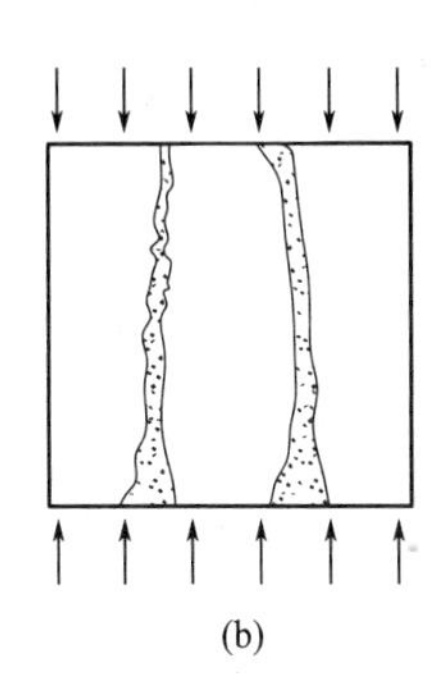

(b)

图 1-18　混凝土受压破坏

在进行强度试验时，试件尺寸越大，测得的强度值越低。这包括两个方面的原因：一是“环箍效应”；二是由于大试件内存在的孔隙、裂缝荷载局部较差等缺陷的概率大，从而降低了材料的强度。

国家标准 GBJ 107—87《混凝土强度检验评定标准》规定边长为 150mm 的立方体试件为标准试件。当采用非标准尺寸试件时，应将其抗压强度换算为标准试件抗压强度。换算系数需按表 1-24 的规定选取。

表 1-24　混凝土抗压强度试块允许最小尺寸

集料最大粒径/mm	换算	试块尺寸/mm
31.5	0.95	100×100×100(非标准试块)
40	1.00	150×150×150(标准试块)
60	1.05	200×200×200(非标准试块)

② 表面状态　当混凝土受压面非常光滑时（如有油脂），由于压板与试件表面的摩擦力减小，使“环箍效应”减小，试件将出现垂直裂纹而破坏，见图 1-18(b)，测得的混凝土强度较低。

③ 含水率　混凝土试件含水率越高，其强度越低。

④ 加荷速度　在进行混凝土试件抗压试验时，加荷速度过快，材料裂纹扩展的速度慢于荷载增加速度，故测得的强度值偏高。在进行混凝土立方体抗压强度试验时，应按规定的加荷速度进行。

综上所述，通过对混凝土强度影响因素的分析，提高混凝土强度的措施有：采用强度等级高的水泥；采用低水灰比；采用有害杂质少、级配良好、颗粒适当的集料和合理的砂率；

采用合理的机械搅拌、振捣工艺；保持合理的养护温度和一定的湿度，可能的情况下采用湿热养护；掺入合适的混凝土外加剂和掺和料。

1.5.2.5 提高混凝土强度的措施

(1) 采用高强度等级水泥或快硬早强型水泥

采用高强度等级水泥，可提高混凝土 28d 强度，早期强度也可获得提高；采用快硬早强水泥或早强型水泥，可提高混凝土的早期强度，即 3d 或 7d 强度。但不应过分提高水泥的强度，特别是早期强度，以免造成混凝土开裂加剧。

(2) 采用干硬性混凝土（较小的水灰比）

干硬性混凝土的用水量小，即水灰比小，因而硬化后混凝土的密实度高，故可显著提高混凝土的强度。但干硬性混凝土在成型时需要较大、较强的振动设备，适合在预制厂使用，在现浇混凝土工程中一般无法使用。采用碾压施工时，可选用干硬性混凝土。

(3) 采用级配好、质量高、粒径适宜的集料

级配好，泥、泥块等有害杂质少以及针、片状颗粒含量较少的粗、细集料，有利于降低水灰比，可提高混凝土的强度。对中低强度的混凝土，应采用最大粒径较大的粗集料；对高强混凝土，则应采用最大粒径较小的粗集料；同时应采用较粗的细集料。

(4) 采用机械搅拌和机械振动成型

采用机械搅拌和机械振动成型，可进一步降低水灰比，并能保证混凝土密实成型。在低水灰比情况下，效果尤为显著。

(5) 加强养护

混凝土在成型后，应及时进行养护以保证水泥能正常水化与凝结硬化。对自然养护的混凝土，应保证一定的温度与湿度。同时，应特别注意混凝土的早期养护，即在养护初期必须保证有较高的湿度，并应防止混凝土早期受冻。采用湿热处理，可提高混凝土的早期强度，可根据水泥品种对高温养护的适应性和对早期强度的要求，选择适宜的高温养护温度。

(6) 掺加化学外加剂

掺加减水剂，特别是高效减水剂，可大幅度降低用水量和水灰比，使混凝土的 28d 强度显著提高，高效减水剂还能提高混凝土的早期强度。掺加早强剂可显著提高混凝土的早期强度。

(7) 掺加混凝土矿物掺和料

掺加细度大的活性矿物掺和料，如硅灰、磨细粉煤灰、沸石粉、硅质页岩粉等可提高混凝土的强度，特别是硅灰可大幅度提高混凝土的强度。

特殊情况下，可掺加合成树脂或合成树脂乳液，这对提高混凝土的强度及其他性能十分有利。

1.6 硬化后混凝土的力学性能试验

1.6.1 混凝土试样制作与养护

1.6.1.1 试验依据

本试验根据国家标准 GB/T 50081—2002《普通混凝土力学性能试验方法标准》进行。

本试验采用立方体试件，以同一龄期者为一组，每组至少为 3 个同时制作并同样养护的

混凝土试件。试件尺寸根据集料的最大粒径按表 1-25 选取。

表 1-25 试件尺寸及强度换算系数

试件尺寸/mm	集料最大粒径/mm	抗压强度换算系数
100×100×100	31.5	0.95
150×150×150	40	1
200×200×200	63	1.05

1.6.1.2 试件制作

（1）试件制作的规定

① 每组试件所用的混凝土拌和物应由同一次拌和物中取出。

② 制作前，应将试模洗干净并将试模的内表面涂以一薄层矿物油脂或其他不与混凝土发生反应的脱模剂。

③ 在试验室拌制混凝土时，其材料用量应以质量计，称量的精度：水泥、掺和料、水和外加剂为±0.5%；骨料为±1%。

④ 取样或在试验室拌制混凝土时，应在拌制后尽量短的时间内成型，一般不宜超过 15min。

⑤ 根据混凝土拌和物的稠度确定混凝土成型方法，坍落度不大于 70mm 的混凝土宜用振动振实；大于 70mm 的宜用捣棒人工捣实；检验现浇混凝土或预制构件的混凝土，试件成型方法宜与实际采用的方法相同。

（2）试件制作步骤

① 取样或拌制好的混凝土拌和物应至少用铁锨再来回拌和 3 次。

② 用振动台拌实制作试件应按下述方法进行。

a. 将混凝土拌和物一次装入试模，装料时应用抹刀沿各试模壁插捣，并使混凝土拌和物高出试模口。

b. 试模应附着或固定在振动台上，振动时试模不得有任何跳动，振动应持续到表面出浆为止，不得过振。

③ 用人工插捣制作试件应按下述方法进行。

a. 混凝土拌和物应分两层装入试模，每层的装料厚度大致相等。

b. 插捣应按螺旋方向从边缘向中心均匀进行。在插捣底层混凝土时，插捣棒应达到试模底面；插捣上层时，捣棒应贯穿上层后插入下层 20～30mm。插捣时捣棒应保持垂直，不得倾斜。然后应用抹刀沿试模内壁插拔数次。

c. 每层插捣次数按 10000mm^2 面积内不得少于 12 次操作。

d. 插捣后应用橡皮锤轻轻敲击试模四周，直至插捣棒留下的空洞消失为止。

④ 用插入式捣棒振实制作试件应按下述方法进行。

a. 将混凝土拌和物一次装入试模，装料时应用抹刀沿各试模壁插捣，并使混凝土拌和物高出试模口。

b. 宜用直径为 ϕ25mm 的插入式振捣棒，插入试模振捣时，振捣棒距试模底板 10～20mm，且不得触及试模底板，振动应持续到表面出浆为止，且应避免过振，以防止混凝土离析；一般振捣时间为 20s。振捣棒拔出时要缓慢，拔出后不得留有孔洞。

⑤ 刮除试模上口多余的混凝土，待混凝土临近初凝时，用抹刀抹平。

1.6.1.3 试件的养护

① 试件成型后应立即用不透水的薄膜覆盖表面。

② 采用标准养护的试件，应在温度为20℃±5℃的环境下静置1～2昼夜，然后编号、拆模。拆模后应立即放入温度为20℃±2℃、相对湿度为95%以上的标准养护室中养护，或在温度为20℃±2℃的不流动的$Ca(OH)_2$饱和溶液中养护。标准养护室内的试件应放在支架上，彼此间隔为10～20mm，试件表面应保持潮湿，并不得被水直接冲淋。

③ 同条件养护试件的拆模时间可与实际构件的拆模时间相同，拆模后，试件仍需保持同条件养护。

④ 标准养护龄期为28d（从搅拌加水开始计时）。

1.6.2 抗压强度试验

本方法适用于测定混凝土立方体试件的抗压强度。

（1）主要仪器设备

① 压力试验机：除应符合《液压式压力试验机》（GB/T 3722）及《试验机通用技术要求》（GB/T 2611）的规定以外其测量精度为±1%，试件破坏荷载应大于压力机全量程的20%且小于压力机全量程的80%。应具有加荷速度指示装置或加荷速度控制装置，并应能均匀、连续地加荷。应具有有效期内的计量检定证书。

② 混凝土强度等级不小于C60时，试件周围应设防崩裂网。

（2）试验步骤

① 试件自养护室取出后，随即擦干并量出其尺寸（精确至1mm），据以计算试件的受压面积A（单位为mm^2）。

② 将试件安放在下承压板上，试件的承压面应与成型时的顶面垂直。试件的中心应与试验机下压板中心对准。开动试验机，当上压板与试件接近时，调整球座，使接触面均衡。

③ 加压时，应连续而均匀地加荷，加荷速度应为：

混凝土强度等级>C30时，取0.3～0.5MPa/s；

混凝土强度等级≥C30时，取0.5～0.8MPa/s；

混凝土强度等级≥C60时，取0.8～1.0MPa/s。

当试件接近破坏而迅速变形时，停止调整试验机油门，直至试件破坏，记录破坏荷载F（单位为N）。

（3）试验结果计算

① 混凝土立方体试件抗压强度f_{cc}按下式计算（结果精确到0.1MPa）：

$$f_{cc}=\frac{F}{A}$$

② 强度值的确定应符合下列规定。

a. 3个试件测定值的算术平均值作为该组试件的强度值（精确至0.1MPa）。

b. 3个测定值中的最小值或最大值中有一个与中间值的差异超过中间值的15%，则把最大值及最小值一并舍去，取中间值作为该组试件的抗压强度值。

c. 如最大值和最小值与中间值的差均超过中间值的15%，则此组试件的试验结果无效。

③ 混凝土强度等级<C60时，用非标准试件测得的强度值均应乘以尺寸换算系数，其值对200mm×200mm×200mm试件为1.05；对100mm×100mm×100mm试件为0.95。当混凝土强度等级≥C60时，宜采用标准试件；使用非标准试件时，尺寸换算系数应由试验

确定。

1.6.3 轴心抗压强度试验

本试验方法适用于测定棱柱体混凝土试件的轴心抗压强度。

(1) 主要仪器设备

① 压力试验机：除应符合《液压式压力试验机》(GB/T 3722) 及《试验机通用技术要求》(GB/T 2611) 的规定以外其测量精度为±1%，试件破坏荷载应大于压力机全量程的20%且小于压力机全量程的80%。应具有加荷速度指示装置或加荷速度控制装置，并应能均匀、连续地加荷。应具有有效期内的计量检定证书。

② 混凝土强度等级不小于C60时，试件周围应设防崩裂网。

(2) 试验步骤

① 试件从养护地点取出后应及时进行试验，用干毛巾将试件表面与上下承压板面擦干净。

② 将试件安放在下承压板上，试件的承压面应与成型时的顶面垂直。试件的中心应与试验机下压板中心对准。开动试验机，当上压板与试件接近时，调整球座，使接触面均衡。

③ 加压时，应连续而均匀地加荷，加荷速度应为：

混凝土强度等级>C30时，取0.3～0.5MPa/s；

混凝土强度等级≥C30时，取0.5～0.8MPa/s；

混凝土强度等级≥C60时，取0.8～1.0MPa/s。

当试件接近破坏而迅速变形时，停止调整试验机油门，直至试件破坏，记录破坏荷载F(单位为N)。

(3) 试验结果计算

① 棱柱体混凝土试件的轴心抗压强度f_{cp}按下式计算(结果精确到0.1MPa)：

$$f_{cp}=\frac{F}{A}$$

② 强度值的确定应符合下列规定。

a. 3个试件测定值的算术平均值作为该组试件的强度值(精确至0.1MPa)。

b. 3个测定值中的最小值或最大值中有一个与中间值的差异超过中间值的15%，则把最大值及最小值一并舍去，取中间值作为该组试件的轴心抗压强度值。

c. 如最大值和最小值与中间值的差均超过中间值的15%，则此组试件的试验结果无效。

③ 混凝土强度等级<C60时，用非标准试件测得的强度值均应乘以尺寸换算系数，其值对200mm×200mm×200mm试件为1.05；对100mm×100mm×100mm试件为0.95。当混凝土强度等级≥C60时，宜采用标准试件；使用非标准试件时，尺寸换算系数应由试验确定。

1.6.4 抗折强度试验

本方法适用于测定混凝土的抗折强度。试件在长向中部1/3区段内不得有表面直径超过5mm、深度超过2mm的孔洞。

(1) 主要仪器设备

① 压力试验机：除应符合《液压式压力试验机》(GB/T 3722) 及《试验机通用技术要求》(GB/T 2611) 的规定以外其测量精度为±1%，试件破坏荷载应大于压力机全量程的20%且小于压力机全量程的80%。应具有加荷速度指示装置或加荷速度控制装置，并应能

均匀、连续地加荷。应具有有效期内的计量检定证书。

② 试验机应能施加均匀、连续、速度可控的荷载，并带有能使两个相等荷载同时作用在试件跨度3分点处的抗折试验装置，见图1-15。

③ 试件的支座和加荷头应采用直径为20～40mm、长度不小于$b+10$mm的硬钢圆柱，支座立脚点固定铰支，其他应为滚动支点。

(2) 试验步骤

① 试件从养护地点取出后应及时进行试验，用干毛巾将试件表面与上下承压板面擦干净。

② 按图1-15装置试件，安装尺寸偏差不得大于1mm。试件的承压面应为试件成型时的侧面。支座及承压面与圆柱的接触面应平稳、均匀，否则应垫平。

③ 加压时，应连续而均匀地加荷，加荷速度应为：

混凝土强度等级＞C30时，取0.3～0.5MPa/s；

混凝土强度等级≥C30时，取0.5～0.8MPa/s；

混凝土强度等级≥C60时，取0.8～1.0MPa/s。

当试件接近破坏而迅速变形时，停止调整试验机油门，直至试件破坏，记录破坏荷载F(单位为N)。

④ 记录试件破坏荷载的试验机示值及试件下边缘断裂位置。

(3) 试验结果计算

① 若试件下边缘断裂位置处于两个集中荷载作用线之间，则试件的抗折强度f_f(MPa)按下式计算：

$$f_f=\frac{Fl}{bh^2}$$

式中 f_f——混凝土抗折强度，MPa；

F——试件破坏荷载，N；

l——支座间跨度，mm；

h——试件截面高度，mm；

b——试件截面宽度，mm。

抗折强度计算结果应精确至0.1MPa。

② 三个试件中若有一个折断面位于两个集中荷载之外，则混凝土抗折强度值按另外两个试件的试验结果计算。当这两个测定值的差值不大于这两个测定值的较小值的15%时，则该组试件的抗折强度值按这两个测定值的平均值计算，否则该组试件的试验无效。若有两个试件的下边缘断裂位置位于两个集中荷载作用线之外，则该组试件试验无效。

③ 当试件是尺寸为100mm×100mm×400mm的非标准试件时，应乘以尺寸换算系数0.85；当混凝土强度等级≥C60时，宜采用标准试件；使用非标准试件时，尺寸换算系数应由试验确定。

1.6.5 劈裂抗拉强度试验

本方法适用于测定混凝土立方体试件的劈裂抗拉强度。

劈裂抗拉强度试件应符合下列规定：

① 边长为150mm的立方体试件是标准试件；

② 边长为100mm和200mm的立方体试件是非标准试件。

（1）主要仪器设备

① 压力试验机：除应符合《液压式压力试验机》（GB/T 3722）及《试验机通用技术要求》（GB/T 2611）的规定以外其测量精度为±1%，试件破坏荷载应大于压力机全量程的20%且小于压力机全量程的80%。应具有加荷速度指示装置或加荷速度控制装置，并应能均匀、连续地加荷。应具有有效期内的计量检定证书。

② 垫块、垫条及支架等。

（2）试验步骤

① 从养护地点取出后应及时进行试验，将试件表面与上下承压板面擦干净。

② 试件放在试验机下压板的中心位置，劈裂承压面和劈裂面应与试件成型时的顶面垂直；在上、下压板与试件之间垫以圆弧形垫块及垫条各一条，垫块与垫条应与试件上、下面的中心线对准并与成型时的顶面垂直。宜把垫条及试件安装在定位架上使用。

③ 试验机，当上压板与圆弧形垫块接近时，调整球座，使接触均衡。加荷应连续均匀，混凝土强度等级＞C30时，取0.3～0.5MPa/s；混凝土强度等级≥C30时，取0.5～0.8MPa/s；混凝土强度等级≥C60时，取0.8～1.0MPa/s。至试件接近破坏时，应停止调整试验机油门，直至试件破坏，然后记录破坏荷载。

（3）试验结果计算

① 混凝土劈裂抗拉强度应按下式计算：

$$f_{ts}=\frac{2F}{\pi A}=0.637\frac{F}{A}$$

式中　f_{ts}——混凝土劈裂抗拉强度，MPa；

F——破坏荷载，N；

A——试件劈裂面面积，mm^2。

劈裂抗拉强度计算精确到0.01MPa。

② 强度值的确定应符合下列规定。

a. 三个试件测定值的算术平均值作为该组试件的强度值（结果精确至0.01MPa）。

b. 三个测定值中的最大值或最小值中如有一个与中间值的差值超过中间值的15%，则把最大值及最小值一并舍除，取中间值作为该组试件的抗压强度值。

c. 如最大值和最小值与中间值的差均超过中间值的15%，则该组试件的试验结果无效。

③ 当试件尺寸为100mm×100mm×100mm的非标准试件时，应乘以尺寸换算系数0.85；当混凝土强度等级≥C60时，宜采用标准试件；使用非标准试件时，尺寸换算系数应由试验确定。

1.6.6 静力受压弹性模量试验

本方法适用于测定棱柱体试件的混凝土静力受压弹性模量（以下简称弹性模量）。

静力受压弹性模量试件应符合下列规定：

① 边长为150mm×150mm×300mm的棱柱体试件是标准试件；

② 边长为100mm×100mm×300mm和200mm×2000mm×400mm的棱柱体试件是非标准试件；

③ 每次试验应制备6个试件。

（1）主要仪器设备

① 压力试验机：除应符合《液压式压力试验机》（GB/T 3722）及《试验机通用技术要

求》(GB/T 2611)的规定以外其测量精度为±1%，试件破坏荷载应大于压力机全量程的20%且小于压力机全量程的80%。应具有加荷速度指示装置或加荷速度控制装置，并应能均匀、连续地加荷。应具有有效期内的计量检定证书。

② 微变形测量仪：测量精度不得低于0.001mm，微变形测量固定架的标距应为150mm，应具有有效期内的计量检定证书。

(2) 试验步骤

① 试件从养护地点取出后先将试件表面与上下承压板面擦干净。

② 取3个试件按本标准第7章的规定，测定混凝土的轴心抗压强度(f_{cp})。另外3个试件用于测定混凝土的弹性模量。

③ 在测定混凝土弹性模量时，变形测量仪应安装在试件两侧的中线上并对称于试件的两端。

④ 应仔细调整试件在压力试验机上的位置，使其轴心与下压板的中心线对准。开动压力试验机，当上压板与试件接近时调整球座，使其接触均衡。

⑤ 加荷至基准应力为0.5MPa的初始荷载值F_0，保持恒载60s并在以后的30s内记录每测量点的变形读数，应立即连续均匀地加荷至应力为轴心抗压强度f_{cp}的1/3的荷载值F_a，保持恒载60s并在以后的30s内记录每一测量点的变形读数。

⑥ 当以上这些变形值之差与它们的平均值之比大于20%时，应重新对中试件后重复本条第⑤款的试验。如果无法使其减少到低于20%，则此次试验无效。

⑦ 在确认试件对中符合本试验步骤第⑥条规定后，以与加荷速度相同的速度卸荷至基准应力0.5MPa(F_0)，恒载60s；然后用同样的加荷和卸荷速度以及60s保持恒载(F_0及F_a)至少进行两次反复预压。在最后一次预压完成后，在基准应力0.5MPa(F_0)保持荷载60s并在以后的30s内记录每一测量点的变形读数。再用同样的加荷速度加荷至F_a，保持荷载60s并在以后的30s内记录每一测量点的变形读数（见图1-19）。

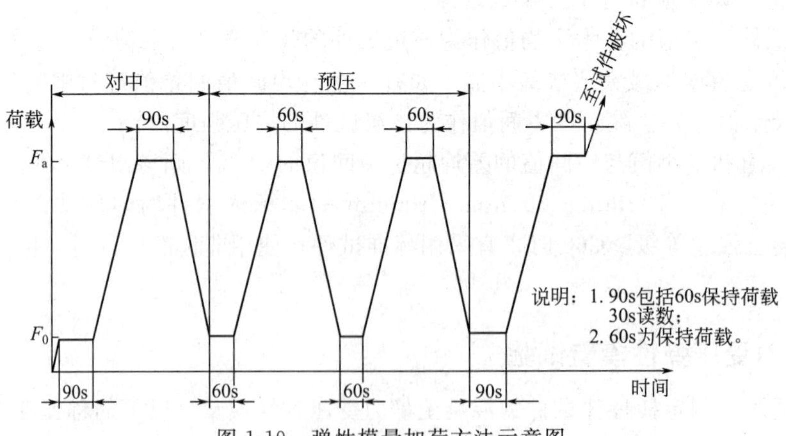

图1-19 弹性模量加荷方法示意图

⑧ 卸除变形测量仪，以同样的速度加荷至破坏，记录破坏荷载；如果试件的抗压强度与f_{cp}之差超过f_{cp}的20%，则应在报告中注明。

(3) 试验结果计算

① 混凝土弹性模量值应按下式计算：

$$E_c=\frac{F_a-F_0}{A}\times\frac{L}{\Delta n}$$

式中 E_c——混凝土弹性模量，MPa；

F_a——应力为 1/3 轴心抗压强度时的荷载，N；

F_0——应力为 0.5MPa 时的初始荷载，N；

A——试件承压面积，mm^2；

L——测量标距，mm。

$$\Delta n=\varepsilon_a-\varepsilon_0$$

式中 Δn——最后一次从 F_0 加荷至 F_a 时试件两侧变形的平均值，mm；

ε_a——F_a 时试件两侧变形的平均值，mm；

ε_0——F_0 时试件两侧变形的平均值，mm。

混凝土受压弹性模量计算结果精确至 100MPa。

② 弹性模量按 3 个试件测定值的算术平均值计算。如果其中有一个试件的轴心抗压强度值与用以确定检验控制荷载的轴心抗压强度值相差超过后者的 20%，则弹性模量值按另外两个试件测定值的算术平均值计算；如有两个试件超过上述规定，则此次试验无效。

2 水　　泥

2.1　水泥介绍

1824年英国工程师阿斯普丁获得第一份水泥专利标志着水泥的发明。水泥的发明为建筑工程的发展提供了物质基础，使其由陆地工程发展到水中、地下工程。水泥发明至今已有一百多年的历史，它始终是用途最广、用量最多的一种胶凝材料。水泥呈粉末状，与水混合后，经过物理化学过程能由可塑性浆体变成坚硬的石状体，并能将散粒材料胶结成为整体，是一种良好的矿物胶凝材料。水泥不仅能在空气中硬化，还能更好地在水中硬化，保持并发展强度，所以水泥属于水硬性胶凝材料，它可以用于地上、地下、水中的工程。水泥主要分为以下几种。

硅酸盐水泥：由硅酸盐水泥熟料、0～5％石灰石或粒化高炉矿渣、适量石膏磨细制成的水硬性胶凝材料，分为P・Ⅰ和P・Ⅱ。

普通硅酸盐水泥：由硅酸盐水泥熟料、6％～15％混合材料、适量石膏磨细制成的水硬性胶凝材料，代号P・O，掺活性混合材料时，最大掺量不超过15％，其中允许用不超过水泥质量5％的窑灰或不超过水泥质量10％的非活性混合材料来代替。

矿渣硅酸盐水泥：由硅酸盐水泥熟料和粒化高炉矿渣、适量石膏磨细制成的水硬性胶凝材料，代号P・S。

火山灰质硅酸盐水泥：由硅酸盐水泥熟料和火山灰质混合材料、适量石膏磨细制成的水硬性胶凝材料，简称火山灰水泥，代号P・P。水泥中火山灰质混合料掺量按质量分数计为20％～50％。

粉煤灰硅酸盐水泥：由硅酸盐水泥熟料和粉煤灰、适量石膏磨细制成的水硬性胶凝材料，简称粉煤灰水泥，代号P・F。水泥中粉煤灰掺量按质量分数计为20％～40％。

复合硅酸盐水泥：由硅酸盐水泥熟料、两种或两种以上规定的混合材料，适量石膏磨细制成的水硬性胶凝材料，简称复合水泥，代号P・C。

水泥的强度等级：硅酸盐水泥分为三个等级6个类型，42.5、42.5R、52.5、52.5R、62.5、62.5R，其他五大水泥也分为3个等级6个类型，即32.5、32.5R、42.5、42.5R、52.5、52.5R。

2.2　水泥试验

2.2.1　水泥试验的一般规定

① 同一试验用的水泥应在同一水泥厂、同品种、同强度等级、同编号、同期到达的水泥中取样。

② 试验用水泥从取样至试验要经过24h以上时，应把它贮存在基本装满和气密的容器里。容器应不与水泥发生反应。

③ 所取的试样应充分搅拌均匀，且用0.9mm的方孔筛过筛，并记录筛余百分率及筛余物的情况。

④ 试验用水必须是洁净的淡水。

⑤ 试验室温度应保持在20℃±2℃，相对湿度大于50%；水泥养护箱（室）的温度为20℃±1℃，相对湿度大于90%。试体养护池水的温度应在20℃±1℃范围内。

⑥ 试验用的水泥、标准砂、拌和用水、试模及其他试验用具的温度应与试验室温度相同。

2.2.2 密度试验

（1）试验依据

本试验依据GB/T 208—2014《水泥密度测定方法》进行。

此方法适用于测定水泥的密度，也适用于测定采用本方法的其他粉状物料的密度。

（2）主要仪器设备

李氏瓶（见图2-1）、恒温水槽、烘箱、天平（称量500g，精度0.01g）、温度计、干燥器等。

（3）试样制备

将试样研磨，用0.90mm方孔筛筛除筛余物，并放到110℃±5℃的烘箱中，烘至恒重。将烘干的粉料放入干燥器中冷却至室温待用。

（4）试验步骤

① 将与试样不起反应的液体（若测定水泥密度，则用无水煤油）注入李氏瓶中至0～1mL刻度线后（以弯月面下部为准），塞上瓶塞放入恒温水槽内，使刻度部分浸入水中，恒温30min，记下刻度数。

② 从恒温水槽中取出李氏瓶，用滤纸将李氏瓶细长颈内没有煤油的部分仔细擦干净。

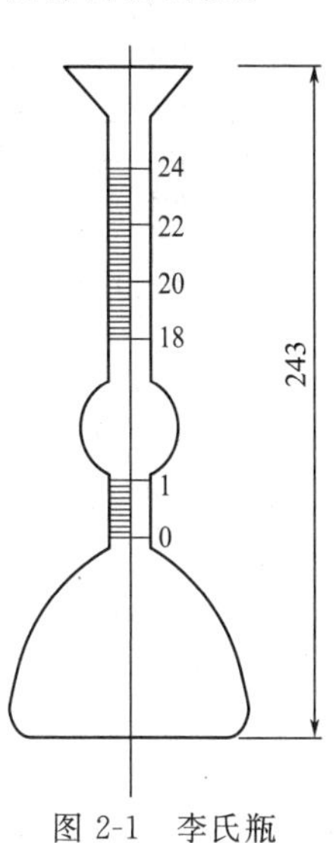

图2-1 李氏瓶

③ 用天平称取试样60g，称准至0.01g。

④ 用小匙将水泥试样一点点装入李氏瓶中，反复摇动（亦可用超声波震动），至没有气泡排出，再次将李氏瓶静置于恒温水槽中，恒温30min，记下第二次读数。

⑤ 第一次读数和第二次读数时，恒温水槽的温度差不大于0.2℃。

（5）试验结果计算

水泥体积应为第二次读数减去初始读数，即水泥所排开的无水煤油的体积。

按下式计算出试样密度ρ（精确至0.01g/cm^3）：

$$\rho = m/V$$

密度试验用两个试样平行进行，以其结果的算术平均值作为最后结果。两个结果之差不得超过0.02g/cm^3。

2.2.3 细度试验

（1）试验依据

本试验根据GB/T 1345—2005《水泥细度检验方法（45μm和80μm方孔筛）筛析法》

进行。

水泥细度检验分为负压筛析法、水筛法和手工筛析法（即干筛法）三种。在检验时对结果有异议时，以负压筛析法的测定结果为准。

本处介绍负压筛析法。用筛网上所得筛余物的质量占试样原始质量的百分数来表示水泥样品的细度。

(2) 主要仪器设备

① 负压筛：负压筛由圆形筛框和筛网组成，筛框有效直径为142mm，高25mm，方孔边长为0.080mm。

② 负压筛析仪：负压筛析仪由筛座、负压筛、负压源及收尘器组成。其中筛座由转速为30r/min±2r/min的喷气嘴、负压表、控制板、微电机及壳体组成（见图2-2）。

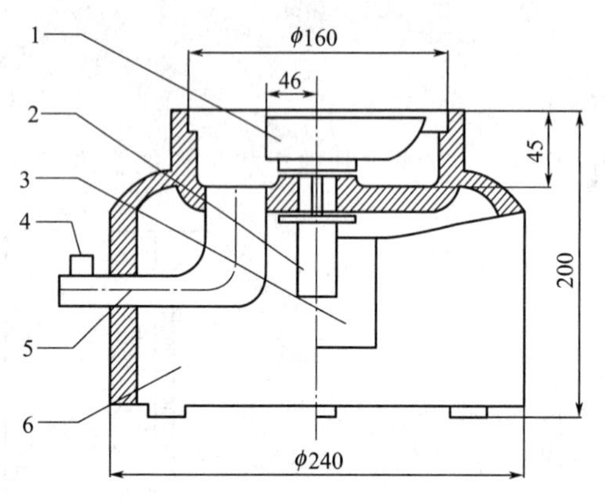

图2-2 负压筛析仪筛座示意图

1—喷气嘴；2—微电机；3—控制板开口；4—负压表接口；5—负压源及收尘器接口；6—壳体

③ 天平：最大量程100g，分度值不大于0.01g。

(3) 试验方法

① 筛析试验前，把负压筛放在筛座上，盖上筛盖，接通电源，检查控制系统，调节负压至4000～6000Pa范围内。

② 称取试样，80μm筛析称取试样25g，称取试样精确至0.01g，置于洁净的负压筛中，盖上筛盖，放在筛座上，开动筛析仪连续筛析2min，在此期间如有试样黏附于筛盖上，可轻轻敲击使试样落下。

③ 筛毕，用天平称量筛余物质量 m_1 (g)。

(4) 试验结果计算

水泥试验筛余百分数按下式计算（精确至0.1%）：

$$F=\frac{R_t}{W}\times 100$$

式中 F——水泥试样的筛余百分数，%；

R_t——水泥筛余物的质量，g；

W——水泥试样的质量，g。

合格评定时，每个样品应称取两个试样分别筛析，取筛余平均值为筛析结果。若两次筛余结果绝对误差大于0.5%（筛余值大于5.0%时，可放至1.0%），应再做一次试验，取两次相接近结果的算术平均值，作为最终结果。

2.2.4 标准稠度用水量

(1) 试验依据

本试验根据GB/T 1346—2011《水泥标准稠度用水量、凝结时间、安定性检验方法》进行。

(2) 主要仪器设备

水泥净浆搅拌机、水泥标准稠度与凝结时间测定仪（维卡仪）（见图2-3）、天平及量水器。

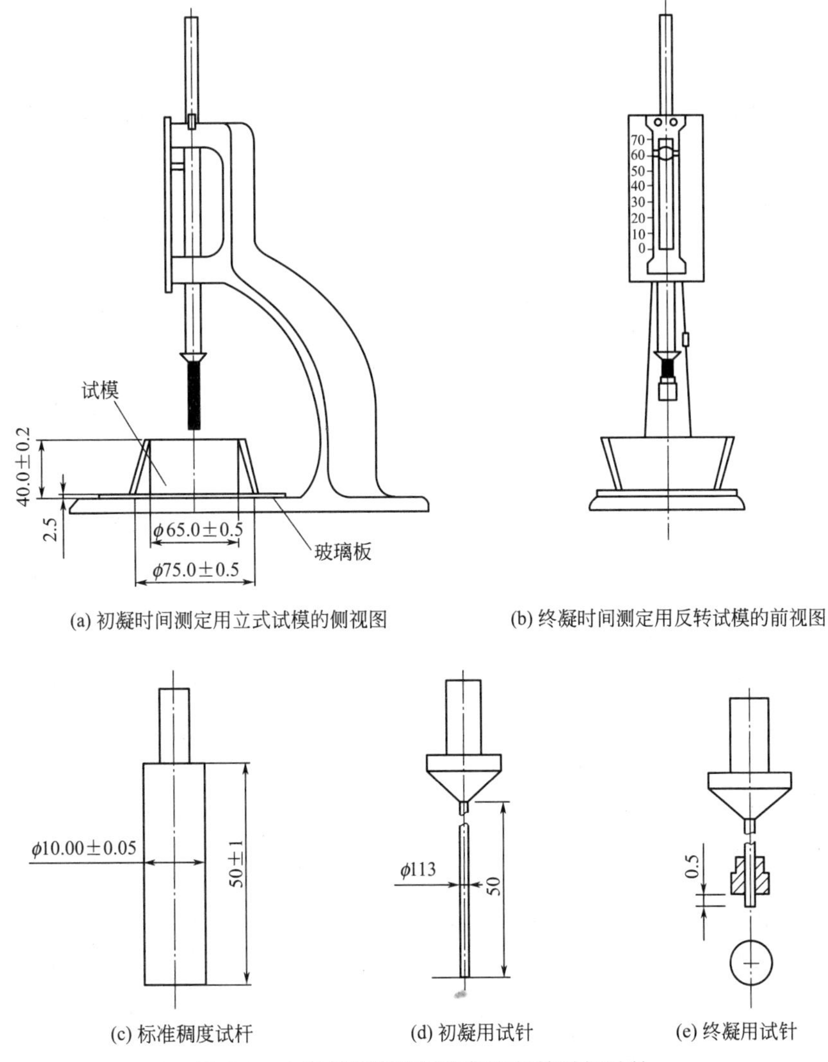

图 2-3 水泥标准稠度测定仪和凝结时间试针

(3) 检测方法(标准法)

① 试验前，检查仪器金属棒能否自由滑动；调整维卡仪的金属棒至试杆接触玻璃板时指针应对准标尺零点；搅拌机运转正常等。

② 拌和前，搅拌锅和搅拌叶片需用湿布擦过，将拌和水倒入搅拌锅内，称取 500g 水泥试样，用 5～10s 小心倒入搅拌锅内的水中。拌和时，先将锅放到搅拌机锅座上，升至搅拌位置，开动机器，慢速搅拌 120s，停拌 15s，同时将叶片和锅壁上的水泥浆刮入锅中，接着快速搅拌 120s 后停机。

③ 拌和结束后，立即取适量的水泥净浆一次性装入已置于玻璃板上的试模中，浆体要超过试模上端，用宽约 25mm 的直边小刀轻轻拍打高出试模的水泥净浆 5 次以排出浆体中的空隙，然后在试模表面约 1/3 处，略倾斜试模向外轻轻锯掉多余的净浆，在试模边沿轻抹顶部一次，使浆体表面光滑。在锯掉多余的净浆和抹平的过程中，注意不要压实净浆；抹平后迅速将试模和底板移到维卡仪上，并将其中心定在试杆下，降低试杆直至与水泥净浆表面接触，拧紧螺丝 1～2s 后，突然放松，试杆垂直自由地沉入水泥浆中。在试杆停止沉入后释

放试杆。30s 时记录试杆距底板之间的距离，升起试杆后，立即擦净。整个操作应在搅拌后 1.5min 内完成。

(4) 试验结果判定

以试杆沉入净浆并距底板（6±1)mm 的水泥净浆为标准稠度净浆。其拌和水量为该水泥的标准稠度用水量（*P*），按水泥质量的百分比计。

2.2.5 水泥净浆凝结时间的测定

(1) 试验依据

本试验根据 GB/T 1346—2011《水泥标准稠度用水量、凝结时间、安定性检验方法》进行。

(2) 主要仪器设备

水泥净浆搅拌机、标准稠度测定仪、试针和圆模、量水器、天平。

(3) 检测方法

① 测定前准备工作。检查维卡仪滑动部分表面是否光滑，是否能靠重力自由下落，不得有紧涩和晃动现象；调整初凝时间试针下端接触玻璃板时，将指针对准零点；搅拌机运行正常。

② 制备试件。称取水泥试样 500g，以标准稠度用水量拌制水泥净浆，水泥全部加入水中的时间为凝结时间的起始时间。以制作标准稠度水泥净浆的方法装模和刮平，然后立即放入湿气养护箱内。

③ 测定初凝时间。试件在养护箱中养护至加水后 30min 时进行第一次测定。测定时，从养护箱中取出试模放到试针［见图 2-3(d)］下，使试针与净浆表面接触，拧紧螺丝 1～2s 后突然放松，试针垂直自由沉入净浆。观察试针停止下沉或释放试针 30s 时的指针读数。当试针沉至距底板（4±1)mm 时，即为水泥达到初凝状态。临近初凝时每隔 5min（或更短时间）测定一次；由水泥全部加入水中至初凝状态的时间为水泥终凝时间，用“min”表示。

④ 测定终凝时间。为了测定终凝时间，在终凝针上要安装一个环形附件［见图 2-3(e)］。完成初凝时间后，立即将试模连同浆体以平移的方式从玻璃板取下，翻转 180°（直径大端向上，小端向下），放在玻璃板上，再放入湿气养护箱中继续养护。临近终凝时间时，每隔 15min 测定一次，当试针沉入试体 0.5mm 时，即环形附件开始不能在试体上留下痕迹时，为水泥达到终凝状态。从水泥全部加入水中至终凝状态的时间为水泥终凝时间，用“min”表示。

测定时应注意，在最初测定操作时应轻轻扶持金属棒，使其徐徐下降，以防试针撞弯。但测定结果应以自由下落为准，整个测试过程中试针贯入的位置至少要距圆模内壁 10mm。临近初凝时，每隔 5min（或更短时间）测定一次，达到初凝时应立即重复测定一次，当两次结果相同时，才能定为到达初凝状态。临近终凝时每隔 15min（或更短时间）测定一次，达到终凝时，须在两个不同点测试，确认两次结果相同时，才能定为终凝状态。每次测定不得让试针落入原针孔。每次测试完毕将试针擦干净，并将试模放回养护箱内。整个测试过程中要防止试模受震。

(4) 试验结果

从开始加水至初凝、终凝状态的时间分别为该水泥的初凝时间和终凝时间，用小时(h) 或分（min）来表示。

凝结时间的测定可以用人工测定，也可用符合标准要求的自动凝结时间测定仪测定。两者有争议时，以人工测定为准。

2.2.6 安定性的测定

(1) 试验依据

本试验根据 GB/T 1346—2011《水泥标准稠度用水量、凝结时间、安定性检验方法》进行。

测定方法可以用试饼法，也可用雷氏法，有争议时以雷氏法为准。试饼法是观察水泥净浆试饼沸煮后的外形变化来检验水泥的体积安定性。雷氏法是测定水泥净浆在雷氏夹中煮沸后的膨胀值。

(2) 主要仪器设备

① 沸煮箱。有效容积为 410mm×240mm×310mm。篦板结构应不影响试验结果，篦板与加热器之间的距离大于 50mm，箱的内层由不易锈蚀的金属材料制成。

② 雷氏夹。由铜质材料制成，其结构如图 2-4(a) 所示。当一根指针的根部先悬挂在一根金属丝或尼龙丝上，另一根指针的根部再挂上 300g 的砝码时，两根指针的针尖距离增加量应在 17.5mm±2.5mm 范围内，当去掉砝码后针尖的距离能恢复到砝码前的状态。

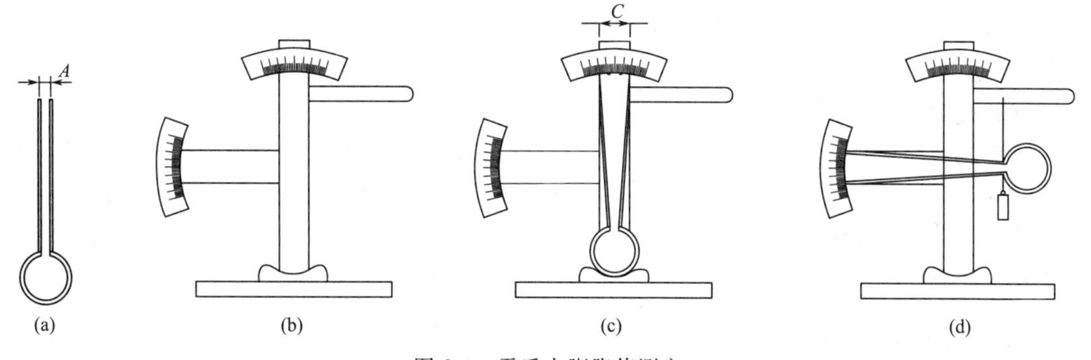

图 2-4 雷氏夹膨胀值测定

③ 雷氏夹膨胀值测定仪［见图 2-4(b)］标尺最小刻度为 1mm。

④ 水泥净浆搅拌机。

⑤ 量水器及天平。

(3) 标准法（雷氏法）检测方法

① 测定前准备工作 试验前检查雷氏夹的质量是否符合要求。

每个试样需成型两个试件，每个雷氏夹配备两块边长或直径 80mm、厚度 4～5mm 的玻璃板，凡与水泥净浆接触的玻璃板和雷氏夹内表面都要稍稍涂上一层油。

② 水泥标准稠度净浆的制备 以标准稠度用水量拌制水泥净浆。

③ 试件的制备 采用雷氏法时，将预先准备好的雷氏夹放在已稍擦油的玻璃板上，并立刻将已制好的标准稠度净浆一次装满试模，装模时一只手轻轻扶持试模，另一只手用宽约 25mm 的直边刀在浆体表面轻轻插捣 3 次，然后抹平。盖上稍涂油的玻璃板，接着立刻将试模移至养护箱内养护 24h±2h。

④ 沸煮 调整好沸煮箱内的水位，使其能保证在整个沸煮过程中都超过试件，不需要中途添补试验用水，同时能保证在 30min±5min 内加热至恒温。

脱下玻璃板取下试件，先测量试件指针尖端间的距离（A），精确到 0.5mm。接着将试件放入养护箱的水中篦板上，指针朝上，试件之间互不交叉，然后在 30min±5min 内加热至沸，并恒沸 3h±5min。

(4) 标准法试验结果

沸煮结束后，放掉沸煮箱中的热水，打开箱盖，待箱体冷却至室温，取出试件进行判别。测定雷氏夹指针尖端距离（C），准确至 0.5mm [见图 2-4(c)]，当两个试件沸煮后增加距离（$C-A$）的平均值不大于 5.0mm 时，即认为该水泥安定性合格，当两个试件沸煮后增加距离（$C-A$）的平均值相差大于 5.0mm 时，应用同一样品立即重做一次试验。以复验结果为准。

(5) 代用法（试饼法）检测方法

① 测定前的准备工作　每个样品需要准备两块约 100mm×100mm 的玻璃板，凡与水泥净浆接触的玻璃板都要稍稍涂上一层油。

② 试饼的成型方法　将制好的净浆取出一部分，分成两等份，使之呈球形。将其放在预先准备好的玻璃板上，轻轻振动玻璃板，并用湿布擦过的小刀由边缘向中央抹动，做成直径 70～80mm、中心厚约 10mm、边缘渐薄、表面光滑的试饼。接着，将试饼放入养护箱内养护 (24±2)h。

③ 沸煮　脱去玻璃板取下试饼，在试饼无缺陷的情况下（如已开裂翘曲要检查原因，确认无外因时，该试饼已属不合格，不必沸煮）。将试饼放在沸煮箱的水中篦板上，然后在 (30±5)min 内加热至沸，并恒沸 (180±5)min。

(6) 代用法试验结果

沸煮结束后，即放掉沸煮箱中的热水，打开箱盖，待箱体冷却至室温，取出试件进行判别。目测试饼未发现裂缝，用直尺检查也没有弯曲（使钢直尺和试饼底部紧靠，以两者间不透光为不弯曲）的试饼为安定性合格，反之为不合格。当两个试饼判别结果有矛盾时，该水泥安定性也判定为不合格。

2.2.7 水泥胶砂强度检验

(1) 试验依据

本试验根据 GB/T 17671—1999《水泥胶砂强度检验方法（ISO)》进行。

试验标准适用于硅酸盐水泥、普通硅酸盐水泥、矿渣硅酸盐水泥、粉煤灰硅酸盐水泥、复合硅酸盐水泥以及石灰石硅酸盐水泥的抗折与抗压强度的检验。其他水泥采用本标准时必须探讨该标准规定的适应性。

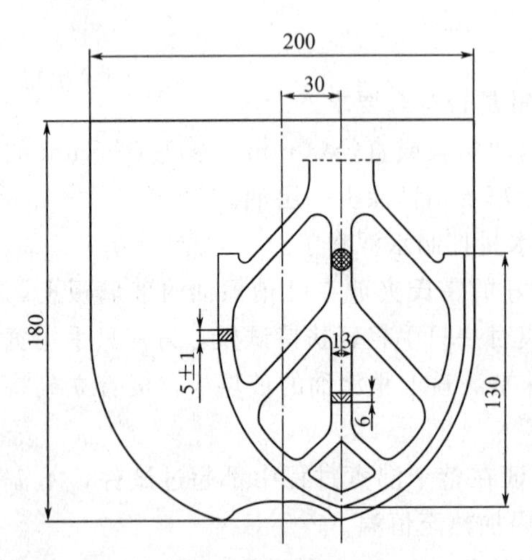

图 2-5　行星式水泥胶砂搅拌叶片（单位：mm）

(2) 主要仪器设备

① 行星式水泥胶砂搅拌机　一种工作时搅拌叶片（见图 2-5）既绕自身轴线自转又沿搅拌锅周边公转，运动轨迹似行星式的水泥胶砂搅拌机。

② 水泥胶砂试体成型振实台（见图 2-6）由可以跳动的台盘和使其跳动的凸轮等组成。振实台的振幅为 15.0mm±0.3mm，振动频率 60 次/(60s±2s)。

③ 试模　为可卸的三联模，由隔板、端

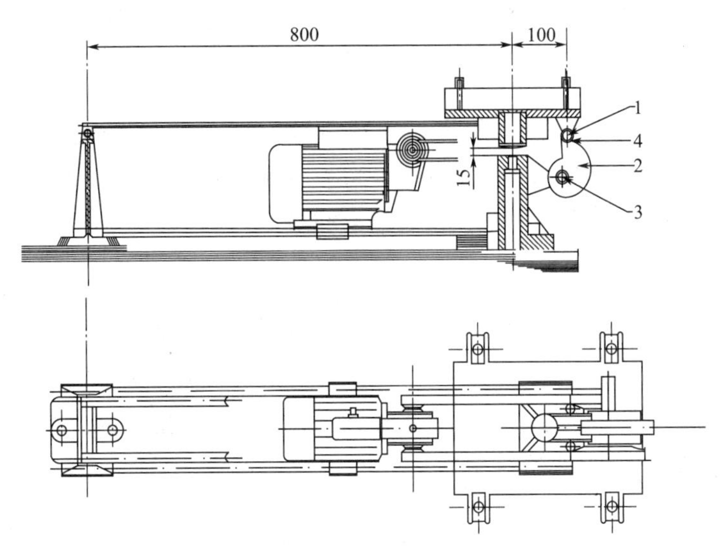

图 2-6 水泥胶砂试体成型振实台（单位：mm）

1—凸头；2—凸轮；3—止动器；4—随动轮

板、底座等组成。模槽内腔尺寸为 40mm×40mm×160mm。三边应相互垂直（见图 2-7）。

④ 抗折试验机 一般采用杠杆比值为 1∶50的电动抗折试验机。抗折夹具的加荷与支撑圆柱直径应为 10.0mm±0.1mm，两个支撑圆柱中心距离为 100.0mm±0.2mm。

⑤ 抗压试验机 抗压试验机以 200～300kN 为宜，在接近 4/5 量程范围内使用时，记录的荷载应有±1%精度，并具有 2400N/s±200N/s 速率的加荷能力。

⑥ 抗压夹具 由硬质钢材制成，上、下压板长 40.0mm±0.1mm，宽不小于 40mm，加压面必须磨平。

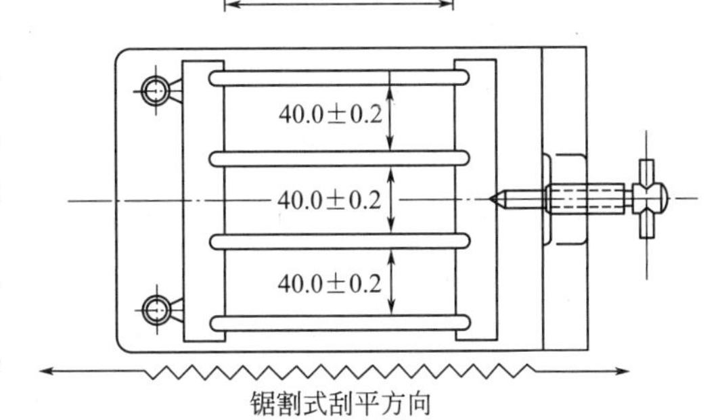

图 2-7 水泥胶砂三联模（单位：mm）

(3) 试件成型

① 配料 水泥胶砂试验用材料的质量配合比应为：水泥∶标准砂∶水＝1∶3∶0.5。

每锅胶砂成型 3 条试体，每锅用料量为：水泥 450g±2g，标准砂 1350g±5g，拌和用水量 225g±1g。按每锅用料量称好各材料。

② 搅拌 使搅拌机处于等工作状态，然后按以下的程序进行操作。

先将拌和水倒入搅拌锅里，再加入水泥，把锅放在固定架上，上升至固定位置。立即开动机器，低速搅拌 30s 后，在第二个 30s 开始的同时均匀地将砂子加入。当各级砂是分装时，从最粗粒级开始，依次将所需的每级砂加完。把机器转至高速再拌 30s。停拌 90s，在停拌的第一个 15s 内用一胶皮刮具将叶片锅壁上的胶砂刮入锅中间，在高速下继续搅拌 60s。各个搅拌阶段，时间误差应在 1s 之内。

③ 试件的制备 成型前将试模擦净，四周的模板与底座的接触面上应涂干黄油，紧密装配，防止漏浆，内壁均匀刷一薄层机油。在搅拌的同时，将试模和模套固定在振实台上，胶砂制备后立即进行成型。用一个适当的勺子直接从搅拌锅里将胶砂分两层装入

试模，装第一层时，每个槽里约放 300g 胶砂，用大拨料器垂直架在模套顶部，沿每个模槽来回一次将料层拨平，接着振动 60 次。再装入第二层胶砂，用小拨料器拨平，再振实 60 次。

移走模套，从振实台上取下试模，用一根金属直尺以近似 90°的角度架在试模模顶的一端，然后沿试模长度方向以横向锯割动作慢慢向另一端移动，一次将超过试模部分的胶砂刮去，并用同一直尺在近乎水平的情况下将试体表面抹平。在试模上做上标记或加字条表明试件编号和试件相对振实台的位置。

④ 试件养护　去掉留在模子四周的胶砂。立即将做好标记的试模放入雾室或湿箱的水平架子上养护，湿空气应能与试模各边接触。养护时不应将试模放在其他试模上。一直养护到规定的脱模时间脱模前，用防水墨汁或颜料笔对试体进行编号和做其他标记，两个龄期以上的试体，在编号时应将同一试模中的三条试体分在两个以上龄期内。

对于 24h 龄期的，应在破型试验前 20min 内脱模，对于 24h 以上龄期的应在成型后 20～24h 之间脱模。

将做好标记的试体立即水平或竖直放在 20℃±1℃的水中养护，水平放置时刮平面应朝上。养护期间试体之间间隔或试体上表面的水深不得小于 5mm。

试体龄期是从水泥加水搅拌开始时算起。不同龄期强度试验时间应符合表 2-1 的规定。

表 2-1　水泥胶砂强度试验时间

龄期	24h	48h	3d	7d	28d
试验时间	24h±15min	48h±30min	72h±45min	7d±2h	>28d±8h

（4）强度试验

到龄期的试件应在试验（破型）前 15min 从水中取出，去除试件表面沉积物，用湿布覆盖。用规定的设备以中心加荷法测定抗折强度。

在折断后的棱柱体上进行抗压试验，受压面是试体成型时的两个侧面，面积为 40mm×40mm。当不需要抗折强度数值时，抗折强度试验可以省去。但抗压强度试验应在不使试件受有害应力的情况下折断的两截棱柱体上进行。

抗折强度测定时，将试体一个侧面放在试验机支撑圆柱上，试体长轴垂直于支撑圆柱，通过加荷圆柱以 50N/s±10N/s 的速率均匀地将荷载垂直地加在棱柱体相对侧面上，直至折断。保持两个半截棱柱体处于潮湿状态直至抗压试验结束。

抗折强度 R_f 以牛顿每平方毫米（MPa）表示，按下式进行计算（精确至 0.1MPa）：

$$R_f=\frac{1.5F_fL}{b^3}$$

式中　F_f——折断时施加于棱柱体中部的荷载，N；

L——支撑圆柱之间的距离，mm；

b——棱柱体正方形截面的边长，mm。

抗压强度测定以规定的仪器，在半截棱柱体的侧面上进行。

半截棱柱体中心与压力机压板受压中心差应在± 0.5mm 内，棱柱体露在压板外的部分约有 10mm。

在整个加荷过程中以 2400N/s±200N/s 的速率均匀地加荷直至破坏。

抗压强度 R_c 以牛顿每平方毫米（MPa）为单位，按下式进行计算（精确至 0.1MPa）：

$$R_c=\frac{F_c}{A}$$

式中 F_c——破坏荷载，N；

A——受压部分面积，mm^2（$40mm\times40mm=1600mm^2$）。

以一组三个棱柱体上得到的六个抗压强度测定值的算术平均值为试验结果。如六个测定值中有一个超出六个平均值的±10%，就应剔除这个结果，而以剩下五个的平均数为结果。如果五个测定值中还有超过它们平均数±10%的，则此组结果作废。

2.2.8 水泥胶砂流动度测定方法

（1）试验依据

本试验根据 GB/T 2419—2005《水泥胶砂流动度测定方法》进行。

（2）主要仪器设备

试验室、设备、拌和水、样品应符合 GB/T 17671—1999 中第 4 条试验室和设备的有关规定。胶砂材料用量按相应标准要求或试验设计确定。此外还有跳桌、尺子等。

（3）试验步骤

① 如跳桌在 24h 内未被使用，先空跳一个周期 25 次。

② 胶砂制备按 GB/T 17671 有关规定进行。在制备胶砂的同时，用潮湿棉布擦拭跳桌台面、试模内壁、捣棒以及与胶砂接触的用具，将试模放在跳桌台面中央并用潮湿棉布覆盖。

③ 将拌好的胶砂分两层迅速装入试模，第一层装至截锥圆模高度约 2/3 处，用小刀在相互垂直的两个方向各划 5 次，用捣棒由边缘至中心均匀捣压 15 次（见图 2-8）；随后，装第二层胶砂，装至高出截锥圆模约 20mm，用小刀在相互垂直的两个方向各划 5 次，再用捣棒由边缘至中心均匀捣压 10 次（见图 2-9）。捣压后胶砂应略高于试模。捣压深度，第一层捣至胶砂高度的 1/2，第二层捣实不超过已捣实底层表面。装胶砂和捣压时，用手扶稳试模，不要使其移动。

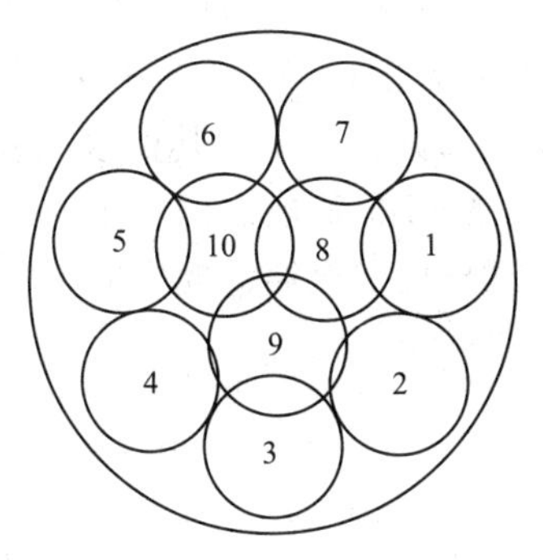

图 2-8 第一层捣压位置示意图

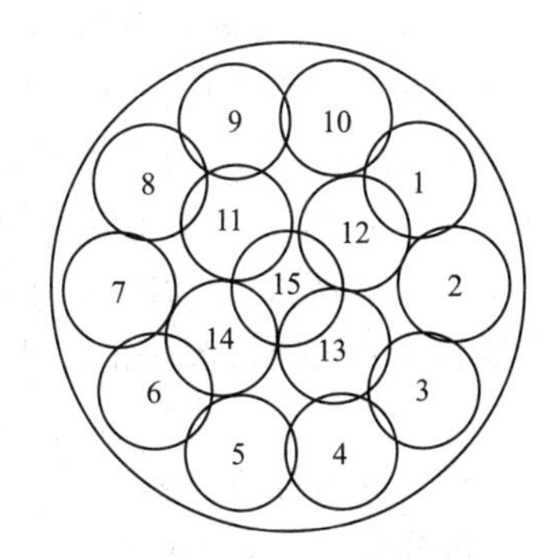

图 2-9 第二层捣压位置示意图

④ 捣压完毕，取下模套，将小刀倾斜，从中间向边缘分两次以近水平的角度抹去高出截锥圆模的胶砂，并擦去落在桌面上的胶砂。将截锥圆模垂直向上轻轻提起。立刻开动跳桌，以每秒钟一次的频率，在 25s±1s 内完成 25 次跳动。

⑤ 流动度试验，从胶砂加水开始到测量扩散直径结束，应在 6min 内完成。

（4）结果与计算

跳动完毕，用卡尺测量胶砂底面互相垂直的两个方向的直径，计算平均值，取整数，单位为毫米。该平均值即为该水量的水泥胶砂流动度。

2.2.9 比表面积

（1）试验依据

本试验根据 GB/T 8074—2008《水泥比表面积测定方法勃氏法》进行。

（2）主要仪器设备

① 透气仪。采用的勃氏比表面积透气仪，分手动和自动两种，均应符合 JC/T 956 的要求。

② 烘干箱。控制温度灵敏度上下 1℃。

③ 分析天平。分度值为 0.001g。

④ 秒表。精确至 0.5s。

⑤ 基准材料。GB 14-1511 或相同等级的标准物质。有争议时以 GS B14-1511 为准。

⑥ 压力计液体。采用带有颜色的蒸馏水或直接采用无色蒸馏水。

⑦ 滤纸。采用符合 GB/T 1914 的中速定量滤纸。

⑧ 汞。分析纯汞。

（3）试验条件及仪器要求

① 水泥样品：水泥样品按 GB 12573 进行取样，先通过 0.9mm 方孔筛，再在 110℃±5℃下烘干 1h，并在干燥器中冷却至室温。

② 基准材料：GS B14-1511 或相同等级的标准物质。有争议时以 GS B14-1511 为准。

③ 实验室条件：相对湿度不大于 50%。

仪器校准：仪器的校准采用 GS B14-1511 或相同等级的其他标准物质。有争议时以前者为准，仪器校准按 JC/T 956 进行；校准周期至少每年进行一次。仪器设备使用频繁则应半年进行一次；仪器设备维修后也要重新标定。

（4）试验步骤

① 测定水泥密度：按 GB/T 208 测定水泥密度。

② 漏气检查：将透气圆筒上口用橡皮塞塞紧，接到压力计上。用抽气装置从压力计一臂中抽出部分气体，然后关闭阀门，观察是否漏气。如发现漏气，可用活塞油脂加以密封。

③ 空隙率的确定：PⅠ、PⅡ型水泥的空隙率采用 0.500±0.005，其他水泥或粉料的空隙率选用 0.530±0.005。当按上述空隙率不能将试样压至第⑤条规定的位置时，则允许改变空隙率。空隙率的调整以 2000g 砝码（5 等砝码）将试样压实至第⑤规定的位置为准。

④确定试样量：试样量按以下公式计算：

$$m=\rho V(1-\varepsilon)$$

式中 m——需要的试样量，g；

ρ——试样密度，g/cm³；

V——试料层体积，按 JC/T 956 测定，cm³；

ε——试料层空隙率。

⑤ 试料层制备：将穿孔板放入透气圆筒的突缘上，用捣棒把一片滤纸放到穿孔板上，边缘放平并压紧。称取按第④条规定的试样量，精确到 0.001g，倒入圆筒。轻敲圆筒的边，使水泥层表面平坦。再放入一片滤纸，用捣器均匀捣实试料直至捣器的支持环与圆筒顶边接触，并旋转 1～2 圈，慢慢取出捣器。穿孔板上的滤纸为 ϕ12.7mm 边缘光滑的圆形滤纸片。每次测定需用新的滤纸片。

⑥ 透气试验：把装有试料层的透气圆筒下锥面涂一薄层活塞油脂，然后把它插入压力计顶端锥形磨口处，旋转 1～2 圈。要保证紧密连接不致漏气，并不振动所制备的试料层。

⑦ 打开微型电磁泵慢慢从压力计一臂中抽出空气，直到压力计内液面上升到扩大部下端时关闭阀门。当压力计内液体的凹液面下降到第一条刻线时开始计时（见图 2-10），当液体的凹液面下降到第二条刻线时停止计时，记录液面从第一条刻度线到第二条刻度线所需的时间。以秒记录，并记录下试验时的温度（℃）。每次透气试验，应重新制备试料层。

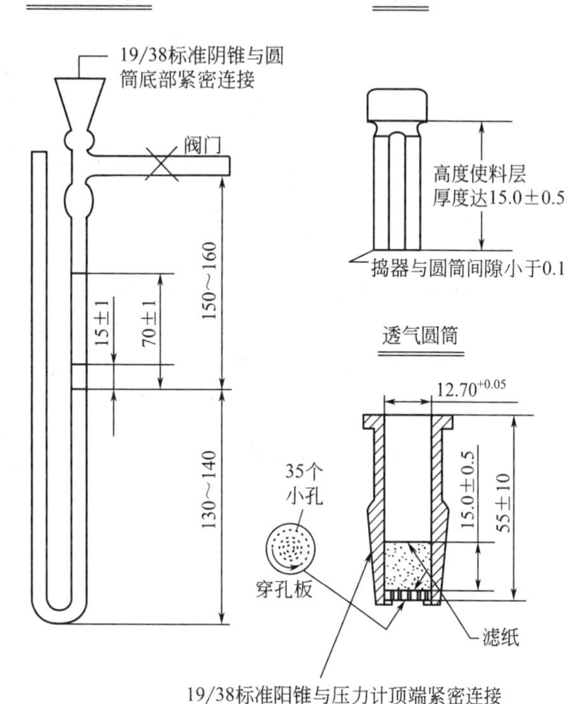

图 2-10　比表面积 U 形压力计示意图

（5）结果与计算

① 当被测试样的密度、试料层中空隙率与标准样品相同，试验时的温度与校准温度之差≤3℃时，可按下式计算：

$$S=\frac{S_S\sqrt{T}}{\sqrt{T_S}}$$

如试验时的温度与校准温度之差>3℃，则按下式计算：

$$S=\frac{S_S\sqrt{\eta_S}\sqrt{T}}{\sqrt{\eta}\sqrt{T_S}}$$

式中　S——被测试样的比表面积，cm^2/g；

S_S——标准样品的比表面积，cm^2/g；

T——被测试样试验时，压力计中液面降落测得的时间，s；

T_S——标准样品试验时，压力计中液面降落测得的时间，s；

η——被测试样试验温度下的空气黏度，μPa·s；

η_S——标准试样试验温度下的空气黏度，μPa·s。

② 当被测试样的试料层中空隙率与标准样品试料层中空隙率不同，试验时的温度与校准温度之差≤3℃时，可按下式计算：

$$S=\frac{S_S\sqrt{\varepsilon^3}(1-\varepsilon_S)\sqrt{T}}{\sqrt{\varepsilon^3 s}(1-\varepsilon)\sqrt{T_S}}$$

如试验时的温度与校准温度之差>3℃，则按照下式计算：

$$S=\frac{S_S\sqrt{\eta_S}\sqrt{\varepsilon^3}(1-\varepsilon_S)\sqrt{T}}{\sqrt{\eta}\sqrt{\varepsilon^3 s}(1-\varepsilon)\sqrt{T_S}}$$

式中　ε——被测试样试料层中的空隙率；

ε_S——标准试样试料层中的空隙率。

③ 当被测试样的密度和空隙率均与标准样品不同，试验时的温度与校准温度之差≤3℃时，可按下式计算：

$$S=\frac{S_S\rho_S\sqrt{\varepsilon^3}(1-\varepsilon_S)\sqrt{T}}{\rho\sqrt{\varepsilon^3_S}(1-\varepsilon)\sqrt{T_S}}$$

如试验时的温度与校准温度之差>3℃，则按照下式计算：

$$S=\frac{S_S\rho_S\sqrt{\eta_S}\sqrt{\varepsilon^3}(1-\varepsilon_S)\sqrt{T}}{\rho\sqrt{\eta}\sqrt{\varepsilon^3_S}(1-\varepsilon)\sqrt{T_S}}$$

式中　ρ——被测试样的密度，g/cm^3；

ρ_S——标准试样的密度，g/cm^3。

④ 结果处理：水泥比表面积应由两次透气试验结果的平均值确定。如两次试验结果相差2%以上，应重新试验。计算结果精确至$10cm^2/g$。

当同一水泥用手动勃氏透气仪测定的结果与自动勃氏透气仪测定的结果有争议时，以手动勃氏透气仪测定的结果为准。

3 粉煤灰

3.1 粉煤灰介绍

粉煤粉是煤粉在炉中燃烧后的灰烬，是一种对环境污染很大的工业废料，主要来源于火力发电厂。粉煤灰为细粉状，呈灰色或灰白色（含水时为黑灰色）。氧化钙含量小于10%的粉煤灰称为低钙粉煤灰，氧化钙含量大于10%的粉煤灰称为高钙粉煤灰。我国绝大多数电厂的粉煤灰均属于低钙粉煤灰，部分电厂排放高钙粉煤灰。部分电厂排放的增钙粉煤灰（人工增钙）也属于高钙粉煤灰。按粉煤灰的排放方式可分为干排灰和湿排灰，干排灰的质量优于湿排灰。

3.1.1 粉煤灰在混凝土中的作用机理

粉煤灰在混凝土中的作用可概括为三种效应，即：火山灰效应（活性效应）、微集料填充效应和形态效应（减水效应）。

将粉煤灰基本效应解析为火山灰效应（活性效应）、微集料填充效应和形态效应（减水效应）三类，并非是把这三种效应单独孤立，而是形成粉煤灰基本效应的能够相互联系的系统，这三类粉煤灰基本效应实际上是同时存在的。

3.1.1.1 活性效应

粉煤灰在常温下能与氢氧化钙反应，生成类似水泥水化产物的C-S-H凝胶，具有胶凝能力，产生一定的强度，起胶凝材料的作用，即所谓“火山灰反应”。当粉煤灰和水泥混合后，粉煤灰中活性二氧化硅和氧化铝将与水泥水化过程析出的氢氧化钙相互发生火山灰反应。因此，粉煤灰作为混合材料掺入水泥中，可以取代部分水泥而使水泥强度不随粉煤灰掺入量的增加而相应降低。另外，水泥掺入粉煤灰后，可使水泥的水化热降低，抗蚀性提高。

粉煤灰的火山灰反应过程主要为：受扩散控制的溶解反应，早期粉煤灰微珠表面溶解，反应生成物沉淀在颗粒的表面上，后期钙离子继续通过表层和沉淀的水化产物层向芯部扩散。如果有石膏参与粉煤灰的水化反应的条件存在，还会形成钙矾石，再经过一定时间，这个过程才告结束，然后生成水化铝酸钙。

活性矿物掺和料均具有火山灰活性效应，即在常温及有水条件下，其无定形的化学组成SiO_2、Al_2O_3等与$Ca(OH)_2$发生化学反应，形成类似水泥水化的产物。

$$SiO_2 + xCa(OH)_2 + (n-1)H_2O \longrightarrow xCaO \cdot SiO_2 \cdot nH_2O$$

$$(1.5 \sim 2.0)CaO \cdot SiO_2 \cdot aq + SiO_2 \longrightarrow (0.8 \sim 1.5)CaO \cdot SiO_2(aq)$$

$$3CaO \cdot Al_2O_3 \cdot 6H_2O + SiO_2 + mH_2O \longrightarrow xCaO \cdot SiO_2 \cdot mH_2O + yCaO \cdot Al_2O_3 \cdot nH_2O$$

$$x \leqslant 2,\ y \leqslant 3$$

$$Al_2O_3 + xCa(OH)_2 + mH_2O \longrightarrow xCaO \cdot Al_2O_3 \cdot nH_2O \quad x \leqslant 3$$

$$3Ca(OH)_2 + Al_2O_3 + 2SiO_2 + mH_2O \longrightarrow 3CaO \cdot Al_2O_3 \cdot 2SiO_2 \cdot nH_2O$$

在有 SO_4^{2-} 存在的条件下，还可生成 AFt、AFm 和它们与水化铝酸钙的固溶体。

活性矿物掺和料发生火山灰反应形成的产物具有以下特征：①结晶度差、颗粒细小、密集分布；②比表面积大、碱度低。因而，其结构密实、强度较高，且有助于改善集料-浆体界面。

粉煤灰的活性效应一般是指粉煤灰的火山灰活性反应和高钙粉煤灰的自硬胶凝性质。粉煤灰活性效应是一个十分复杂的过程，对于粉煤灰的活性成分、数量、反应速率、反应生成物也没有必要进行准确的定量，因为用活性效应的观点来看，火山灰反应主要取决于粉煤灰颗粒表面化学的和物理的特性，在很大程度上受到形态效应的支配，也包括微集料反应的影响，粉煤灰中起活性作用的玻璃微珠，在混凝土硬化初期，其表面吸附一层水膜，直接影响粉煤灰的火山灰反应以及粉煤灰混凝土的强度。此外，粉煤灰中的游离氧化钙、有效碱（氧化钾、氧化钠）、硫酸盐等化学成分对活性效应有较大的影响。

3.1.1.2 微集料填充效应

粉煤灰微集料填充效应是指粉煤灰的微细颗粒均匀分布于水泥浆体的基相之中，就像微细的集料。最初的“微集料”只是硬化的水泥浆体中水泥颗粒尚未水化的粒芯。因为研究发现，未水化的水泥粒芯，不但其强度比水泥水化产物 C-S-H 凝胶的强度要高，而且它与凝胶的结合也好，所以认为微集料的存在有利于增加混凝土的强度。

3.1.1.3 形态效应

形态效应是泛指粉煤灰颗粒形貌、粗细、表面粗糙度、级配、内外结构等几何特征以及色度、密度等特征在混凝土中产生的效应。一般来说，粉煤灰形态效应就是物理效应，或者说是粉煤灰物理性状的作用对混凝土质量发生影响的效应。粉煤灰形态效应的主要影响在于改变新拌混凝土的需水量和流变性质。

粉煤灰形态效应中，首要的是粉煤灰玻璃微珠颗粒所特有的物理性状，能使水泥颗粒的絮凝结构解絮和颗粒扩散，同时使混凝土内部结构降低黏度和降低颗粒之间的摩擦力。形态效应还能改善新拌混凝土的均匀性和稳定性，这对奠定硬化混凝土的初始结构有重要意义。此外，用粉煤灰取代部分水泥，水泥用量减少，水化热降低，这是形态效应和微集料效应的伴生效应。

3.1.2 粉煤灰的化学成分和物理性能指标

粉煤灰的性能变化很大，而且与许多因素有关，例如煤的品种和质量、煤粉细度、燃点、氧化条件、预处理及燃烧前的脱硫、粉煤灰的收集和存储方法等。

《用于水泥和混凝土中的粉煤灰》(GB/T 1596—2005) 把粉煤灰按照煤种分为 F 类（由无烟煤或烟煤煅烧收集的粉煤灰）和 C 类（由褐煤或次烟煤煅烧收集的粉煤灰，氧化钙含量一般大于 10%）。把拌制混凝土和砂浆用的粉煤灰按其品质分为Ⅰ、Ⅱ、Ⅲ三个等级，具体要求见表 3-1。

表 3-1 GB/T 1596—2005 对粉煤灰的具体要求

项目		技术要求		
		Ⅰ	Ⅱ	Ⅲ
细度(0.045mm 方孔筛的筛余)/% ≤	F 类	12.0	25.0	45.0
	C 类			

续表

项目			技术要求		
			Ⅰ	Ⅱ	Ⅲ
需水量比/%	≤	F类	95	105	115
		C类			
烧失量/%	≤	F类	5.0	8.0	15.0
		C类			
含水量/%	≤	F类	1.0		
		C类			
三氧化硫/%	≤	F类	3.0		
		C类	1.0		
游离氧化钙/%	≤	F类	4.0		
		C类			

3.1.3 粉煤灰对混凝土性能的影响

① 填充骨料颗粒的空隙并包裹它们形成润滑层，由于粉煤灰的表观密度只有水泥的2/3左右，而且粒形好（质量好的粉煤灰含大量玻璃微珠），因此能填充得更密实，在水泥用量较少的混凝土里尤其显著。

② 对水泥颗粒起物理分散作用，使其分布得更均匀。当混凝土水胶比较低时，水化缓慢的粉煤灰可以提供水分，使水泥水化得更充分。

③ 粉煤灰和富集在骨料颗粒周围的氢氧化钙结晶发生火山灰反应，不仅生成具有胶凝性质的产物（与水泥中硅酸盐的水化产物相同），而且加强了薄弱的过渡区，对改善混凝土的各项性能有显著作用。

④ 粉煤灰延缓了水化速度，减小了混凝土因水化热引起的温升，对防止混凝土产生温度裂缝十分有利。

3.2 粉煤灰试验

3.2.1 细度试验

（1）试验依据

本试验根据 GB/T 1596—2005《用于水泥和混凝土中的粉煤灰》进行。

利用气流作为筛分的动力和介质，通过旋转的喷嘴喷出的气流作用使筛网里的待测粉状物料呈流态化，并在整个系统负压的作用下，将细颗粒通过筛网抽走，从而达到筛分的目的。

（2）主要仪器设备

① 负压筛：负压筛由圆形筛框和筛网组成，筛框有效直径为 142mm，高 25mm，方孔边长为 0.045mm（见图 3-1）。

② 负压筛析仪：负压筛析仪由筛座、负压筛、负压源及收尘器组成。其中筛座由转速为 30r/min±2r/min 的喷气嘴、负压表、控制板、微电机及壳体组成（见图 3-2）。

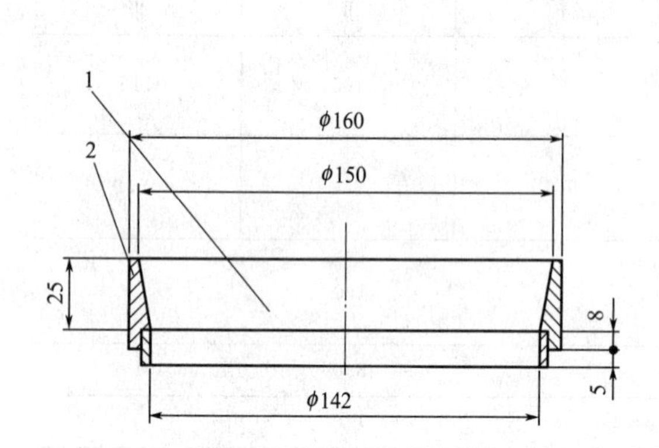

图 3-1 45μm 方孔筛示意图（单位：mm）

1—筛网；2—筛框

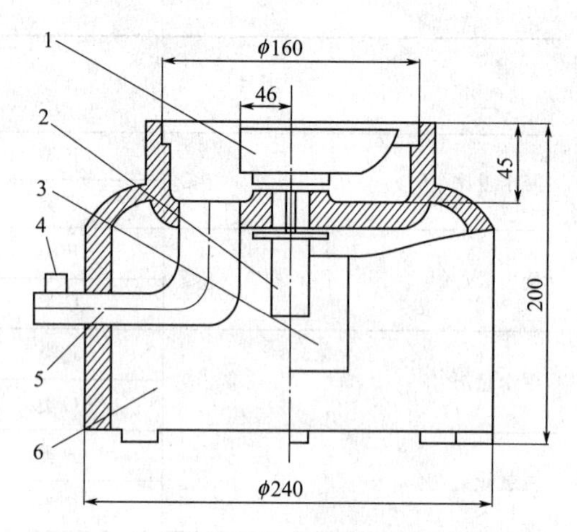

图 3-2 负压筛析仪筛座示意图（单位：mm）

1—喷气嘴；2—微电机；3—控制板开口；4—负压表接口；5—负压源及收尘器接口；6—壳体

③ 天平：量程不小于 50g，最小分度值不大于 0.01g。

（3）试验方法

① 将测试用粉煤灰样品置于温度为 105～110℃的烘干箱内烘至恒重，取出放在干燥器中冷却至室温。

② 称取试样约 10g，准确至 0.01g，倒入 45μm 方孔筛筛网上，将筛子置于筛座上，盖上筛盖。

③ 接通电源，将定时开关固定在 3min，开始筛析。

④ 开始工作后，观察负压表，使负压稳定在 4000～6000Pa。若负压小于 4000Pa，则应停机，清理收尘器中的积灰后再进行筛析。

⑤ 在筛析过程中，可用轻质木棒或硬橡胶棒轻轻敲打筛盖，以防吸附。

⑥ 3min 后筛析自动停止，停机后观察筛余物，如出现颗粒成球、粘筛或有细颗粒沉积在筛框边缘，用毛刷将细颗粒轻轻刷开，将定时开关固定在手动位置，再筛析 1～3min 直至筛分彻底为止。将筛网内的筛余物收集并称量，准确至 0.01g。

（4）试验结果计算

粉煤灰试验筛余百分数按下式计算（精确至 0.1%）：

$$F=\frac{R_t}{W}\times 100$$

式中 F——粉煤灰试样的筛余百分数，%；

R_t——筛余物的质量，g；

W——称取试样的质量，g。

合格评定时，每个样品应称取两个试样分别筛析，取筛余平均值为筛析结果。若两次筛余结果绝对误差大于 0.5%（筛余值大于 5.0%时，可放至 1.0%），应再做一次试验，取两次相接近结果的算术平均值，作为最终结果。

（5）筛网的校正

筛网的校正采用粉煤灰细度标准样品或其他同等级标准样品，按照上述步骤测定标准样品的细度，筛网校正系数按下式计算（精确至 0.1%）：

$$K=\frac{m_0}{m}\times 100\%$$

式中 K——筛网校正系数；

m_0——标准样品筛余标准值，%；

m——标准样品筛余实测值，%。

注：① 筛网校正系数范围为0.8～1.2。

② 筛析150个样品后进行筛网的校正。

3.2.2 需水量试验

（1）试验依据

本试验根据GB/T 1596—2005《用于水泥和混凝土中的粉煤灰》进行。

按GB/T 2419测定试验胶砂和对比胶砂的流动度，以二者流动度达到130～140mm时的加水量之比确定粉煤灰的需水量比。

（2）主要仪器设备

水泥：GSB 14-1510强度检验用水泥标准样品。标准砂：符合GB/T 17671—1999规定的0.5～1.0mm的中级砂。水：洁净的饮用水。

天平：量程不小于1000g，最小分度值不大于1g。搅拌机：符合GB/T 17671—1999规定的行星式水泥胶砂搅拌机。流动度跳桌：符合GB/T 2419规定。

（3）试验方法

① 胶砂配比按表3-2选取。

表3-2 需水量试验胶砂配比

胶砂种类	水泥/g	粉煤灰/g	标准砂/g	加水量/mL
对比胶砂	250	—	750	125
试验胶砂	175	75	750	按流动度达到130～140mm调整

② 试验胶砂按GB/T 17671规定进行搅拌。

③ 搅拌后的试验胶砂按GB/T 2419测定流动度，当流动度在130～140mm范围内时，记录此时的加水量；当流动度小于130mm或大于140mm时，重新调整加水量，直至流动度达130～140mm为止。

（4）试验结果计算

需水量比按下式计算（精确至1%）：

$$X=\frac{L}{125}\times 100$$

式中 X——需水量比，%；

L——试验胶砂流动度达到130～140mm时的加水量，mL；

125——对比胶砂的加水量，mL。

3.2.3 含水量试验

（1）试验依据

本试验根据GB/T 1596—2005《用于水泥和混凝土中的粉煤灰》进行。

将粉煤灰放入规定温度的烘干箱内烘至恒重，以烘干前和烘干后的质量之差与烘干前的质量之比确定粉煤灰的含水量。

(2) 主要仪器设备

烘干箱：可控制温度不低于110℃，最小分度值不大于2℃。

天平：量程不小于50g，最小分度值不大于0.01g。

(3) 试验步骤

① 称取粉煤灰试样约50g，准确至0.01g，倒入蒸发皿中。

② 将烘干箱温度调整并控制在105～110℃。

③ 将粉煤灰试样放入烘干箱内烘至恒重，取出放在干燥器中冷却至室温后称量，准确至0.01g。

(4) 试验结果计算

含水量按下式计算：

$$W=[(w_1-w_0)/w_1]\times 100$$

式中 W——含水量，%；

w_1——烘干前试样的质量，g；

w_0——烘干后试样的质量，g。

计算至0.1%。

3.2.4 活性指数试验

(1) 试验依据

本试验根据GB/T 1596—2005《用于水泥和混凝土中的粉煤灰》进行。

按GB/T 17671—1999测定试验胶砂和对比胶砂的抗压强度，以二者抗压强度之比确定试验胶砂的活性指数。

(2) 主要仪器设备

水泥：GS B14-1510强度检验用水泥标准样品。标准砂：符合GB/T 17671—1999规定的0.5～1.0mm的中级砂。水：洁净的饮用水。

天平、搅拌机、振实台或振动台、抗压强度试验机等均应符合GB/T 17671—1999的规定。

(3) 试验步骤

① 胶砂配比见表3-3。

表3-3 活性指数试验胶砂配比

胶砂种类	水泥/g	粉煤灰/g	标准砂/g	水/mL
对比胶砂	250	—	750	225
试验胶砂	175	75	750	225

② 试验胶砂按GB/T 17671的规定进行搅拌、试体成型和养护。

③ 试体养护至28天，按GB/T 17671的规定分别测定对比胶砂和试验胶砂的抗压强度。

(4) 试验结果计算

活性指数按下式计算：

$$H_{28}=(R/R_0)\times 100$$

式中 H_{28}——活性指数，%；

R——试验胶砂 28d 抗压强度，MPa；

R_0——对比胶砂 28d 抗压强度，MPa。

结果精确至 1 %。

注：对比胶砂 28d 抗压强度也可取 GS B14-1510 强度检验用水泥标准样品给出的标准值。

4 矿渣粉

4.1 矿渣粉介绍

磨细粒化高炉矿渣是粒化高炉矿渣经干燥、粉磨（也可以添加少量石膏或助磨剂一起粉磨）达到规定细度并符合规定活性指数的粉体材料。简称磨细矿渣或矿渣粉。

冶炼生铁时，为了降低铁矿石中脉石的熔化温度，必须加入适量的含有大量碱性氧化物的助熔剂（即石灰石），这样就产生了容易熔化的高炉矿渣。高炉矿渣是由脉石、灰分、助熔剂和其他不能进入生铁中的杂质组成的易熔混合物，其主要化学成分为氧化钙、二氧化硅和三氧化二铝。生产1t生铁排放0.3～1.0t矿渣。

高炉矿渣从炉体中排出后，由于冷却过程不同而使其活性呈现很大差异。如果对炉渣进行缓慢冷却（如自然冷却），则炉渣内部各种原子可有充分的时间进行排列，形成稳定的结晶体，其性能相当于玄武岩。慢冷高炉矿渣的水硬活性很低，不宜被利用。慢冷矿渣一般被加工成具有一定粒径大小和形状的矿渣碎石，用于配制矿渣碎石混凝土和对软土地基进行处理。慢冷矿渣也常被用来代替石子作为道渣使用。如果使高炉矿渣快冷（急冷），则其内部原子没有充分的时间结晶，就会保存许多内能（结晶热约为200kJ/kg），形成不规则的矿渣玻璃体。急冷高炉矿渣具有理想的潜在水硬活性。

关于将磨细矿渣粉作为混凝土掺和料配制混凝土的研究和应用工作已进行了多年，取得了很多有益的结论。大量的研究结果一致认为，掺加矿渣粉掺和料的混凝土在和易性、后期强度发展和耐久性等方面都具有明显特点，具体如下。

① 和易性得到改善，泌水小，坍落度损失小，易振捣，对外加剂适应性好。

② 凝结时间延长，低温时更明显，冬季施工宜用非缓凝型减水剂。

③ 水化热和水化热释放速率降低。

④ 后期强度大幅度提高。

⑤ 收缩率较低。

⑥ 较高的抗化学侵蚀性。

⑦ 具有较高的抵抗氯化物渗入和碱渗入的能力，特别适合于海水建筑。

⑧ 关于掺加矿渣粉对混凝土内部钢筋锈蚀的影响，目前并未发现过掺矿渣粉加速钢筋锈蚀的情况。

⑨ 掺加矿渣粉能减轻混凝土内部的碱-集料反应，原因是矿渣的存在能降低对碱-集料反应起决定作用的有效碱含量。

⑩ 混凝土的抗渗性随着矿渣粉掺量的增加而明显提高，甚至表现出矿渣粉掺量比水胶比对混凝土抗渗性的影响还大的规律。研究表明，当矿渣粉掺量较大时，对混凝土抗渗性大小起决定作用的不再主要是W/C和总孔隙率，而是硬化浆体中有利孔的大小分布情况。掺

大量矿渣粉的硬化水泥浆体中有较多凝胶孔，孔的平均尺寸较小。

GB/T 18046—2008《用于水泥和混凝土中的粒化高炉矿渣粉》对矿渣粉的技术指标要求见表 4-1。

表 4-1 矿渣粉的技术指标要求

项目			技术要求		
			S105	S95	S75
密度/(g/cm^3)		≥	2.8		
比表面积/(m^2/kg)		≥	500	400	300
活性指数/% ≥	7d		95	75	55
	28d		105	95	75
烧失量(质量分数)/%		≤	3.0		
流动度比/%		≥	95		
含水量(质量分数)/%		≤	1.0		
三氧化硫(质量分数)/%		≤	4.0		
氯离子(质量分数)/%		≤	0.06		
玻璃体含量(质量分数)/%		≥	85		
放射性			合格		

4.2 矿渣粉试验

4.2.1 粒化高炉矿渣粉活性指数及流动度比的测定

(1) 试验依据

本试验根据 GB/T 18046—2008《用于水泥和混凝土中的粒化高炉矿渣粉》进行。

分别测定试验样品和对比样品的抗压强度，两种样品同龄期的抗压强度之比即为活性指数。分别测定试验样品和对比样品的流动度，二者之比即为流动度比。

(2) 主要材料

对比样品：符合 GB 175 规定的强度等级为 42.5 的硅酸盐水泥或普通硅酸盐水泥，且 7d 抗压强度 35～45MPa，28d 抗压强度 50～60MPa，比表面积 300～400m^2/kg，SO_3 含量（质量分数）2.3%～2.8%，碱含量（$Na_2O+0.658K_2O$）（质量分数）0.5%～0.9%。

试验样品：由对比水泥和矿渣粉按质量比 1∶1 组成。

(3) 试验步骤

① 胶砂配比见表 4-2。

表 4-2 矿渣粉胶砂配比

胶砂种类	水泥/g	矿渣粉/g	标准砂/g	水/mL
对比胶砂	450	—	1350	225
试验胶砂	225	225	1350	225

② 试验胶砂按 GB/T 17671 规定进行搅拌、试体成型和养护。

③ 试体养护至 7 天、28 天，按 GB/T 17671 规定分别测定对比胶砂和试验胶砂的抗压强度。

(4) 试验结果计算

① 矿渣粉 7 天活性指数按下式计算，计算结果保留至整数：

$$A_7=(R_7/R_{07})\times 100$$

式中　A_7——矿渣粉7d活性指数，%；

R_{07}——对比胶砂7d抗压强度，MPa；

R_7——试验胶砂7d抗压强度，MPa。

② 矿渣粉28d活性指数按下式计算，计算结果保留至整数：

$$A_{28}=(R_{28}/R_{028})\times 100$$

式中　A_{28}——矿渣粉28d活性指数，%；

R_{028}——对比胶砂28d抗压强度，MPa；

R_{28}——试验胶砂28d抗压强度，MPa。

③ 按表4-2胶砂配比和GB/T 2419进行试验，分别测定对比胶砂和试验胶砂的流动度，胶砂的流动度比按下式计算，计算结果保留至整数：

$$F=\frac{L}{L_m}\times 100$$

式中　F——矿渣粉流动度比，%；

L_m——对比样品胶砂流动度，mm；

L——试验样品胶砂流动度，mm。

4.2.2　矿渣粉含水量的测定

(1) 试验依据

本试验根据GB/T 18046—2008《用于水泥和混凝土中的粒化高炉矿渣粉》进行。

将矿渣粉放入规定温度的烘干箱内烘至恒重，以烘干前和烘干后的质量之差与烘干前的质量之比确定矿渣粉的含水量。

(2) 主要仪器设备

烘干箱：可控制温度不低于110℃，最小分度值不大于2℃。

天平：量程不小于50g，最小分度值不大于0.01g。

(3) 试验步骤

① 称取矿渣粉试样约50g，准确至0.01g，倒入蒸发皿中。

② 将烘干箱温度调整并控制在105～110℃。

③ 将矿渣粉试样放入烘干箱内烘至恒重，取出放在干燥器中冷却至室温后称量，准确至0.01g，至恒重。

(4) 试验结果计算

含水量按下式计算：

$$W=[(w_1-w_0)/w_1]\times 100$$

式中　W——含水量，%；

w_1——烘干前试样的质量，g；

w_0——烘干后试样的质量，g。

结果精确至0.1%。

4.2.3　矿渣粉玻璃体含量的测定

(1) 试验依据

本试验根据GB/T 18046—2008《用于水泥和混凝土中的粒化高炉矿渣粉》进行。

根据粒化高炉矿渣微粉X射线衍射图中玻璃体部分的面积与底线上面积之比为玻璃体含量的原理测定矿渣粉玻璃体含量。

(2) 主要仪器设备

X射线衍射仪（铜靶）：功率大于3kW。试验条件：管流≥40mA，管压≥37.5kV。

天平：量程不小于10g，最小分度值不大于0.001g。

烘干箱：可控制温度不低于(110±5)℃。

(3) 试验步骤

① 在烘箱中烘干矿渣粉样品1h。用玛瑙研钵研磨，使其全部通过80μm方孔筛。以每分钟等于或小于1°(2Δ)的扫描速度，扫描试样0.237～0.404nm晶面区间(2Δ=22.0°～38.0°)。

② 衍射图谱曲线上1°(2Δ)衍射角的线性距离不小于10mm。0.404～0.237nm晶面的空间(d-空间)最强衍射峰的高度应大于100mm。

注：扫描范围扩大到10°～60°时，可搜索到杂质存在，通过杂质的主要峰值可以辨析其主要成分，并和玻璃体含量一起报告。

③ 在0.237～0.404nm晶面区间(2Δ=22.0°～38.0°)的空间在峰底画一直线代表背底。计算中仅考虑线性底部上方空间区域的面积。

④ 在0.237～0.404nm范围内，在衍射强度曲线的振荡中点画一曲线，尖锐衍射峰代表晶体部分，其余为玻璃体部分。在纸上把衍射峰轮廓和玻璃体区域剪下并分别称重，精确至0.001g。

注：允许通过计算机软件直接测量相应的面积。

(4) 试验结果计算

玻璃体含量按下式计算，取整数：

$$w_{glass}=\frac{w_{gp}}{w_{gp}+w_{cp}}\times 100$$

式中 w_{glass}——矿渣粉玻璃体含量（质量分数），%；

w_{gp}——代表样品中玻璃体部分的纸质量，g；

w_{cp}——代表样品中晶体部分的纸质量，g。

5 砂试验

5.1 砂介绍

砂是自然生成的、经人工开采和筛分的粒径小于 4.75mm 的岩石颗粒。混凝土用砂分为天然砂和机制砂。

天然砂是建筑工程中的主要用砂，它是由岩石风化所形成的散粒材料，按来源不同分为河砂、山砂、海砂等。山砂表面粗糙、棱角多，含泥量和有机质含量较多。海砂长期受海水的冲刷，表面圆滑，较为清洁，但常混有贝壳和较多的盐分。河砂的表面圆滑，较为清洁，且分布广，是混凝土的主要用砂。

机制砂，俗称人工砂，是由天然岩石、矿山尾矿或工业废渣颗粒经除土处理，由机械破碎、筛分而成的，粒径小于 4.75mm；其表面粗糙、棱角多，较为清洁，但砂中含有较多片状颗粒和细砂，且成本较高，一般在缺乏天然砂时使用。

5.2 砂试验

5.2.1 砂的取样与处理

（1）试验的目的及依据

普通混凝土用砂试验依据为 JGJ 52—2006《普通混凝土用砂、石质量及检验方法标准》。

对建筑用砂进行试验，评定其质量，为普通混凝土配合比设计提供原材料参数。

（2）取样与处理

① 取样　在料堆上取样，取样部位应均匀分布。取样前先将取样部分表层除去，然后从不同的部位抽取大致等量的砂 8 份，组成一组样品。

从皮带运输机上取样时，应在皮带运输机机尾的出料处用接料器定时抽取砂 4 份组成一组样品。

从火车、汽车、货船上取样时，应从不同部位和深度抽取大致相等的砂 8 份组成一组样品。

除筛分析外，当其余检验项目存在不合格项时，应加倍取样进行复验。当复验仍有一项不满足标准要求时，应按不合格品处理。

注：如经观察，认为各节车皮间（汽车、货船间）所载砂质量相差甚为悬殊时，应对质量有怀疑的每节列车（汽车、货船）分别取样和验收。

单项砂试验的最少取样数量应按上述标准，单项试验的最少取样数量见表 5-1。可在确保样品经一项试验后不致影响其他试验结果的前提下，用同组样品进行多项不同的试验。

表 5-1 单项砂试验的最少取样数量

序号	试验项目	最少取样数量/g
1	筛分析	4400
2	表观密度	2600
3	紧密密度和堆积密度	5000
4	含水率	1000
5	含泥量	4400
6	泥块含量	20000
7	石粉含量	1600
8	人工砂压碎值指标	分成公称粒径 5.0～2.5mm；2.5～1.25mm；1.25mm～630μm；630～315μm；315～160μm 每个粒级各需 1000g
9	有机物含量	2000
10	云母含量	600
11	坚固性	分成公称粒径 5.0～2.5mm；2.5～1.25mm；1.25mm～630μm；630～315μm；315～160μm 每个粒级各需 100g
12	硫化物及硫酸盐含量	50
13	氯离子含量	2000
14	贝壳含量	10000
15	碱活性	20000

每组样品应妥善包装，避免细料散失，防止污染，并附样品卡片，标明样品的编号、取样时间、代表数量、产地、样品量、要求检验项目及取样方式等。

② 处理

a. 分料器法（见图 5-1） 将样品放在潮湿状态下拌和均匀，然后通过分料器，留下两个接料斗中的一份，并将接料斗中的一份再次通过分料器。重复上述过程，直至把样品缩分到试验所需量为止。

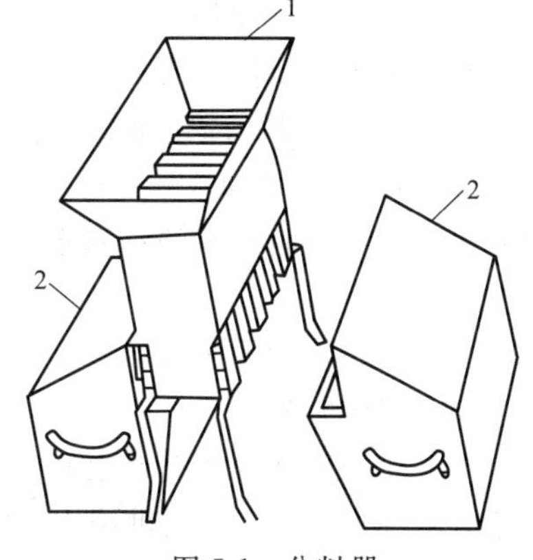

图 5-1 分料器

1—分料漏斗；2—接料斗

b. 人工四分法 将所取样品放在平整洁净的平板上，在潮湿状态下拌和均匀，并摊成厚度约 20mm 的圆饼，然后沿相互垂直的两条直径把圆饼分成大致相等的 4 份，取其对角线的两份重新搅匀，再堆成“圆饼”状。重复上述过程，直至把样品缩分后的材料量略多于进行试验所需量为止。

注：堆积密度、机制砂坚固性检验所用试样可不经缩分，在搅匀后直接进行试验。

5.2.2 砂的颗粒级配试验

（1）试验的依据及技术指标

试验依据为 JGJ 52—2006《普通混凝土用砂、石质量及检验方法标准》。

细度模数：衡量砂的粗细程度的指标。砂按细度模数分为粗、中、细、特细四级，其细度模数分别如下。

① 粗：3.7～3.1。

② 中：3.0～2.3。

③ 细：2.2～1.6。

④ 特细：1.5～0.7。

砂的颗粒级配应符合表5-2的规定。对于砂浆用砂，4.75mm筛孔的累计筛余量应为0。砂的实际颗粒级配除4.75mm和600μm筛挡外，可以略有超出，但各级累计筛余超出值总和应不大于5%。

表5-2　砂的颗粒级配区

级配区 / 筛累计筛余/% / 公称粒径	Ⅰ	Ⅱ	Ⅲ
5.00mm	10～0	10～0	10～0
2.50mm	35～5	25～0	15～0
1.25mm	65～35	50～10	25～0
630μm	85～71	70～41	40～16
315μm	95～80	92～70	85～55
160μm	100～90	100～90	100～90

当天然砂的实际颗粒级配不符合要求时，宜采取相应的技术措施，并经试验证明能确保混凝土质量后，方允许使用。

配置混凝土时宜优先选用Ⅱ区砂。当采用Ⅰ区砂时，应提高砂率，并保持足够的水泥用量，满足混凝土的和易性；当采用Ⅲ区砂时，宜适当降低砂率；当采用特细砂时，应符合相应的规定。配置泵送混凝土时，宜选用中砂。

(2) 主要仪器设备

鼓风烘箱：能使温度控制在（105±5)℃。

天平：称量1000g，感量1g。

方孔筛：孔径为160μm、315μm、630μm、1.25mm、2.50mm、5.00mm及10.0mm的筛各一只，并附有筛底和筛盖。

摇筛机。

浅盘，硬、软毛刷等。

(3) 试样制备

按上述规定取样，筛除公称粒径大于10.0mm的颗粒（并算出其筛余百分率)，并将试样缩分至约1100g，放在烘箱中于（105±5)℃下烘干至恒量，待冷却至室温后，分为大致相等的两份备用。

注：恒量系指试样在烘干3h以上的情况下，其前后质量之差不大于该项试验所要求的称量精度（下同)。

(4) 试验步骤

① 准确称取试样500g（特细砂可称250g)，精确到1g。将试样倒入按孔径大小从上到下组合的套筛（附筛底）上，然后进行筛分。

② 将套筛置于摇筛机上，摇10min；取下套筛，按筛孔大小顺序再逐个用手筛，筛至每分钟通过量小于试样总量0.1%为止。通过的试样并入下一号筛中，并和下一号筛中的试样一起过筛，这样顺序进行，直至各号筛全部筛完为止。

注：1. 当试样含泥量超过5%时，应先将试样水洗，然后烘干至恒重，再进行筛分。

2. 无摇筛机时，可改用手筛。

③ 称出各号筛的筛余量，精确至1g，试样在各号筛上的筛余量不得超过按下式计算

的量：

$$G=\frac{A\times d^{1/2}}{300}$$

式中 G——在一个筛上的筛余量，g；

A——筛面面积，mm^2；

d——筛孔尺寸，mm。

超过时应下列方法之一处理。

a. 将该粒级试样分成少于按上式计算出的量，分别筛分，并以筛余量之和作为该号筛的筛余量。

b. 将该粒级及以下各粒级的筛余混合均匀，称出其质量，精确至1g，再用四分法缩分为大致相等的两份，取其中一份，称出其质量，精确至1g，继续筛分。计算该粒级及以下各粒级的分计筛余量时应根据缩分比例进行修正。

（5）试验结果评定

筛分试验结果按下列步骤计算。

① 计算分计筛余百分率：各号筛的筛余量与试样总量之比，计算精确至0.1%。

② 计算累计筛余百分率：该号筛的分计筛余百分率加上该号筛以上各分计筛余百分率之和，计算精确至0.1%。筛分后，如每号筛的筛余量与筛底的剩余量之和同原试样质量之差超过1%，须重新试验。

③ 砂的细度模数 M_x 可按下式计算，精确至0.01：

$$M_x=\frac{(A_2+A_3+A_4+A_5+A_6)-5A_1}{100-A_1}$$

式中 M_x——细度模数；

A_1，A_2，A_3，A_4，A_5，A_6——为4.75mm、2.36mm、1.18mm、600μm、300μm、150μm筛的累积筛余百分率。

④ 累计筛余百分率取两次试验结果的算术平均值，精确至1%。细度模数取两次试验结果的算术平均值，精确至0.1；如两次试验的细度模数之差大于0.20，需重新试验。

⑤ 根据各号筛的累计筛余百分率，采用修约值比较法评定该式样的颗粒级配。

5.2.3 砂的表观密度

（1）试验依据及技术指标要求

试验依据为国家标准GB/T 14684—2011《建设用砂》。

表观密度：骨料颗粒单位体积（包括内封闭空隙）的质量。

砂的表观密度不小于2500kg/m^3。

（2）主要仪器与设备

鼓风烘箱：能使温度控制在（105±5)℃。

天平：称量1000g，感量0.1g。

容量瓶：500mL。

干燥器、搪瓷盘、滴管、毛刷等、温度计等。

（3）试样制备

试样制备可参照前述的取样与处理方法。并将试样缩分至约660g，放在烘箱中于（105±5)℃下烘干至恒重，待冷却至室温后，分为大致相等的两份备用。

(4) 试验步骤

① 称取试样 300g，精确至 0.1g。将试样装入容量瓶，注入冷开水至接近 500mL 的刻度处，用手旋转摇动容量瓶，使砂样充分摇动，排除气泡，塞紧瓶盖，静置 24h。然后用滴管小心加水至容量瓶 500mL 的刻度处，塞紧瓶塞，擦干瓶外水分，称出其质量，精确至 1g。

② 倒出瓶内水和试样，洗净容量瓶，再向容量瓶内注水（应与步骤①的水温相差不超过 2℃，并在 15～25℃范围内）至 500mL 的刻度处，塞紧瓶塞，擦干瓶外水分，称出其质量，精确至 1g。

注：在砂的表观密度试验过程中应测量并控制水的温度，试验的各项称量可在 15～25℃的温度范围内进行。从试样加水静置的最后 2h 起直至实验结束，其温度相差不应超过 2℃。

(5) 结果计算与评定

砂的表观密度按下式计算，精确至 $10kg/m^3$：

$$\rho_0=\left(\frac{G_0}{G_0+G_2-G_1}-\alpha_t\right)\times\rho_{水}$$

式中 ρ_0——表观密度，kg/m^3；

$\rho_{水}$——1000，水的密度，kg/m^3；

G_0——烘干试样的质量，g；

G_1——试样、水及容量瓶的总质量，g；

G_2——水及容量瓶的总质量 g；

α_t——水温对表观密度影响的修正系数（见表 5-3）。

表 5-3 不同水温对砂的表观密度影响的修正系数

水温/℃	15	16	17	18	19	20	21	22	23	24	25
α_t	0.002	0.003	0.003	0.004	0.004	0.005	0.005	0.006	0.006	0.007	0.008

表观密度取两次试验结果的算术平均值，精确至 $10kg/m^3$；如两次试验结果之差大于 $20kg/m^3$，须重新试验。

采用修约值比较法进行评定。

5.2.4 砂的堆积密度与空隙率试验

(1) 试验依据及技术指标要求

试验依据为国家标准 GB/T 14684—2011《建设用砂》。

砂的松散堆积密度不小于 $1400kg/m^3$，空隙率不大于 44%。

(2) 主要仪器与设备

鼓风烘箱：能使温度控制在 (105±5)℃。

天平：称量 10kg，感量 1g。

容量筒：圆柱形金属筒，内径 108mm，净高 109mm，壁厚 2mm，筒底厚约 5mm，容积为 1L。

方孔筛：孔径为 4.75mm 的筛一只。

垫棒：直径 10mm，长 500mm 的圆钢。

直尺、漏斗或料勺、搪瓷盘、毛刷等。

(3) 试样制备

试样制备可参照前述的取样与处理方法。

(4) 试验步骤

① 用搪瓷盘装取试样约 3L，放在烘箱中于 105℃±5℃下烘干至恒重，待冷却至室温后，筛余大于 4.75mm 的颗粒，分为大致相等的两份备用。

② 松散堆积密度：取试样一份，用漏斗或料勺从容量筒中心上方 50mm 处徐徐倒入，让试样以自由落体落下，当容量筒上部试样呈锥体，且容量筒四周溢满时，即停止加料。然后用直尺沿筒口中心线向两边刮平（试验过程应防止触动容量筒），称出试样和容量筒的总质量，精确至 1g。

③ 紧密堆积密度：取试样一份分两次装入容量筒。装完第一层后（约稍高于 1/2），在筒底垫放一根直径为 10mm 的圆钢，将筒按住，左右交替击地面各 25 次。然后装入第二层，第二层装满后用同样的方法颠实（但筒底所垫钢筋的方向与第一层时的方向垂直）后，再加试样直至超过筒口，然后用直尺沿筒口中心向两边刮平，称出试样和容量筒的总质量，精确至 1g。

(5) 结果计算与评定

① 松散或紧密堆积密度按下式计算，精确至 10kg/m³：

$$\rho_1=\frac{G_1-G_2}{V}$$

式中 ρ_1——松散堆积密度或紧密堆积密度，kg/m³；

G_1——容量筒和试样总质量，g；

G_2——容量筒质量，g；

V——容量筒的容积，L。

堆积密度取两次试验结果的算术平均值，精确至 10kg/m³。

② 空隙率按下式计算，精确至 1%：

$$P_0=\left(1-\frac{\rho_1}{\rho_0}\right)\times 100$$

式中 P_0——空隙率，%；

ρ_1——试样的松散（或紧密）堆积密度，kg/m³；

ρ_0——试样表观密度，kg/m³。

空隙率取两次试验结果的算术平均值，精确至 1%。

采用修约值比较法进行评定。

5.2.5 砂的含泥量试验

(1) 试验依据及技术指标要求

试验依据为 JGJ 52—2006《普通混凝土用砂、石质量及检验方法标准》。

含泥量：天然砂中粒径小于 75μm 的颗粒含量。天然砂的含泥量应符合表 5-4 的规定。

表 5-4 天然砂的含泥量

混凝土强度等级	≥C60	C55～C30	≤C25
含泥量(按质量计)/%	≤2.0	≤3.0	≤5.0

对于有抗冻、抗渗或其他特殊要求的小于或等于 C25 混凝土用砂，其含泥量不应大于 3.0%。

(2) 主要仪器与设备

鼓风干燥箱：能使温度控制在 (105±5)℃。

天平：称量1000g，感量0.1g。

方孔筛：孔径为75μm及1.18mm的筛各一只。

容器：要求淘洗试样时，保持试样不溅出（深度大于250mm）。

搪瓷盘、毛刷等。

(3) 试验步骤

① 按前述步骤规定取样，并将试样缩分至约1100g，放在烘箱中于 (105±5)℃下烘干至恒量，待冷却至室温后，分为大致相等的两份备用。

② 称取试样500g，精确至0.1g。将试样倒入淘洗容器中，注入清水，使水面高于试样面约150mm，充分搅拌均匀后，浸泡2h，然后用手在水中淘洗试样，使尘屑、淤泥和黏土与砂粒分离，把浑水缓缓倒入1.18mm及75μm的套筛上（1.18mm筛放在75μm筛上面），滤去小于75μm的颗粒。试验前筛子的两面应先用水润湿，在整个过程中应小心防止砂粒流失。

③ 再向容器中注入清水，重复上述操作，直至容器内的水目测清澈为止。

④ 用水淋洗剩余在筛上的细粒，并将75μm筛放在水中（使水面略高出筛中砂粒的上表面）来回摇动，以充分洗掉小于75μm的颗粒，然后将两只筛的筛余颗粒和清洗容器中已经洗净的试样一并倒入搪瓷盘，放在烘干箱中于 (105±5)℃下烘干至恒量，待冷却至室温后，称出其质量，精确至0.1g。

(4) 结果计算与评定

含泥量按下式计算，精确至0.1%：

$$Q_a=\frac{G_0-G_1}{G_0}\times 100$$

式中 Q_a——含泥量，%；

G_0——试验前烘干试样的质量，g；

G_1——试验后烘干试样的质量，g。

含泥量取两个试样的试验结果的算术平均值作为测定值，两次结果之差大于0.5%时，应重新取样进行试验。

5.2.6 石粉含量与MB值试验

(1) 试验依据及技术指标要求

试验依据为JGJ 52—2006《普通混凝土用砂、石质量及检验方法标准》。

石粉含量：机制砂中粒径小于75μm的颗粒含量。石粉含量应符合表5-5的规定。

亚甲蓝（MB）值：用于判定机制砂中粒径小于75μm的颗粒的吸附性能的指标。

表5-5 人工砂或混合砂中石粉含量

混凝土强度等级		≥C60	C55～C30	≤C25
石粉含量/%	MB<1.4(合格)	≤5.0	≤7.0	≤10.0
	MB≥1.4(不合格)	≤2.0	≤3.0	≤5.0

(2) 主要材料与设备

① 试剂和材料

a. 亚甲蓝（$C_{16}H_{18}ClN_3S \cdot 3H_2O$）含量≥95%。

b. 亚甲蓝溶液

(a) 亚甲蓝粉末含水量的测定　称量亚甲蓝粉末约5g，精确到0.01g，计为M_h。将该粉末在（100±5）℃下烘干至恒量。置于干燥器中冷却。从干燥器中取出后立即称重，精确至0.01g，计为M_g。按下式计算含水量，精确到小数点后一位，计为W。

$$W=\frac{M_h-M_g}{M_g}\times 100$$

式中　W——含水量，%；

M_h——烘干前亚甲蓝粉末质量，g；

M_g——烘干后亚甲蓝粉末质量，g。

每次染料溶液制备均应进行亚甲蓝含水率测定。

(b) 亚甲蓝溶液的制备　称量亚甲蓝粉末［(100＋W)/10］g±0.01g（相当于干粉10g），精确至0.01g，倒入盛有约600mL蒸馏水（水温加热至35～40℃）的烧杯中，用玻璃棒持续搅拌40min，直至亚甲蓝粉末完全溶解，冷却至20℃。将溶液倒入1L容量瓶中，用蒸馏水淋洗烧杯等，使所有亚甲蓝溶液全部移入容量瓶，容量瓶和溶液的温度应保持在(20±1)℃，加蒸馏水至容量瓶1L刻度。振荡容量瓶以保证亚甲蓝粉末完全溶解。将容量瓶中的溶液移入深色储藏瓶中，标明制备日期、失效日期（亚甲蓝溶液保质期应不超过28d），并置于阴暗处保存。

c. 定量滤纸　快速。

② 仪器设备

鼓风烘箱：能使温度控制在（105±5）℃。

天平：称量1000g、感量1g，称量100g、感量0.01g，各一台。

方孔筛：孔径为75μm、1.18mm和2.36mm的筛各一只。

容器：要求淘洗试样时，保持试样不溅出（深度大于250mm）。

移液管：5mL、2mL移液管各一个。

三片或四片式叶轮搅拌器：转速可调［最高达(600±60)r/min］，直径（75±10)mm。

定时装置：精度1s。

玻璃容量瓶：1L。

温度计：精度1℃。

玻璃棒：2支（直径8mm，长300mm）。

搪瓷盘、毛刷、1000mL烧杯等。

(3) 试验步骤

① 亚甲蓝MB值的测定

a. 按前述规定取样，并将试样缩分至约400g，放在烘箱中于（105±5)℃下烘干至恒量，待冷却至室温后，筛除大于2.36mm的颗粒备用。

b. 称取试样200g，精确至0.1g。将试样倒入盛有（500±5)mL蒸馏水的烧杯中，用叶轮搅拌机以（600±60)r/min的转速搅拌5min，形成悬浮液，然后持续以（400±40)r/min的转速搅拌，直至试验结束。

c. 悬浮液中加入5mL亚甲蓝溶液，以（400±40)r/min的转速搅拌至少1min后，用玻璃棒蘸取一滴悬浮液（所取悬浮液滴应使沉淀物直径在8～12mm内），滴于滤纸（置于空烧杯或其他合适的支撑物上，以使滤纸表面不与任何固体或液体接触）上。若沉淀物周围未出现色晕，再加入5mL亚甲蓝溶液，继续搅拌1min，再用玻璃棒蘸取一滴悬浮液，滴于滤纸上，若沉淀物周围仍未出现色晕，重复上述步骤，直至沉淀物周围出现约1mm的稳定浅蓝色色晕。此时，应继续搅拌，不加亚甲蓝溶液，每1min进行一次蘸染试验。若色晕在4min内消失，再加入5mL亚甲蓝溶液；若色晕在第5min消失，再加入2mL亚甲蓝溶液。两种情况下，均应继续进行搅拌和蘸染试验，直至色晕可持续5min。

d. 记录色晕持续5min时所加入的亚甲蓝溶液的总体积，精确至1mL。

② 亚甲蓝的快速试验

a. 按上述规定取样，并将试样缩分至约400g，放在烘箱中于(105±5)℃下烘干至恒量，待冷却至室温后，筛除大于2.36mm的颗粒备用。

b. 称取试样200g，精确至0.1g。将试样倒入盛有(500±5)mL蒸馏水的烧杯中，用叶轮搅拌机以(600±60)r/min的转速搅拌5min，形成悬浮液，然后持续以(400±40)r/min的转速搅拌，直至试验结束。

c. 一次性向烧杯中加入30mL亚甲蓝溶液，在(400±40)r/min转速下持续搅拌8min，然后用玻璃棒蘸取一滴悬浮液，滴于滤纸上，观察沉淀物周围是否出现明显色晕。

③ 石粉含量的测定　参照5.2.5节进行。

(4) 结果计算与评定

① 亚甲蓝MB值结果计算　亚甲蓝MB值按下式计算，精确至0.1：

$$MB=\frac{V}{G}\times 10$$

式中　MB——亚甲蓝值，表示每千克0～2.36mm粒级试样所消耗的亚甲蓝的质量，g/kg；

G——试样质量，g；

V——所加入的亚甲蓝溶液的总体积，mL。

10——用于将每千克试样消耗的亚甲蓝溶液体积换算成亚甲蓝质量的系数。

② 亚甲蓝快速试验结果评定　若沉淀物周围出现明显色晕，则判定亚甲蓝快速试验为合格，若沉淀物周围未出现明显色晕，则判定亚甲蓝快速试验为不合格。

③ 石粉含量的计算　参照5.2.5节进行。

5.2.7 泥块含量试验

(1) 试验依据及技术指标要求

试验依据为JGJ 52—2006《普通混凝土用砂、石质量及检验方法标准》。

泥块含量：砂中原粒径大于1.18mm，经水浸洗、手捏后小于600μm的颗粒含量。砂泥块含量应符合表5-6的规定。

表5-6　砂中泥块含量

混凝土强度等级	≥C60	C55～C30	≤C25
泥块含量(按质量计)/%	≤0.5	≤1.0	≤2.0

对于有抗冻、抗渗或其他特殊要求的小于或等于C25混凝土用砂，其含泥量不应大于1.0%。

(2) 主要材料与设备

a. 鼓风干燥箱：能使温度控制在(105±5)℃。

b. 天平：称量1000g，感量0.1g。

c. 方孔筛：孔径为 600μm 及 1.18mm 的筛各一只。

d. 容器：要求淘洗试样时，保持试样不溅出（深度大于 250mm）。

e. 搪瓷盘，毛刷等。

（3）试验步骤

① 按标准规定取样，并将试样缩分至约 5000g，放在烘箱中于（105±5)℃下烘干至恒量，待冷却至室温后，筛除小于 1.18mm 的颗粒，分为大致相等的两份备用。

② 称取试样 200g，精确至 0.1g。将试样倒入淘洗容器中，注入清水，使水面高于试样面约 150mm，充分搅拌均匀后，浸泡 24h。然后用手在水中碾碎泥块，再把试样放在 600μm 筛上，用水淘洗，直至容器内的水目测清澈为止。

③ 保留下来的试样小心地从筛中取出，装入浅盘后，放在烘箱中于（105±5)℃下烘干至恒量，待冷却到室温后，称出其质量，精确至 0.1g。

（4）结果计算与评定

泥块含量按下式计算，精确至 0.1%：

$$Q_b = \frac{G_1 - G_2}{G_1} \times 100$$

式中 Q_b——泥块含量，%；

G_1——1.18mm 筛筛余试样的质量，g；

G_2——试验后烘干试样的质量，g。

泥块含量取两次试验结果的算术平均值，精确至 0.1%。

5.2.8 云母含量试验

（1）试验依据及技术指标要求

试验依据为 JGJ 52—2006《普通混凝土用砂、石质量及检验方法标准》。

砂中云母含量应符合表 5-7 的规定。

表 5-7 砂中云母含量

项目	质量指标
云母(按质量计)/%	≤2.0

对于有抗冻、抗渗或其他特殊要求的混凝土用砂，其云母含量不应大于 1.0%。

（2）主要材料与设备

① 鼓风干燥箱：能使温度控制在（105±5)℃。

② 放大镜：3～5 倍放大率。

③ 天平：称量 100g，感量 0.01g。

④ 方孔筛：孔径为 300μm 及 4.75mm 的筛各一只。

⑤ 钢针、搪瓷盘等。

（3）试验步骤

① 按上述规定取样，并将试样缩分至约 150g，放在烘箱中于（105±5)℃下烘干至恒量，待冷却至室温后，筛除大于 4.75mm 及小于 300μm 的颗粒备用。

② 称取试样 15g，精确至 0.01g。将试样倒入搪瓷盘中摊开，在放大镜下用钢针挑出全部云母，称出云母质量，精确至 0.01g。

（4）结果计算与评定

云母含量按下式计算，精确至0.1%：

$$Q_c=\frac{G_2}{G_1}\times 100$$

式中 Q_c——云母含量，%；

G_1——300μm～4.75mm颗粒的质量，g；

G_2——云母质量，g。

云母含量取两次试验结果的算术平均值，精确至0.1%，采用修约值比较法进行评定。

5.2.9 轻物质含量试验

(1) 试验依据及技术指标要求

试验依据为JGJ 52—2006《普通混凝土用砂、石质量及检验方法标准》。

轻物质：砂中表观密度小于2000kg/m³ 的物质。轻物质含量应符合表5-8的规定。

表5-8 轻物质含量

项目	质量指标
轻物质(按质量计)/%	≤1.0

(2) 主要材料与设备

① 试剂和材料

a. 氯化锌：化学纯。

b. 重液：向1000mL的量杯中加水至600mL刻度处，再加入1500g氯化锌；用玻璃棒搅拌使氯化锌全部溶解，待冷却至室温后，将部分溶液倒入250mL量筒中测其相对密度；若相对密度小于2000kg/m³，则倒回1000mL量杯中，再加入氯化锌，待全部溶解并冷却至室温后测其密度，直至溶液密度达到2000kg/m³ 为止。

② 仪器设备

a. 鼓风烘箱：能使温度控制在(105±5)℃。

b. 天平：称量1000g，感量0.1g。

c. 量具：1000mL量杯、250mL量筒、150mL烧杯各一只。

d. 密度计：测定范围为1800～2000kg/m³。

e. 方孔筛：孔径为4.75mm及300μm的筛各一只。

f. 网篮：内径和高度均约为70mm，网孔孔径不大于300μm。

g. 陶瓷盘、玻璃棒、毛刷等。

(3) 试验步骤

① 按上述规定取样，并将试样缩分至约800g，放在烘箱中于(105±5)℃下烘干至恒量，待冷却至室温后，筛除大于4.75mm及小于300μm的颗粒，分为大致相等的两份备用。

② 称取试样200g，精确至0.1g。将试样倒入盛有重液的量杯中，用玻璃棒充分搅拌，使试样中的轻物质与砂充分分离，静置5min后，将浮起的轻物质连同部分重液倒入网篮中，轻物质留在网篮上。而重液通过网篮流入另一容器，倾倒重液时应避免带出砂粒，一般当重液表面与砂表面相距20～30mm时即停止倾倒，流出的重液倒回盛试样的量杯中，重复上述过程，直至无轻物质浮起为止。

③ 用清水洗净留存于网篮中的物质，然后将它倒入已恒量的烧杯中，放在烘箱中于(105±5)℃下烘干至恒量，待冷却至室温后，称出轻物质与烧杯的总质量，精确至0.1g。

（4）结果计算与评定

轻物质含量，按下式计算，精确至0.1%：

$$Q_d=\frac{G_2-G_3}{G_1}\times 100$$

式中 Q_d——轻物质含量，%；

G_1——300μm～4.75mm颗粒的质量，g；

G_2——烘干的轻物质与烧杯的总质量，g；

G_3——烧杯的质量，g。

轻物质含量取两次试验结果的算术平均值，精确至0.1%，采用修约值比较法进行评定。

5.2.10 有机物含量试验

（1）试验依据及技术指标要求

试验依据为JGJ 52—2006《普通混凝土用砂、石质量及检验方法标准》。

砂中有机物含量应符合表5-9的规定。

表5-9 砂中有机物含量

项目	质量指标
有机物含量(用比色法试验)	颜色不应深于标准色。当颜色深于标准色时，应按水泥胶砂强度试验方法进行强度对比试验，抗压强度比不应低于0.95

（2）主要材料与设备

① 试剂和材料

a. 试剂：氢氧化钠、鞣酸、乙醇，蒸馏水。

b. 标准溶液：取2g鞣酸溶解于98mL浓度为10%的乙醇溶液中（无水乙醇10mL加蒸馏水90mL）即得所需的鞣酸溶液。然后取该溶液25mL注入975mL浓度为3%的氢氧化钠溶液中（3g氢氧化钠溶于97mL蒸馏水中），加塞后剧烈摇动，静置24h即得标准溶液。

② 仪器设备

a. 天平：称量1000g、感量0.1g，称量100g、感量0.01g，各一台。

b. 量筒：10mL、100mL、250mL、1000mL各一个。

c. 方孔筛：孔径为4.75mm的筛一只。

d. 烧杯、玻璃棒、移液管。

（3）试验步骤

① 按上述规定取样，并将试样缩分至约500g，风干后，筛除大于4.75mm的颗粒备用。

② 向250mL的容量筒中装入风干试样至130mL刻度处，然后注入浓度为3%的氢氧化钠溶液至200mL刻度处，加塞后剧烈摇动，静置24h。

③ 比较试样上部溶液和标准溶液的颜色，盛装标准溶液与盛装试样的量筒大小应一致。

（4）结果计算与评定

试样上部的溶液颜色浅于标准溶液颜色时，则表示试样有机物含量合格，若两种溶液的颜色接近，应把试样连同上部溶液一起倒入烧杯中，放在60～70℃的水浴中，加热2～3h，然后再与标准溶液比较，如浅于标准溶液，认为有机物含量合格；如深于标准溶液，则应配制成水泥砂浆做进一步试验。即将一份原试样用3%氢氧化钠溶液洗除有机质，再用清水淋洗干净，与另一份原试样分别按相同的配合比按GB/T 17671制成水泥砂浆，测定28d的抗压强度。当原试样制成的水泥砂浆强度不低于洗除有机物后试样制成的水泥砂浆强度的95%时，则认为有机物含量合格。

5.2.11 硫化物和硫酸盐含量试验

(1) 试验依据及技术指标要求

试验依据为JGJ 52—2006《普通混凝土用砂、石质量及检验方法标准》。

砂中硫化物和硫酸盐含量应符合表5-10的规定。

表5-10 砂中硫化物和硫酸盐含量

项目	质量指标
硫化物和硫酸盐含量(折算成SO_3质量计)/%	≤1.0

当砂中含有颗粒状的硫酸盐或硫化物杂质时，应进行专门检验，确认能满足混凝土耐久性要求后，方可采用。

(2) 主要材料与设备

① 试剂和材料

a. 浓度为10%的氯化钡溶液（将5g氯化钡溶于50mL蒸馏水中）。

b. 稀盐酸（将浓盐酸与同体积的蒸馏水混合）。

c. 1%硝酸银溶液（将1g硝酸银溶于100mL蒸馏水中，再加入5～10mL硝酸，存于棕色瓶中）。

② 仪器设备

a. 鼓风烘箱：能使温度控制在（105±5)℃。

b. 天平：称量100g，感量为0.001g。

c. 高温炉：最高温度1000℃。

d. 方孔筛：孔径为75μm的筛一只。

e. 烧 杯：300mL。

f. 量 筒：20mL及100mL各一个。

g. 粉磨钵或破碎机。

h. 中速滤纸、慢速滤纸。

i. 干燥器、瓷坩埚、搪瓷盘、毛刷等。

(3) 试验步骤

① 按上述规定取样，并将试样缩分至约150g，放在烘箱中于（105±5)℃下烘干至恒量，待冷却至室温后，粉磨全部通过75μm筛，成为粉状试样。再按四分法缩分至30～40g，放在烘箱中于（105±5)℃下烘干至恒量，待冷却至室温后备用。

② 称取粉状试样1g，精确至0.001g。将粉状试样倒入300mL烧杯中，加入20～30mL蒸馏水及10mL稀盐酸，然后放在电炉上加热至微沸，并保持微沸5min，使试样充分分解后取下，用中速滤纸过滤，用温水洗涤10～12次。

③ 加入蒸馏水调整滤液体积至200mL，煮沸后，搅拌滴加10mL浓度为10%的氯化钡溶液，并将溶液煮沸数分钟，取下静置至少4h（此时溶液体积应保持在200mL)，用慢速滤纸过滤，用温水洗涤至氯离子反应消失（用1%硝酸银溶液检验）。

④ 将沉淀物及滤纸一并移入已恒量的瓷坩埚内，灰化后在 800℃高温炉内灼烧 30min。取出瓷坩埚，在干燥器中冷却至室温后，称出试样质量，精确至 0.001g。如此反复灼烧，直至恒量。

(4) 结果计算与评定

水溶性硫化物和硫酸盐含量（以 SO_3 计）按下式计算，精确至 0.1%：

$$Q_c=\frac{G_2\times 0.343}{G_1}\times 100$$

式中 Q_c——水溶性硫化物和硫酸盐含量，%；

G_1——粉磨试样质量，g；

G_2——灼烧后沉淀物的质量，g；

0.343——硫酸钡（$BaSO_4$）换算成 SO_3 的系数。

硫化物和硫酸盐含量取两次试验结果的算术平均值，精确至 0.1%。若两次试验结果之差大于 0.2%，须重新试验。采用修约值比较法进行评定。

5.2.12 氯化物含量试验

(1) 试验依据及技术指标要求

试验依据为 JGJ 52—2006《普通混凝土用砂、石质量及检验方法标准》。

砂中氯化物含量应符合下列规定：

① 对于钢筋混凝土用砂，其氯离子含量不得大于 0.06%（以干砂的质量分数计）；

② 对于预应力混凝土用砂，其氯离子含量不得大于 0.02%（以干砂的质量分数计）。

(2) 主要材料与设备

① 试剂和材料

a. 氯化钠标准溶液：$(NaCl)=0.01mol/L$。

b. 硝酸银标准溶液：$(AgNO_3)=0.01mol/L$。

c. 5%铬酸钾指示剂溶液。

以上三种溶液配制及标定方法参照 GB/T 601、GB/T 602 的规定进行。

② 仪器设备

a. 鼓风干燥箱：能使温度控制在（105±5)℃。

b. 天平：称量 1000g，感量 0.1g。

c. 带塞磨口瓶：1L。

d. 三角瓶：300mL。

e. 移液管：50mL。

f. 滴定管：10mL 或 25mL，精度 0.1mL。

g. 容量瓶：500mL。

h. 1000mL 烧杯、滤纸、搪瓷盘、毛刷等。

(3) 试验步骤

① 按上述规定取样，并将试样缩分至约 1100g，放在烘箱中于（105±5)℃下烘干至恒量，待冷却至室温后，分为大致相等的两份备用。

② 称取试样 500g，精确至 0.1g。将试样倒入磨口瓶中，用容量瓶量取 500mL 蒸馏水，注入磨口瓶，盖上塞子，摇动一次后，放置 2h，然后，每隔 5min 摇动一次，共摇动 3 次，使氯盐充分溶解。将磨口瓶上部已澄清的溶液过滤，然后用移液管吸取 50mL 滤液，注入三

角瓶中，再加入5%铬酸钾指示剂1mL，用0.01mol/L硝酸银标准溶液滴定至呈现砖红色为终点。记录消耗的硝酸银标准溶液的体积，精确至1mL。

③ 空白试验：用移液管移取50mL蒸馏水注入三角瓶内，加入5%铬酸指示剂1mL，并用0.01mol/L硝酸银溶液滴定至溶液呈现砖红色为止，记录此点消耗的硝酸银标准溶液的体积，精确至1mL。

(4) 结果计算与评定

氯离子含量按下式计算，精确至0.01%：

$$Q_f=\frac{N(A-B)\times 0.355\times 10}{G_0}\times 100$$

式中 Q_f——氯离子含量，%；

N——硝酸银标准溶液的实际浓度，mol/L；

A——样品滴定时消耗的硝酸银标准溶液的体积，mL；

B——空白试验消耗的硝酸银标准溶液的体积，mL；

M——氯离子的摩尔质量，g/mol；

0.355——换算系数；

10——全部试样溶液与所分取试样溶液的体积比；

G_0——试样质量，g。

氯离子含量取两次试验结果的算术平均值，精确至0.01%。采用修约值比较法进行评定。

5.2.13 坚固性试验

(1) 试验依据及技术指标要求

试验依据为JGJ 52—2006《普通混凝土用砂、石质量及检验方法标准》。

坚固性：骨料在气候、环境变化或其他物理因素作用下抵抗破坏的能力。

本试验采用硫酸钠溶液法，试样经5次循环后，其质量损失应符合表5-11的规定。

表5-11 砂的坚固性指标

混凝土所处的环境条件及其性能要求	5次循环后的质量损失/%
在严寒及寒冷地区室外使用并经常处于潮湿或干湿交替状态下的混凝土 对于有抗疲劳、耐磨、抗冲击要求的混凝土 有腐蚀介质作用或经常处于水位变化区的地下结构混凝土	≤8
其他条件下使用的混凝土	≤10

(2) 主要材料与设备

① 试剂和材料

a. 10%氯化钡溶液。

b. 硫酸钠溶液：在1L水中（水温30℃左右），加入无水硫酸钠（Na_2SO_4）350g或结晶硫酸钠（$Na_2SO_4 \cdot H_2O$）750g，边加入边用玻璃棒搅拌，使其溶解并饱和。然后冷却至20～25℃，在此温度下静置48h，即为试验溶液，其密度应为1.151～1.174g/cm^3。

② 仪器设备

a. 鼓风烘箱：能使温度控制在（105±5）℃。

b. 天平：称量1000g，感量0.1g。

c. 三脚网篮：用金属丝制成，网篮直径和高均为 70mm，网的孔径应不大于所盛试样中最小粒径的一半。

d. 方孔筛：孔径为 150μm、300μm、600μm、1.18mm、2.36mm、4.75mm 及 9.50mm 的筛各一只，并附有筛底和筛盖。

e. 容器：瓷缸，容积不小于 10L。

f. 密度计。

g. 玻璃棒、搪瓷盘、毛刷等。

(3) 试验步骤

① 按 5.2.1 的规定取样，并将试样缩分至约 2000g。将试样倒入容器中，用水浸泡、淋洗干净后，放在烘箱中于 (105±5)℃下烘干至恒量，待冷却至室温后，筛除大于 4.75mm 及小于 300μm 的颗粒，然后按 5.2.2 的规定筛分成 300～600μm，600μm～1.18mm，1.18～2.36mm 和 2.36～4.75mm 四个粒级备用。

② 称取各粒级试样各 100g，精确至 0.1g。将不同粒级的试样分别装入网篮，并浸入盛有硫酸钠溶液的容器中，溶液的体积应不小于试样总体积的 5 倍。网篮浸入溶液时，应上下升降 25 次，以排除试样的气泡，然后静置于该容器中，网篮底面应距离容器底面约 30mm，网篮之间的距离应不小 30mm，液面至少高于试样表面 30mm，溶液温度应保持在 200～250℃。

③ 浸泡 20h 后，把装试样的网篮从溶液中取出，放在烘箱中于 (105±5)℃下烘 4h，至此，完成了第一次试验循环，待试样冷却至 20～25℃后，再按上述方法进行第二次循环。从第二次循环开始，浸泡与烘干时间均为 4h，共循环 5 次。

④ 最后一次循环后，用清洁的温水淋洗试样，直至淋洗试样后的水加入少量氯化钡溶液不出现白色浑浊为止，洗过的试样放在烘箱中于 (105±5)℃下烘干至恒量。待冷却至室温后，用孔径为试样粒级下限的筛过筛，称出各粒级试样试验后的筛余量，精确至 0.1g。

(4) 结果计算与评定

① 各粒级试样质量损失百分率按下式计算，精确至 0.1%：

$$P_i=\frac{G_1-G_2}{G_1}\times 100$$

式中 P_i——各粒级试样质量损失百分率，%；

G_1——各粒级试样试验前的质量，g；

G_2——各粒级试样试验后的筛余量，g。

② 300μm～4.75mm 试样的总质量损失百分率按下计算，精确至 1%：

$$P=\frac{\alpha_1 P_1+\alpha_2 P_2+\alpha_3 P_3+\alpha_4 P_4}{\alpha_1+\alpha_2+\alpha_3+\alpha_4}\times 100$$

式中 P——试样的总质量损失率，%；

α_1，α_2，α_3，α_4——各粒级 (300～600μm，600μm～1.18mm，1.18～2.36mm 和 2.36～4.75mm) 质量占试样 (原试样中筛除了大于 4.75mm 及小于 300μm 的颗粒) 总质量的百分率，%；

P_1，P_2，P_3，P_4——各粒级 (300～600μm，600μm～1.18mm，1.18～2.36mm 和 2.36～4.75mm) 试样质量损失百分率，%。

③ 特细砂按下式计算，精确至 1%：

$$P=\frac{\alpha_0 P_0+\alpha_1 P_1+\alpha_2 P_2+\alpha_3 P_3}{\alpha_0+\alpha_1+\alpha_2+\alpha_3}\times 100$$

式中 P——试样的总质量损失率，%；

α_0，α_1，α_2，α_3——各粒级（160～600μm，630μm～1.18mm，1.25～2.50mm 和 1.25～2.50mm）质量占试样（原试样中筛除了大于 2.50mm 及小于 160μm 的颗粒）总质量的百分率，%；

P_0，P_1，P_2，P_3——各粒级（160～600μm，630μm～1.18mm，1.25～2.50mm 和 1.25～2.50mm）试样质量损失百分率，%。

5.2.14 压碎指标法

（1）试验依据及技术指标要求

试验依据为 JGJ 52—2006《普通混凝土用砂、石质量及检验方法标准》。

压碎值指标：人工砂抵抗压碎的能力。

人工砂的总压碎值指标应小于 30%。

（2）主要设备

① 鼓风烘箱：能使温度控制在（105±5)℃。

② 天平：称量 10kg 或 1000g，感量为 1g。

③ 压力试验机：50～1000kN。

④ 受压钢模：由圆筒、底盘和加压压块组成。其尺寸如图 5-2 所示。

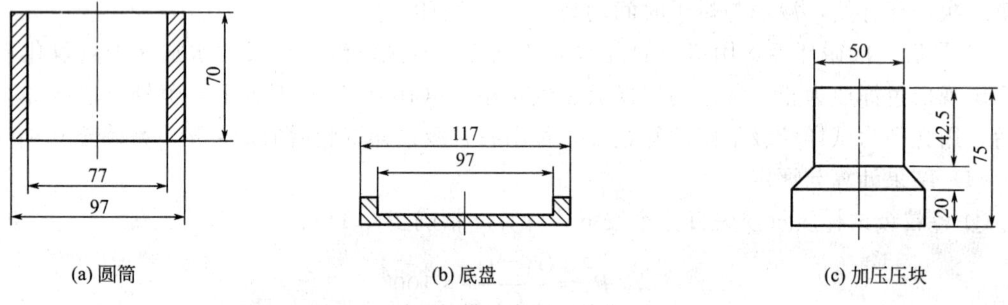

图 5-2 受压钢模示意图（单位：mm）

⑤ 方孔筛：孔径为 4.75mm、2.36mm、1.18mm、600μm 及 300μm 的筛各一只。

⑥ 搪瓷盘、小勺、毛刷等。

（3）试验步骤

① 按 5.2.1 节的规定取样，放在烘箱中于（105±5)℃下烘干至恒量，待冷却至室温后，筛除大于 4.75mm 及小于 300μm 的颗粒，然后按 5.2.2 规定筛分成 300～600μm，600μm～1.18mm，1.18～2.36mm 和 2.36～4.75mm 四个粒级，每级 1000g 备用。

② 称取单粒级试样 330g，精确至 1g。将试样倒入已组装好的受压钢模内，使试样距底盘面的高度约为 50mm，整平钢模内试样的表面，将加压块放入圆筒内，并转动一周使之与试样均匀接触。

③ 将装试样的受压钢模置于压力机的支承板上，对准压板中心后，开动机器，以每秒钟 500N 的速度加荷。加荷至 25kN 时稳荷 5s 后，以同样的速度卸荷。

④ 取下受压模，移去加压块，倒出压过的试样，然后用该粒级的下限筛（如粒级为 2.36～4.75mm 时，则其下限筛是指孔径为 2.36mm 的筛）进行筛分，称出试样的筛余量

和通过量，均精确至1g。

(4) 结果计算与评定

① 第 i 单级砂样的压碎指标按下式计算，精确至1%：

$$Y_i = \frac{G_2}{G_1 + G_2} \times 100$$

式中 Y_i——第 i 单粒级压碎指标值，%；

G_1——试样的筛余量，g；

G_2——通过量，g。

② 第 i 单粒级压碎指标值取三次试验结果的算术平均值，精确至1%。

③ 取最大单粒级压碎指标值作为其压碎指标值。

5.2.15 集料碱活性检验（岩相法）

(1) 试验的目的及依据

建筑用砂试验依据为国家标准 GB/T 14684—2011《建设用砂》。

通过肉眼和显微镜观察，鉴定所用集料（包括砂、石）的种类和成分，从而确定碱活性集料的种类和数量。

(2) 主要材料与设备

① 试剂和材料　盐酸、茜素红、折射率浸油、金刚砂、树胶（如冷杉树）以及酒精等。

② 仪器设备　套筛：方孔筛孔径150μm、300μm、600μm、1.18mm、2.36mm、4.75mm、19.0mm、37.5mm、53.0mm，并有筛底和筛盖。

磅秤：称量100kg，感量100g。

架盘天平：称量1kg，感量0.5g。

切片机、磨光机、镶嵌机。

实体显微镜、偏光显微镜。

其他：载玻片、盖玻片、地质锤、砧板及酒精灯等。

(3) 试验步骤

将砂样用四分法缩减至5kg，取约2kg砂样冲洗干净，在(105±5)℃烘箱中烘干，冷却后按本标准5.2.2节的方法进行筛分，然后按表5-12规定的数量称取砂样。

表 5-12　砂试样质量

砂样粒径	砂样质量/kg	砂样粒数/颗	备　注
2.36～4.75mm	100	至少300	两种取样方法可任选一种
1.18～2.36mm	50		
600μm～1.18mm	25		
300～600μm	10		
150～300μm	10		
<150μm	5		

(4) 结果评定与处理

将砂样放在实体显微镜下挑选，鉴别出碱活性骨料的种类及含量。小粒径砂在实体显微镜下挑选有困难时，需在镶嵌机上压型（用树胶或环氧树脂胶结）制成薄片，在偏光显微镜下鉴定。

砂样一般只分析活性骨料的种类和含量。

根据鉴定结果，骨料被评定为非碱活性时，即作为最后结论。如评定为碱活性骨料或可疑时，应按本标准 5.2.15 和 5.2.16 的方法进行检验。

5.2.16 碱-硅酸反应（砂浆长度法）

（1）试验依据及技术指标要求

试验依据为 JGJ 52—2006《普通混凝土用砂、石质量及检验方法标准》。

本方法适用于检验硅质集料与混凝土中的碱发生潜在碱-硅酸反应的危害性。不适用于碳酸盐类集料。

碱活性骨料：能在一定条件下与混凝土中的碱发生化学反应导致混凝土产生膨胀、开裂甚至破坏的骨料。

经本试验检测判断为潜在危害时，应控制混凝土中的碱含量不超过 $3kg/m^3$，或采用抑制碱-骨料反应的有效措施。

（2）仪器设备

① 鼓风烘箱：能使温度控制在（105±5)℃。

② 天平：称量 1000g，感量 0.1g。

③ 方孔筛：4.75mm、2.36mm、1.18mm、600μm、300μm 及 150μm 的筛各一只。

④ 比长仪：由百分表和支架组成，百分表量程为 10mm，精度 0.01mm。

⑤ 水泥胶砂搅拌机：符合 GB/T 177 的要求。

⑥ 恒温养护箱或养护室：温度（40±2)℃，相对湿度 95%以上。

⑦ 养护筒：由耐腐蚀材料制成，应不漏水，筒内设有试件架。

⑧ 试模：规格为 25mm×25mm×280mm，试模两端正中有小孔，装有不锈钢质膨胀端头。

⑨ 跳桌、秒表、干燥器、搪瓷盘、毛刷等。

（3）环境条件

① 材料与成型室的温度应保持在 20.0～27.5℃，拌和水及养护室的温度应保持在（20±2)℃。

② 成型室、测长室的相对湿度不应少于 80%。

③ 恒温养护箱或养护室温度应保持在（40±2)℃。

（4）试验步骤

① 按 5.2.1 的规定取样，并将试样缩分至约 5000g，用水淋洗干净后，放在烘箱中于（105±5)℃下烘干至恒量，待冷却至室温后，筛除大于 4.75mm 及小于 300μm 的颗粒，然后按 5.2.2 的规定筛分成 150～300μm、300～600μm、600μm～1.18mm、1.18～2.36mm 和 2.36～4.75mm 五个粒级，分别存放在干燥器内备用。

② 采用碱含量（以 Na_2O 计，即 K_2O×0.658＋Na_2O）大于 1.2%的高碱水泥。低于此值时，掺浓度为 10%的 Na_2O 溶液，将碱含量调至水泥量的 1.2%；对于具体工程，当该工程拟用水泥的含碱量高于此值时，则应采用工程所使用的水泥。

③ 水泥与砂的质量比为 1∶2.25，一组 3 个试件共需水泥 440g，精确至 0.1g，砂 990g（各粒级的质量按表 5-13 分别称取，精确至 0.1g）。用水量按 GB/T 2419 确定。跳桌跳动频率为 6s 跳动 10 次，流动度以 105～120mm 为准。

④ 将样品砂缩分成约 5kg，按表 5-13 中所示级配及比例组合成试验用料，并将试样洗

净晾干。

表 5-13 砂级配表

筛孔尺寸	2.36～4.75mm	1.18～2.36mm	600μm～1.18mm	300～600μm	150～300μm
分级质量/%	10	25	25	25	15

注：对特细砂分级质量不作规定。

⑤ 砂浆搅拌应按 GB/T 177 的规定完成。

⑥ 搅拌完成后，立即将砂浆分两次装入已装有膨胀测头的试模中，每层捣 40 次，注意膨胀测头四周应小心捣实，浇捣完毕后用镘刀刮除多余砂浆，抹平、编号并表明测长方向。

（5）养护与测长

① 试件成型完毕后，立即带模放入标准养护室内。养护（24±2)h 后脱模，立即测量试件的长度，此长度为试件的基准长度。测长应在（20±2)℃的恒温室中进行。每个试件至少重复测量两次，其算术平均值作为长度测定值，待测的试件须用湿布覆盖，以防止水分蒸发。

② 测完基准长度后，将试件垂直立于养护筒的试件架上，架下放水，但试件不能与水接触（一个养护筒内的试件品种应相同)，加盖后放入（40±2)℃的养护箱或养护室内。

③ 测长龄期自测定基准长度之日起计算，14d、1 个月、2 个月、3 个月、6 个月，如有必要还可适当延长。在测长前一天，应把养护筒从（40±2)℃的养护箱或养护室内取出，放到（20±2)℃的恒温室内。测长方法与测基准长度的方法相同，测量完毕后，应将试件放入养护筒中，加盖后放回（40±2)℃的养护箱或养护室内继续养护至下一个测试龄期。

④ 每次测长后，应对每个试件进行挠度测量和外观检查。

挠度测量：把试件放在水平面上，测量试件与平面间的最大距离应不大于 0.3mm。

外观检查：观察有无裂缝、表面沉积物或渗出物，特别注意在空隙中有无胶体存在，并作详细记录。

（6）计算与评定

① 试件膨胀率按下式计算，精确至 0.001%：

$$Y_t=\frac{L_t-L_0}{L_0-2\Delta}\times 100$$

式中 Y_t——试件在 t 天龄期的膨胀率，%；

L_t——试件在 t 天龄期的长度，mm；

L_0——试件的基准长度，mm；

Δ——膨胀端头的长度，mm。

② 膨胀率以 3 个试件膨胀值的算术平均值作为试验结果，精确至 0.01%。一组试件中任何一个试件的膨胀率与平均值相差不大于 0.01%，则结果有效，而当膨胀率平均值大于 0.05%时，若每个试件的测定值与平均值之差小于平均值的 20%，也认为结果有效。

当半年膨胀率小于 0.10%时，判定为无潜在碱-硅酸反应危害。反之，则判定为有潜在碱-硅酸反应危害。

5.2.17 快速碱-硅酸反应

（1）试验依据及技术指标要求

试验依据为 JGJ 52—2006《普通混凝土用砂、石质量及检验方法标准》。

本方法适用于检验硅质集料与混凝土中的碱发生潜在碱-硅酸反应的危害性。不适用于碳酸盐类集料。

碱活性骨料：能在一定条件下与混凝土中的碱发生化学反应导致混凝土产生膨胀、开裂甚至破坏的骨料。

经本试验检测判断为潜在危害时，应控制混凝土中的碱含量不超过 $3kg/m^3$，或采用抑制碱-骨料反应的有效措施。

(2) 主要材料与设备

① 试剂和材料

a. 氢氧化钠：分析纯。

b. 蒸馏水或去离子水。

c. 氢氧化钠溶液：40g NaOH 溶于 900mL 水中。然后加水到 1L，所需氢氧化钠溶液总体积为试件总体积的 (4.0±0.5) 倍（每一个试件的体积约为 184mL)。

② 仪器设备

a. 鼓风烘箱：能使温度控制在 (105±5)℃。

b. 天平：称量 1000g，感量 0.1g。

c. 方孔筛：4.75mm、2.36mm、1.18mm、600μm、300μm 及 150μm 的筛各一只。

d. 比长仪：由百分表和支架组成，百分表的量程为 10mm，精度为 0.01mm。

e. 水泥胶砂搅拌机：(符合 GB/T 177 要求)。

f. 高温恒温养护箱或水浴：温度保持在 (80±2)℃。

g. 养护筒：由可耐碱长期腐蚀的材料制成，应不漏水，筒内设有试件架，筒的容积可以保证试件分离地浸没在体积为 (2208±276)mL 的水中或 1mol/L 的氢氧化钠溶液中，且不能与容器壁接触。

h. 试模：规格为 25mm×25mm×280mm，试模两端正中有小孔，装有不锈钢质膨胀端头。

i. 干燥器、搪瓷盘、毛刷等。

(3) 环境条件

① 材料与成型室的温度应保持在 20.0～27.5℃，拌和水及养护室的温度应保持在 (20±2)℃。

② 成型室、测长室的相对湿度不应低于 80%。

③ 高温恒温养护箱或水浴应保持在 (80±2)℃。

(4) 试验步骤

① 按 5.2.1 规定取样，并将试样缩分至约 5000g，用水淋洗干净后，放在烘箱中于 (105±5)℃下烘干至恒量，待冷却至室温后，筛除大于 4.75mm 及小于 300μm 的颗粒，然后按 5.2.2 规定筛分成 150～300μm、300～600μm、600μm～1.18mm、1.18～2.36mm 和 2.36～4.75mm 五个粒级，分别存放在干燥器内备用。

② 采用符合 GB175 技术要求的硅酸盐水泥，水泥中不得有结块，并在保质期内。

③ 水泥与砂的质量比为 1∶2.25，水灰比为 0.47。一组 3 个试件共需水泥 440g（精确至 0.1g)，砂 990g（各粒级的质量按表 5-13 分别称取，精确至 0.1g)。

④ 砂浆搅拌应按 GB/T 177 规定完成。

⑤ 搅拌完成后，立即将砂浆分两次装入已装有膨胀测头的试模中，每层捣 40 次，注意膨胀测头四周应小心捣实，浇捣完毕后用镘刀刮除多余砂浆，抹平、编号并表明测长方向。

（5）养护与测长

① 试件成型完毕后，立即带模放入标准养护室内。养护（24±2)h后脱模，立即测量试件的初始长度。待测的试件须用湿布覆盖，以防止水分蒸发。

② 测完初始长度后，将试件浸没于养护筒（一个养护筒内的试件品种应相同）内的水中，并保持水温在（80±2)℃的范围内（加盖放在高温恒温养护箱或水浴中），养护（24±2)h。

③ 从高温恒温养护箱或水浴中拿出一个养护筒，从养护筒内取出试件，用毛巾擦干表面，立即读出试件的基准长度［从取出试件至完成读数应在（15±5)s时间内］，在试件上覆盖湿毛巾，全部试件测完基准长度后，再将所有试件分别浸没于养护筒内的1mol/L氢氧化钠溶液中，并保持溶液温度在（80±1)℃的范围内（加盖放在高温恒温养护箱或水浴中）。

④ 测长龄期自测定基准长度之日起计算，在测基准长度后第3天、第7天、第10天、第14天再分别测长，每次测长时间安排在每天近似同一时刻内，测长方法与测基准长度的方法相同，每次测长完毕后，应将试件放入原养护筒中，加盖后放回（80±1)℃的高温恒温养护箱或水浴中继续养护至下一个测试龄期。14天后如需继续测长，可安排每过7d一次测长。

（6）计算与评定

① 试件膨胀率按下式计算，精确至0.001%：

$$Y_t=\frac{L_t-L_0}{L_0-2\Delta}\times 100$$

式中 Y_t——试件在t天龄期的膨胀率，%；

L_t——试件在t天龄期的长度，mm；

L_0——试件的基准长度，mm；

Δ——膨胀端头的长度，mm。

② 膨胀率以3个试件膨胀值的算术平均值作为试验结果，精确至0.01%。一组试件中任何一个试件的膨胀率与平均值相差不大于0.01%，则结果有效，而当膨胀率平均值大于0.05%时，若每个试件的测定值与平均值之差小于平均值的20%，也认为结果有效。

③ 结果判定：

a. 当14d膨胀率小于0.10%时，在大多数情况下可以判定为无潜在碱-硅酸反应危害；

b. 当14d膨胀率大于0.20%时，可以判定为有潜在碱-硅酸反应危害；

c. 当14d膨胀率为0.10%～0.20%时，不能最终判定是否有潜在碱-硅酸反应危害，可以按5.2.15的方法再进行试验来判定。

5.2.18 砂的含水率试验（标准法）

（1）试验依据及技术指标要求

试验依据为JGJ 52—2006《普通混凝土用砂、石质量及检验方法标准》。

本方法适用于测定砂的含水率，为实际生产提供数据依据。

（2）主要设备

① 烘箱：温度控制范围为（105±5)℃。

② 天平：称量1000g，感量1g。

③ 容器：如浅盘等。

（3）试验步骤

从密封的样品中取各重500g的试样两份，分别放入已知质量的干燥容器（m_1）中称重，记下每盘试样与容器的总重（m_2）。将容器连同试样放入温度为（105±5)℃的烘箱中烘干至恒重，称量烘干后的试样与容器的总质量（m_3）。

（4）计算与评定

砂的含水率按下式计算，精确至0.1%：

$$w_{wc}=\frac{m_2-m_3}{m_3-m_1}\times 100$$

式中 w_{wc}——砂的含水率，%；

m_1——容器质量，g；

m_2——未烘干的试样与容器的总质量，g；

m_3——烘干后的试样与容器的总质量，g。

以两次试验结果的算术平均值作为测定值。

5.2.19 砂的含水率试验（快速法）

（1）试验依据及技术指标要求

试验依据为JGJ 52—2006《普通混凝土用砂、石质量及检验方法标准》。

本方法适用于快速测定砂的含水率。对含泥量过大及有机杂质含量较多的砂不宜采用，为实际生产提供数据依据。

（2）主要设备

① 电炉（或火炉）。

② 天平：称量1000g，感量1g。

③ 炒盘（铁制或铝制）、油灰铲、毛刷等。

（3）试验步骤

由密封样品中取500g试样放入干净的炒盘（m_1）中，称取试样与炒盘的总质量（m_2）。

置炒盘于电炉（或火炉）上，用小铲不断地翻拌试样，至试样表面全部干燥后，切断电源（或移出火外），再继续翻拌1min，稍予冷却（以免损坏天平）后，称干样与炒盘的总重量（m_3）。

（4）计算与评定

砂的含水率应按下式计算，精确至0.1%：

$$w_{wc}=\frac{m_2-m_3}{m_3-m_1}\times 100$$

式中 w_{wc}——砂的含水率，%；

m_1——炒盘质量，g；

m_2——未烘干的试样与炒盘的总质量，g；

m_3——烘干后的试样与炒盘的总质量，g。

以两次试验结果的算术平均值作为测定值。

5.2.20 砂的吸水率试验

（1）试验依据及技术指标要求

试验依据为JGJ 52—2006《普通混凝土用砂、石质量及检验方法标准》。

本方法适用于测定砂的吸水率，即测定以烘干质量为基准的饱和面干吸水率。

（2）主要设备

① 天平：称量1000g，感量1g。

② 饱和面干试模及质量为（340±15）g 的钢制捣棒（见图 5-3）。

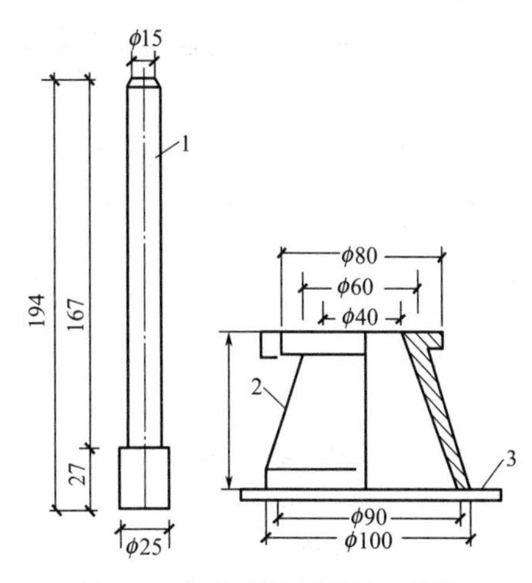

图 5-3 饱和面干试模及其捣棒

（单位：mm）

1—捣棒；2—试模；3—玻璃板

③ 干燥器、吹风机（手提式）、浅盘、铝制料勺、玻璃棒、温度计等。

④ 烧杯：容量 500mL。

⑤ 烘箱：温度控制范围为（105±5）℃。

（3）试验步骤

① 饱和面干试样的制备，是将样品在潮湿状态下用四分法缩分至 1000g，拌匀后分成两份，分别装入浅盘或其他合适的容器中，注入清水，是水面高出试样表面 20mm 左右［水温控制在（20±5）℃］。用玻璃棒连续搅拌 5min，以排除气泡。静置 24h 以后，细心地倒去试样上的水，并用吸管吸去余水。再将试样在盘中摊开，用手提吹风机缓缓吹入暖风，并不断翻拌试样，使砂表面的水分在各部位均匀蒸发。然后将试样松散地一次装满饱和面干试模中，捣 25 次（捣棒端面距试样表面不超过 10mm，任其自由落下），捣完后，留下的空隙不用再装满，从垂直方向徐徐提起试模。试样呈图 5-4(a) 所示的形状时，则说明砂中尚含有表面水，应继续按上述方法用暖风干燥，并按上述方法进行试验，直至试模提起后试样呈图 5-4(b) 所示的形状为止。试模提起后试样呈图 5-4(c) 所示的形状时，则说明试样已干燥过分，此时应将试样洒水 5mL，充分拌匀，并静置于加盖容器中 30min 后，再按上述方法进行试验，直至试样达到图 5-4(b) 所示的形状为止。

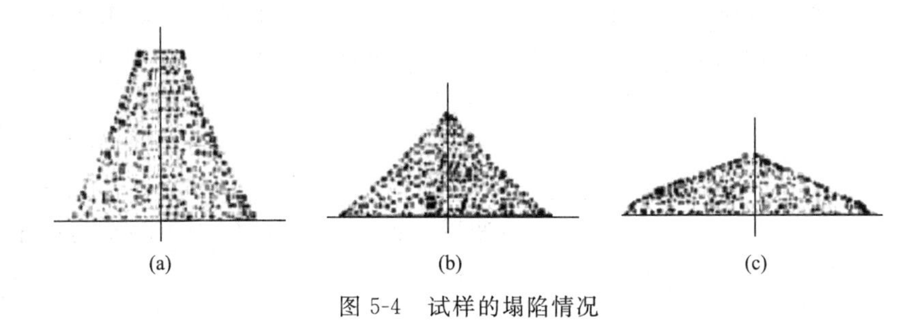

图 5-4 试样的塌陷情况

② 立即称取饱和面干试样 500g，放入已知质量（m_1）的烧杯中，于温度为（105±5）℃的烘箱中烘干至恒重，并在干燥器内冷却至室温后，称取干样与烧杯的总质量（m_2）。

（4）计算与评定

吸水率应按下式计算，精确至 0.1%：

$$w_{wn}=\frac{500-(m_2-m_1)}{m_2-m_1}\times 100$$

式中 w_{wn}——吸水率，%；

m_1——烧杯质量，g；

m_2——烘干的试样与烧杯的总质量，g。

以两次试验结果的算术平均值作为测定值，当两次结果之差大于 0.2%时，应重新取样进行试验。

5.2.21 海砂中贝壳含量试验（盐酸清洗法）

（1）试验依据及技术指标要求

试验依据为 JGJ 52—2006《普通混凝土用砂、石质量及检验方法标准》。

本方法适用于检验海砂中的贝壳含量，贝壳含量应符合表 5-14 的规定。

表 5-14　海砂中贝壳含量

混凝土强度等级	≥C40	C35～C30	C25～C15
贝壳含量(按质量计)/%	≤3	≤5	≤8

对于有抗冻、抗渗或其他特殊要求的小于或等于 C25 混凝土用砂，其贝壳含量不应大于 5%。

（2）主要设备

① 烘箱：温度控制范围为（105±5)℃。

② 天平：称量 1000g、感量 1g 和称量 5000g、感量 5g 的天平各一台。

③ 试验筛：筛孔公称直径为 5.00mm 的方孔筛一只。

④ 量筒：容量 1000mL。

⑤ 搪瓷盆：直径 200mm 左右。

⑥ 玻璃棒。

⑦（1+5）盐酸溶液：由浓盐酸（相对密度 1.18，浓度 26%～38%）和蒸馏水按 1∶5 的比例配制而成。

⑧ 烧杯：容量 2000mL。

（3）试验步骤

① 将样品缩分至不少于 2400g，置于温度为（105±5)℃的烘箱中烘干至恒重，冷却至室温后，过筛孔公称直径为 5.00mm 的方孔筛后，称取 500g（m_1）试样两份，先按相关标准测出砂的含泥量（w_c），再将试样放入烧杯中备用。

② 在盛有试样的烧杯中加入（1+5）盐酸溶液 900mL，不断用玻璃棒搅拌，使反应完全。待溶液中不再有气体产生后，再加少量上述盐酸溶液，至再无气体产生为止。然后进行五次清洗，清洗过程中要避免砂粒丢失。清洗后，置于温度为（105±5)℃的烘箱中，取出冷却至室温，称重（m_2）。

（4）计算与评定

砂中贝壳含量应按下式计算，精确至 0.1%：

$$w_b=\frac{m_1-m_2}{m_1}\times100-w_c$$

式中　w_b——砂中贝壳含量，%；

m_1——试样总量，g；

m_2——试样除去贝壳后的质量，g；

w_c——含泥量，%。

以两次试验结果的算术平均值作为测定值，当两次结果之差超过 0.5%时，应重新取样进行试验。

6 石试验

6.1 石介绍

粒径大于5mm的集料称为粗集料，简称为石子。粗集料分为碎石和卵石。

卵石分为河卵石、海卵石、山卵石等，其中河卵石分布广，应用较多。卵石的表面光滑，有机杂质含量较多。碎石由天然岩石或卵石破碎而成，其表面粗糙、棱角多，较为清洁。与卵石比较，用碎石配制混凝土时，需水量及水泥用量较大，或混凝土拌和物的流动性较小，但由于碎石与水泥石间的界面黏结力强，所以碎石混凝土的强度高于卵石混凝土。

6.2 石试验

6.2.1 石的取样与处理

（1）试验的目的及依据

对建筑用石进行试验，评定其质量，为普通混凝土配合比设计提供原材料参数。

普通混凝土用砂试验依据为JGJ 52—2006《普通混凝土用砂、石质量及检验方法标准》。

（2）取样与处理

① 取样　在料堆上取样，取样部位应均匀分布。取样前先将取样部分表层除去，然后从不同的部位抽取大致等量的石子16份，组成一组样品。

从皮带运输机上取样时，应在皮带运输机机尾的出料处用接料器定时抽取石子8份组成一组样品。

从火车、汽车、货船上取样时，应从不同部位和深度抽取大致相等的石子16份组成一组样品。

除筛分外，当其余检验项目存在不合格项时，应加倍取样进行复验。当复验仍有一项不满足标准要求时，应按不合格品处理。

注：如经观察，认为各节车皮间（汽车、货船间）所载石子质量相差甚为悬殊，应对质量有怀疑的每节列车（汽车、货船）分别取样和验收。

石子单项试验的最少取样数量应按上述标准，单项试验的最少取样数量见表6-1。在可在确保样品经一项试验后不致影响其他试验结果的前提下，用同组样品进行多项不同的试验。

表6-1　每一单项检验项目所需碎石或卵石的最少取样量　　单位：kg

试验项目	最大公称粒径/mm							
	10.0	16.0	20.0	25.0	31.5	40.0	63.0	80.0
筛分析	8	15	16	20	25	32	50	64

续表

试验项目	最大公称粒径/mm							
	10.0	16.0	20.0	25.0	31.5	40.0	63.0	80.0
表观密度	8	8	8	8	12	16	24	24
含水率	2	2	2	2	3	3	4	6
吸水率	8	8	16	16	16	24	24	32
堆积密度、紧密密度	40	40	40	40	80	80	120	120
含泥量	8	8	24	24	40	40	80	80
泥块含量	8	8	24	24	40	40	80	80
针、片状含量	1.2	4	8	12	20	40	—	—
硫化物及硫酸盐	1.0							

注：有机物含量、坚固性、压碎值指标及碱-骨料反应检验，应按试验要求的粒级及质量取样。

每组样品应妥善包装，避免细料散失，防止污染，并附样品卡片，标明样品的编号、取样时间、代表数量、产地、样品量、要求检验项目及取样方式等。

② 石试样处理　将样品置于平板上，在自然状态下拌和均匀，并堆成锥体，然后沿相互垂直的两条直径把锥体分成大致相等的 4 份，取其对角线上的两份重新搅匀，再堆成锥体。重复上述过程，直至把样品缩分到试验所需量为止。

碎石或卵石的含水率、堆积密度、紧密密度检验所用试样，可不经缩分，在搅匀后直接进行试验。

6.2.2 碎石或卵石的筛分析试验

(1) 试验的依据及技术指标

试验依据为 JGJ 52—2006《普通混凝土用砂、石质量及检验方法标准》。

碎石或卵石的颗粒级配，应符合表 6-2 的要求。混凝土用石应采用连续粒级。单粒级宜用于组合成满足要求的连续粒级；也可与连续粒级混合使用，以改善其级配或配成较大粒度的连续粒级。当卵石的颗粒级配不符合本标准表 6-2 的要求时，应采取措施并经试验证实能确保工程质量后，方允许使用。

表 6-2　卵石或碎石的颗粒级配范围

级配情况	公称粒级/mm	累计筛余，按质量/%											
		方孔筛孔径/mm											
		2.36	4.75	9.50	16.0	19.0	26.5	31.5	37.5	53	63	75	90.0
连续级配	5～10	95～100	80～100	0～15	0	—	—	—	—	—	—	—	—
	5～16	95～100	85～100	30～60	0～10	0	—	—	—	—	—	—	—
	5～20	95～100	90～100	40～80	—	0～10	0	—	—	—	—	—	—
	5～25	95～100	90～100	—	30～70	—	0～5	0	—	—	—	—	—
	5～31.5	95～100	90～100	70～90	—	15～45	—	0～5	0		—	—	—
	5～40	—	95～100	70～90	—	30～65	—	—	0～5	0	—	—	—
单粒级	10～20	—	95～100	85～100	—	0～15	0				—	—	—
	16～31.5	—	95～100	—	85～100	—	—	0～10	0		—	—	—
	20～40	—	—	95～100	—	80～100	—	—	0～10	0	—	—	—
	31.5～63	—	—	—	95～100	—	—	75～100	45～75	—	0～10	0	—
	40～80	—	—	—	—	95～100	—	—	70～100	—	30～60	0～10	0

（2）主要仪器设备

① 鼓风烘箱：能使温度控制在（105±5）℃。

② 天平：称量5kg，感量5g。

③ 秤：称量20kg，感量20g。

④ 方孔筛：孔径为2.36mm、4.75mm、9.50m、16.0mm、19.0mm、26.5mm、31.5mm、37.5mm、53.0mm、63.0mm、75.0mm及90mm的筛各一只，并附有筛底和筛盖（筛框内径为300mm）；筛框直径为300mm。

⑤ 摇筛机。

⑥ 搪瓷盘、毛刷等。

（3）试样制备

按规定取试样，并将试样缩分至略大于规定数量，见表6-3，经烘干或风干后备用。

表6-3 颗粒级配试验所需试样数量

最大粒径/mm	9.5	16.0	19.0	26.5	31.5	37.5	63.0	75.0
最少试样质量/kg	2.0	3.2	4.0	5.0	6.3	8.0	12.6	16.0

（4）试验步骤

① 按上述规定称取试样。

② 将试样按筛孔大小顺序过筛，当每号筛上筛余层的厚度大于试样的最大粒径时，应将该号筛上的筛余分成两份，再次进行筛分，直到各筛每分钟通过量不超过试样总量的0.1%。

注：当筛余试验的颗粒粒径比公称粒径大20mm以上时，在筛分过程中，允许用手拨动颗粒。

③ 称取各筛筛余的质量，精确至试样总质量的0.1%。在筛上的所有分计筛余量和筛底剩余的总和与筛分前的试验总质量相比，其相差不得超过1%。

（5）试验结果评定

① 计算分计筛余百分率：各号筛的筛余量与试样总质量相比，计算精确至0.1%。

② 计算累计筛余百分率：该号筛的筛余百分率加上该号筛以上各分计筛余百分率之和，精确至1.0%。筛分后，如每号筛的筛余量与筛底的筛余量之和同原质量之差超过1%，须重新试验。

③ 根据各号筛的累积筛余百分率，评定该试样的颗粒级配。

6.2.3 石的表观密度试验（简易法）

（1）试验的依据及技术指标

试验依据为JGJ 52—2006《普通混凝土用砂、石质量及检验方法标准》。

采用广口瓶法，不宜用于测定最大粒径大于37.5mm的碎石或卵石。

（2）主要仪器设备

① 鼓风烘箱：能使温度控制在（105±5）℃。

② 天平：称量20kg，感量20g。

③ 广口瓶：1000mL，磨口，带玻璃片（约100mm×100mm）。

④ 方孔筛：孔径为4.75mm的筛一只。

⑤ 温度计、搪瓷盘、毛巾等。

（3）试样制备

试样制备可参照前述的取样与处理方法。

（4）试验步骤

① 按规定取样（见表6-4），并缩分至略大于规定的数量，风干后筛余小于4.75mm的颗粒，然后洗刷干净，分为大致相等的两份备用。

表6-4 表观密度试验所需试样数量

最大粒径/mm	<26.5	31.5	37.5	63.0	75.0
最少试样质量/kg	2.0	3.0	4.0	6.0	6.0

② 将试样浸水饱和，然后装入广口瓶中。装试样时，广口瓶应倾斜放置，注入饮用水，用玻璃片覆盖瓶口。以上下左右摇晃的方法排除气泡。

③ 气泡排尽后，向瓶中添加饮用水直至水面凸出瓶口边缘。然后用玻璃片沿瓶口迅速滑行，使其紧贴瓶口水面。擦干瓶外水分后，称出试样、水、瓶和玻璃片总质量，精确至1g。

④ 将瓶中试样倒入浅盘，放在烘箱中于（105±5)℃下烘干至恒重，待冷却至室温后，称出其质量，精确至1g。

⑤ 将瓶洗净并重新注入饮用水，用玻璃片紧贴瓶口水面，擦干瓶外水分后，称出水、瓶和玻璃片总质量，精确至1g。

需要说明的是：试验时各项称量可以在15～25℃的范围内进行，但从试样加水静止的2h起至试验结束，其温度变化不应超过2℃。

（5）试验结果评定

表观密度按下式计算，精确至$10kg/m^3$：

$$\rho_0=\left(\frac{G_0}{G_0+G_2-G_1}-\alpha_t\right)\times\rho_{水}$$

式中 ρ_0——表观密度，kg/m^3；

$\rho_{水}$——1000，水的密度，kg/m^3；

G_0——烘干试样的质量，g；

G_1——试样、水及容量瓶的总质量，g；

G_2——水及容量瓶的总质量，g；

α_t——水温对表观密度影响的修正系数（见表6-5）。

表6-5 不同水温对砂的表观密度影响的修正系数

水温/℃	15	16	17	18	19	20	21	22	23	24	25
α_t	0.002	0.003	0.003	0.004	0.004	0.005	0.005	0.006	0.006	0.007	0.008

表观密度取两次试验结果的算术平均值，若两次试验结果之差大于$20kg/m^3$，须重新试验。对颗粒材质不均匀的试样，如两次试验结果之差超过$20kg/m^3$，可取4次试验结果的算术平均值作为测定值。

6.2.4 石的堆积密度和紧密密度试验

（1）试验的依据及技术指标

试验依据为JGJ 52—2006《普通混凝土用砂、石质量及检验方法标准》。

本方法适用于测定碎石或卵石的堆积密度、紧密密度及孔隙率。

(2) 主要仪器设备

① 天平：称量 10kg、感量 10g，称量 50kg 或 100kg、感量 50g，各一台。

② 容量筒：容量筒规格见表 6-6。

表 6-6 容量筒的规格要求

最大粒径/mm	容量筒容积/L	容量筒规格		
		内径/mm	净高/mm	壁厚/mm
10.0、16.0，19.0、25	10	208	294	2
31.5、37.5	20	294	294	3
63.0、80.0	30	360	294	4

注：测定紧密密度时，对最大公称粒径为 31.5mm、40mm 的骨料，可采用 10L 的容量筒，对最大公称粒径为 63.0mm、80.0mm 的骨料，可采用 20L 的容量筒。

③ 垫棒：直径 16mm，长 600mm 的圆柱。

④ 鼓风烘箱：能使温度控制在 (105±5)℃。

直尺，小铲等。

容量筒容积的校正应以 (20±5)℃的饮用水装满容量筒，用玻璃板沿筒口滑移，使其紧贴水面，擦干筒外壁水分后称取质量。用下式计算筒的容积：

$$V=m_2-m_1$$

式中 V——容量筒的体积，L；

m_1——容量筒和玻璃板质量，kg；

m_2——容量筒、玻璃板和水的总质量，kg。

(3) 试样制备

试样制备可参照前述的取样与处理方法。

(4) 试验步骤

① 松散堆积密度　取试样一份，用小铲从容量筒中心上方 50mm 处徐徐倒入，让试样以自由落体的状态落下，当容量筒上部试样呈锥体，且容量筒四周溢满时，即停止加料。除去凸出容量口表面的颗粒，并以合适的颗粒填入凹陷部分，使表面稍凸起部分和凹陷部分的体积大致相等（试验过程应防止触动容量筒），称出试样和容量筒的总质量。

② 紧密堆积密度　取试样一份分三次装入容量筒。装完第一层后，在筒底垫放一根直径为 25mm 的钢筋，将筒按住，左右交替击地面各 25 次。再装入第二层，第二层装满后用同样的方法颠实（但筒底所垫钢筋的方向与第一层时的方向垂直），然后装入第三层，如法颠实。试样装填完毕，再加试样直至超过筒口，并用钢尺沿筒口边缘刮去高出的试样，并以合适的颗粒填入凹陷部分，使表面稍凸起部分和凹陷部分的体积大致相等（试验过程应防止触动容量筒），称出试样和容量筒的总质量，精确至 10g。

(5) 试验结果评定

① 松散或紧密堆积密度按下式计算，精确至 10kg/m³：

$$\rho_1=\frac{G_1-G_2}{V}$$

式中 ρ_1——松散堆积密度或紧密堆积密度，kg/m³；

G_1——容量筒和试样总质量，g；

G_2——容量筒的质量，g；

V——容量筒的容积，L。

② 空隙率按下式计算，精确至1%：

$$P_0=\left(1-\frac{\rho_1}{\rho_0}\right)\times 100$$

式中　P_0——空隙率，%；

ρ_1——试样的松散（或紧密）堆积密度，kg/m³；

ρ_0——试样表观密度，kg/m³。

③ 堆积密度取两次试验结果的算术平均值，精确至10kg/m³。空隙率取两次试验结果的算术平均值，精确至1%。

6.2.5　碎石或卵石的含泥量

（1）试验的依据及技术指标

试验依据为JGJ 52—2006《普通混凝土用砂、石质量及检验方法标准》。

含泥量：石中公称粒径小于80μm颗粒的含量。石中含泥量应符合表6-7的规定。

表6-7　碎石或卵石中含泥量

混凝土强度等级	≥C60	C55～C30	≤C25
含泥量(按质量计)/%	≤0.5	≤1.0	≤2.0

对于有抗冻、抗渗或其他特殊要求的混凝土，其所用碎石或卵石中含泥量不应大于1.0%。当碎石或卵石中所含的泥是非黏土质的石粉时，其含泥量可由表6-7中的0.5%、1.0%、2.0%，分别提高到1.0%、1.5%、3.0%。

（2）主要仪器设备

① 鼓风烘箱：能使温度控制在（105±5)℃。

② 秤：称量20kg，感量20g。

③ 方孔筛：孔径为75μm及1.18mm的筛各一只。

④ 容器：容积约10L的瓷盘或金属盒。

⑤ 搪瓷盘、毛刷等。

（3）试验步骤

① 按上述规定取样，并将试样缩分至略大于表6-8规定的数量，放在烘箱中于（105±5)℃下烘干至恒量，待冷却至室温后，分为大致相等的两份备用。

表6-8　含泥量试验所需试样数量

最大粒径/mm	9.5	16.0	19.0	26.5	31.5	37.5	63.0	75.5
最少试验量/kg	2.0	2.0	6.0	6.0	10.0	10.0	20.0	20.0

② 称取按表6-7规定数量的试样一份，精确到1g。将试样放入淘洗容器中，注入清水，使水面高于试样上表面150mm，充分搅拌均匀后，浸泡2h，然后用手在水中淘洗试样，使尘屑、淤泥和黏土与石子颗粒分离，把浑水缓缓倒入1.18mm及75μm的套筛上（1.18mm筛放在75μm筛上面)，滤去小于75μm的颗粒。试验前筛子的两面应先用水润湿。在整个试验过程中应小心防止大于75μm的颗粒流失。

③ 再向容器中注入清水，重复上述操作，直至容器内的水目测清澈为止。

④ 用水淋洗剩余在筛上的细粒，并将75μm筛放在水中（使水面略高出筛中石子颗粒

的上表面）来回摇动，以充分洗掉小于 75 μm 的颗粒，然后将两只筛上筛余的颗粒和清洗容器中已经洗净的试样一并倒入搪瓷盘中，置于烘箱中于（105±5)℃下烘干至恒量，待冷却至室温后，称出其质量，精确至 1g。

（4）结果计算与评定

含泥量按下式计算，精确至 0.1%：

$$Q_a=\frac{G_1-G_2}{G_1}\times 100$$

式中 Q_a——含泥量，%

G_1——试验前烘干试样的质量，g；

G_2——试验后烘干试样的质量，g。

含泥量取两次试验结果的算术平均值作为测定值。当两次结果之差大于 0.2%时，应重新取样进行试验。

6.2.6 碎石或卵石中泥块含量试验

（1）试验的依据及技术指标

试验依据为 JGJ 52—2006《普通混凝土用砂、石质量及检验方法标准》。

泥块含量：砂中原粒径大于 1.18mm，经水浸洗、手捏后小于 600μm 的颗粒含量。碎石或卵石泥块含量应符合表 6-9 的规定。

表 6-9 碎石或卵石中泥块含量

混凝土强度等级	≥C60	C55～C30	≤C25
泥块含量(按质量计)/%	≤0.2	≤0.5	≤0.7

对于有抗冻、抗渗或其他特殊要求的小于或等于 C30 混凝土，其所用碎石或卵石中含泥量不应大于 0.5%。

（2）仪器设备

① 鼓风烘箱：能使温度控制在（105±5)℃。

② 天平：称量 20kg，感量 20g。

③ 方孔筛：孔径为 2.36mm 及 4.75mm 的筛各一只。

④ 容器：要求淘洗试样时，保持试样不溅出。

⑤ 搪瓷盘、毛刷等。

（3）试验步骤

① 按上述规定取样，并将试样缩分至略大于表 6-8 规定的数量，放在烘箱中于（105±5)℃下烘干至恒量，待冷却至室温后，筛除小于 4.75mm 的颗粒，分为大致相等的两份备用。

② 按表 6-7 规定数量称取试样一份，精确到 1g。将试样倒入淘洗容器中，注入清水，使水面高于试样上表面。充分搅拌均匀后，浸泡 24h。然后用手在水中碾碎泥块，再把试样放在 2.36mm 筛上，用水淘洗，直至容器内的水目测清澈为止。

③ 保留下来的试样小心地从筛中取出，装入搪瓷盘后，放在烘箱中于（105±5)℃下烘干至恒量，待冷却至室温后，称出其质量，精确到 1g。

（4）结果计算与评定

泥块含量按下式计算，精确至 0.1%：

$$Q_b = \frac{G_1 - G_2}{G_1} \times 100$$

式中　Q_b——泥块含量，%；

G_1——4.75mm 筛筛余试样的质量，g；

G_2——试验后烘干试样的质量，g。

泥块含量取两次试验结果的算术平均值作为测定值。

6.2.7 针片状颗粒含量

（1）试验的依据及技术指标

试验依据为 JGJ 52—2006《普通混凝土用砂、石质量及检验方法标准》。

针、片状颗粒含量：卵石和碎石颗粒的长度大于该颗粒所属相应粒级的平均粒径 2.4 倍者为针状颗粒；厚度小于平均粒径 0.4 倍者为片状颗粒（平均粒径指该粒级上、下限粒径的平均值）。碎石或卵石中针、片状颗粒含量应符合表 6-10 的规定。

表 6-10　碎石或卵石中针、片状颗粒含量

混凝土强度等级	≥C60	C55～C30	≤C25
针、片状颗粒含量(按质量计)/%	≤8	≤15	≤25

（2）仪器设备

① 针状规准仪与片状规准仪（见图 6-1 和图 6-2）。

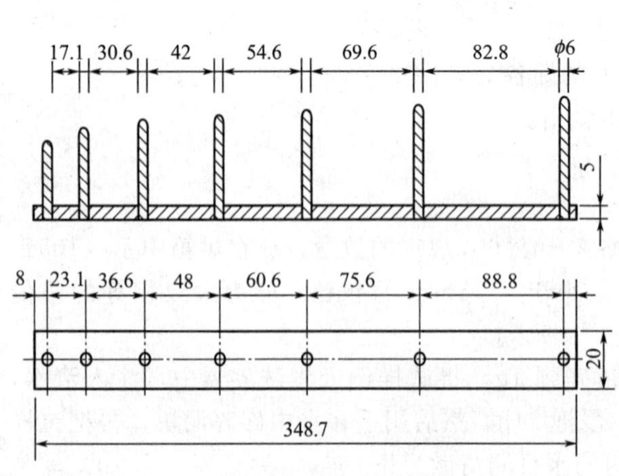

图 6-1　针状规准仪（单位：mm）

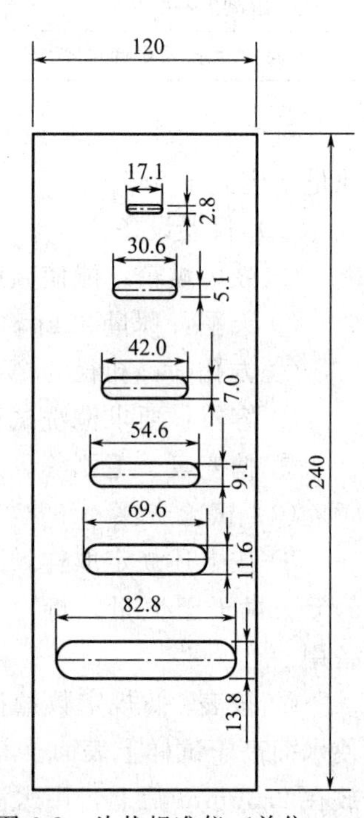

图 6-2　片状规准仪（单位：mm）

② 天平和秤：天平称量 2kg，感量 2g；秤的称量 20kg，感量 20g。

③ 方孔筛：孔径为 4.75mm、9.50mm、16.0mm、19.0mm、26.5mm、31.5mm 及 37.5mm 的筛各一个，根据需要选用。

④ 卡尺。

(3) 试验步骤

① 按上述规定取样，并将试样缩分至略大于表 6-11 规定的数量，烘干或风干后备用。

表 6-11 针、片状颗粒含量试验所需试样数量

最大粒径/mm	9.5	16.0	19.0	26.5	31.5	37.5	63.0	75.5
最少试验量/kg	0.3	1.0	2.0	3.0	5.0	10.0	10.0	10.0

② 按表 6-11 规定数量取试样一份，精确到 1g。然后按表 6-12 规定的粒级按 6.2.2 条规定进行筛分。

表 6-12 针、片状颗粒含量试验的粒级划分及其相应的规准仪孔宽或间距 单位：mm

石子粒级/mm	4.75～9.50	9.50～16.0	16.0～19.0	19.0～26.5	26.5～31.5	31.5～37.5
片状规准仪相对应孔宽	2.8	5.1	7.0	9.1	11.6	13.8
针状规准仪相对应间距	17.1	30.6	42.0	54.6	69.6	82.8

③ 按表 6-12 规定的粒级分别用规准仪逐粒检验，凡颗粒长度大于针状规准仪上相应间距者，为针状颗粒；颗粒厚度小于片状规准仪上相应孔宽者，为片状颗粒。称出其总质量，精确至 1g。

④ 石子粒径大于 37.5mm 的碎石或卵石可用卡尺检验针片状颗粒，卡尺卡口的设定宽度应符合表 6-13 的规定。

表 6-13 大于 37.5mm 针、片状颗粒含量试验的粒级划分及其相应的卡尺卡口设定宽度 单位：mm

石子粒级	37.5～53.0	53.0～63.0	63.0～75.0	75.0～90.0
检验片状颗粒的卡尺卡口设定宽度	18.1	23.2	27.6	33.0
检验针状颗粒的卡尺卡口设定宽度	108.6	139.2	165.6	198.0

(4) 结果计算与评定

针片状颗粒含量按下式计算，精确至 0.1%：

$$Q_c=\frac{G_2}{G_1}\times 100$$

式中 Q_c——针、片状颗粒总含量，%；

G_1——试样的质量，g；

G_2——试样中所含针、片状颗粒的总质量，g。

6.2.8 卵石中有机物含量试验

(1) 试验的依据及技术指标

试验依据为 JGJ 52—2006《普通混凝土用砂、石质量及检验方法标准》。

本方法适用于定性地测定卵石中的有机物含量是否达到影响混凝土质量的程度。有机物含量应符合表 6-14 的规定。

表 6-14　卵石中有机物含量

项目	质量指标
卵石中有机物含量（用比色法试验）	颜色不应深于标准色。当颜色深于标准色时，应按水泥胶砂强度试验方法进行强度对比试验，抗压强度比不应低于 0.95

（2）试剂与仪器设备

① 试剂：氢氧化钠、鞣酸、乙醇、蒸馏水。

② 标准溶液：取 2g 鞣酸溶解于 98mL 浓度为 10%的乙醇溶液中（无水乙醇 10mL 加蒸馏水 90mL 即得所需的鞣酸溶液），然后取该溶液 25mL 注入 975mL 浓度为 3%的氢氧化钠溶液中（3g 氢氧化钠溶于 100mL 蒸馏水中），加塞后剧烈摇动，静置 24h 即得标准溶液。

③ 台秤：称量 10kg，感量 10g。

④ 天平：称量 2kg、感量 1g 及称量 100g、感量 0.1g 各一台。

⑤ 量筒：100mL、250mL 及 1000mL。

⑥ 方孔筛：孔径为 19.0mm 的筛一只。

⑦ 烧杯、玻璃棒、移液管等。

（3）试验步骤

① 按上述规定取样，筛除大于 19.0mm 的颗粒，然后缩分至约 1kg，风干后备用。

② 向 1000mL 容量筒中装入风干试样至 600mL 刻度处，然后注入浓度为 3%的氢氧化钠溶液至 800mL 刻度处，剧烈搅动后静置 24h。

③ 比较试样上部溶液和标准溶液的颜色，盛装标准溶液与盛装试样的容量筒大小应一致。

（4）结果计算与评定

试样上部的溶液颜色浅于标准溶液颜色时，则表示试样有机物含量合格，若两种溶液的颜色接近，应把试样连同上部溶液一起倒入烧杯中，放在 60～70℃的水浴中，加热 2～3h，然后再与标准溶液比较，如浅于标准溶液，认为有机物含量合格；如深于标准溶液，则应配制成水泥砂浆做进一步试验。即将一份原试样用 3%氢氧化钠溶液洗除有机质，再用清水淋洗干净，与另一份原试样分别按相同的配合比按 GB/T 17671 制成水泥砂浆，测定 28d 的抗压强度。当原试样制成的水泥砂浆强度不低于洗除有机物后试样制成的水泥砂浆强度的 95%时，则认为有机物含量合格。

6.2.9　碎石或卵石中硫化物和硫酸盐含量试验

（1）试验依据及技术指标要求

试验依据为 JGJ 52—2006《普通混凝土用砂、石质量及检验方法标准》。

碎石或卵石中硫化物和硫酸盐含量应符合表 6-15 的规定。

表 6-15　碎石或卵石中硫化物和硫酸盐含量

项目	质量指标
硫化物和硫酸盐含量（折算成 SO_3 质量计）/%	≤1.0

当碎石或卵石中含有颗粒状的硫酸盐或硫化物杂质时，应进行专门检验，确认能满足混凝土耐久性要求后，方可采用。

（2）主要材料与设备

① 试剂和材料

a. 浓度为10%的氯化钡溶液（将5g氯化钡溶于50mL蒸馏水中）。

b. 稀盐酸（将浓盐酸与同体积的蒸馏水混合）。

c. 1%硝酸银溶液（将1g硝酸银溶于100mL蒸馏水中，再加入5～10mL硝酸，存于棕色瓶中）。

② 仪器设备

a. 鼓风烘箱：能使温度控制在（105±5）℃。

b. 天平和分析天平：称量1000g、感量为1g和称量100g、感量0.0001g。

c. 高温炉：最高温度1000℃。

d. 方孔筛：筛孔公称直径为630μm的方孔筛一只。

e. 烧杯：300mL。

f. 量筒：20mL及100mL。

g. 粉磨钵或破碎机。

h. 中速滤纸、慢速滤纸。

i. 干燥器、瓷坩埚、搪瓷盘、毛刷等。

（3）试验步骤

① 按上述规定取样，筛除大于37.5mm的颗粒，然后缩分至约1kg。按四分法缩分至约200g，磨细使全部通过公称直径630μm的方孔筛。放在烘箱中于（105±5）℃下烘干至恒量，待冷却至室温后备用。

② 称取粉状试样1g，精确至0.001g。将粉状试样倒入300mL烧杯中，加入30～40mL蒸馏水及10mL稀盐酸，然后放在电炉上加热至微沸，并保持微沸5min，使试样充分分解后取下，用中速滤纸过滤，用温水洗涤10～12次。

③ 加入蒸馏水调整滤液体积至200mL，煮沸后，搅拌滴加10mL浓度为10%的氯化钡溶液，并将溶液煮沸数分钟，取下静置至少4h（此时溶液体积应保持在200mL），用慢速滤纸过滤，用温水洗涤至氯离子反应消失（用1%硝酸银溶液检验）。

④ 将沉淀物及滤纸一并移入已恒量的瓷坩埚内，灰化后在800℃高温炉内灼烧30min。取出瓷坩埚，在干燥器中冷却至室温后，称出试样质量，精确至0.001g。如此反复灼烧，直至恒量。

（4）结果计算与评定

水溶性硫化物和硫酸盐含量（以SO_3计）按下式计算，精确至0.01%：

$$Q_c=\frac{G_2\times 0.343}{G_1}\times 100$$

式中 Q_c——水溶性硫化物和硫酸盐含量，%；

G_1——粉磨试样质量，g；

G_2——灼烧后沉淀物的质量，g；

0.343——硫酸钡（$BaSO_4$）换算成SO_3的系数。

硫化物和硫酸盐含量取两次试验结果的算术平均值，精确至0.01%。若两次试验结果之差大于0.15%，须重新试验。

6.2.10 碎石或卵石的坚固性试验

（1）试验依据及技术指标要求

试验依据为JGJ 52—2006《普通混凝土用砂、石质量及检验方法标准》。

坚固性：骨料在气候、环境变化或其他物理因素作用下抵抗破坏的能力。

本试验采用硫酸钠溶液法，试样经5次循环后，其质量损失应符合表6-16的规定。

表6-16 碎石或卵石的坚固性指标

混凝土所处的环境条件及其性能要求	5次循环后的质量损失/%
在严寒及寒冷地区室外使用并经常处于潮湿或干湿交替状态下的混凝土 对于有抗疲劳、耐磨、抗冲击要求的混凝土 有腐蚀介质作用或经常处于水位变化区的地下结构混凝土	≤8
其他条件下使用的混凝土	≤12

（2）主要材料与设备

① 试剂和材料

a. 10%氯化钡溶液。

b. 硫酸钠溶液：在1L水中（水温30℃左右）加入无水硫酸钠（Na_2SO_4）350g或结晶硫酸钠（$Na_2SO_4 \cdot H_2O$）750g，边加入边用玻璃棒搅拌，使其溶解并饱和。然后冷却至20～25℃，在此温度下静置48h，即为试验溶液，其密度应为1.151～1.174g/cm^3。

② 仪器设备

a. 鼓风烘箱：能使温度控制在（105±5)℃。

b. 台秤：称量5kg，感量5g。

c. 三脚网篮：用金属丝制成，网篮外径为100mm，高为150mm，采用网孔公称直径不大于2.5mm的网，由铜丝制成；检验公称粒径为40.0～80.0mm的颗粒时，应采用外径和高度均为150mm的网篮。

d. 方孔筛：根据试样粒级，按表6-17选用。

表6-17 坚固性试验所需的各粒级试样量

公称粒级/mm	5.00～10.0	10.0～20.0	20.0～40.0	40.0～63.0	63.0～80.0
试样量/g	500	1000	1500	3000	3000

e. 容器：搪瓷盘或瓷盆，容积不小于50L。

f. 密度计。

g. 玻璃棒、毛刷等。

（3）试验步骤

① 将样品按表6-17的规定分级，并分别擦洗干净，放在烘箱中于105～110℃下烘24h，待冷却至室温后，按表6-17对各粒级规定的量称取试样。

② 将所称取的不同粒级的试样分别装入三脚网篮，并浸入盛有硫酸钠溶液的容器中，溶液的体积应不小于试样总体积的5倍。网篮浸入溶液时，应上下升降25次，以排除试样中的气泡，然后静置于该容器中，网篮底面应距离容器底面约30mm，网篮之间距离应不小30mm，液面至少高于试样表面30mm，溶液温度应保持在20～25℃。

③ 浸泡20h后，把装试样的网篮从溶液中取出，放在烘箱中于（105±5)℃下烘4h，至此，完成了第一次试验循环，待试样冷却至20～25℃后，再按上述方法进行第二次循环。从第二次循环开始，浸泡与烘干时间均为4h，共循环5次。

④ 最后一次循环后，用20～25℃清洁的温水淋洗试样，直至淋洗试样后的水加入少量

氯化钡溶液不出现白色浑浊为止，洗过的试样放在烘箱中于（105±5)℃下烘干至恒量。待冷却至室温后，用孔径为试样粒级下限的筛过筛，称出各粒级试样试验后的筛余量。

⑤ 对公称粒径大于 20.0mm 的试样部分，应在试验前后记录其颗粒数量，并作外观检查，描述颗粒的裂缝、开裂、剥落、掉边和掉角等情况所占颗粒数量，以作为分析其坚固性时的补充依据。

（4）结果计算与评定

① 各粒级试样质量损失百分率按下式计算，精确至 0.1%：

$$P_i=\frac{G_1-G_2}{G_1}\times100$$

式中 P_i——各粒级颗粒的分计质量损失百分率，%；

G_1——各粒级试样试验前的烘干质量，g；

G_2——经硫酸钠溶液法试验后，各粒级筛余颗粒的烘干质量，g。

② 试样的总质量损失百分率按下计算，精确至 1%：

$$P=\frac{\alpha_1P_1+\alpha_2P_2+\alpha_3P_3+\alpha_4P_4+\alpha_5P_5}{\alpha_1+\alpha_2+\alpha_3+\alpha_4+\alpha_5}\times100$$

式中 P——试样的总质量损失率，%；

α_1，α_2，α_3，α_4，α_5——5.00～10.0mm、10.0～20.0mm、20.0～40.0mm、40.0～63.0mm 和 63.0～80.0mm 各公称粒级的分计百分含量，%；

P_1，P_2，P_3，P_4，P_5——各粒级的分计质量损失百分率，%。

6.2.11 岩石抗压强度

（1）试验依据及技术指标要求

试验依据为 JGJ 52—2006《普通混凝土用砂、石质量及检验方法标准》。

本试验方法适合于测定碎石的原始岩石在水饱和状态下的抗压强度。岩石的抗压强度应比所配制的混凝土强度至少高 20%。混凝土强度等级大于或等于 C60 时，应进行岩石抗压强度检验。

（2）主要材料与设备

① 压力试验机：量程 1000kN；示值相对误差 2%。

② 钻石机或锯石机。

③ 岩石磨光机。

④ 游标卡尺和角尺。

（3）试验步骤

① 试验时，取有代表性的岩石样品用石材切割机切割成边长为 50mm 的立方体，或用钻石机钻取直径与高度均为 50mm 的圆柱体。然后用磨光机把试件与压力机压板接触的两个面要磨光并保持平行，6 个试件为一组。对有明显层理的岩石，应制作两组：一组保持层理与受力方向平行；另一组保持层理与受力方向垂直，分别测试。

② 用游标卡尺测定试件尺寸，精确至 0.1mm，对于立方体试件，在顶面和底面上各量取其边长，以各个面上相互平行的两个边长的算术平均值作为宽和高，由此计算面积。对于圆柱体试件，在顶面和底面上各量取相互垂直的两个直径，以其算术平均值计算面积。取顶面和底面面积的算术平均值作为计算抗压强度所用的截面积。

③ 将试件浸没于水中浸泡 48h，水面应至少高出试件顶面 20mm。从水中取出试件，擦干

表面，放在压力机上进行强度试验，防止岩石碎片伤人。试验时加压速度应为0.5～1.0MPa/s。

（4）结果计算与评定

试件抗压强度按下式计算，精确至1MPa：

$$f=\frac{F}{A}$$

式中 f——岩石的抗压强度，MPa；

F——破坏荷载，N；

A——试件的截面积，mm^2。

岩石抗压强度取6个试件试验结果的算术平均值作为测定值；当其中两个试件的抗压强度与其他四个试件抗压强度的算术平均值相差三倍以上时，应以试验结果相近的四个试件的抗压强度算术平均值作为抗压强度测定值，并给出最小值，精确至1MPa。

对存在明显层理的岩石，应分别给出受力方向平行层理的岩石抗压强度与受力方向垂直层理的岩石抗压强度的平均值作为其抗压强度。

6.2.12 碎石或卵石的压碎指标值指标试验

（1）试验依据及技术指标要求

试验依据为JGJ 52—2006《普通混凝土用砂、石质量及检验方法标准》。

本方法适用于测定碎石或卵石抵抗压碎的能力，以间接地推测其相应的强度。

岩石强度首先应由生产单位提供，工程中可采用压碎值指标进行质量控制。碎石和卵石的压碎值指标应符合表6-18和表6-19的规定。

表6-18 碎石的压碎值指标

岩石品种	混凝土强度等级	碎石压碎值指标/%
沉积岩	C60～C40	≤10
	≤35	≤16
变质岩或深成的火成岩	C60～C40	≤12
	≤C35	≤20
喷出的火成岩	C60～C40	≤13
	≤35	≤30

注：沉积岩包括石灰岩、灰岩，变质岩包括片麻岩、石英岩等，深成的火成岩包括花岗岩、正常岩、闪长岩和橄榄岩等，喷出的火成岩包括玄武岩和辉绿岩等。

表6-19 卵石的压碎值指标

混凝土强度等级	C60～C40	≤35
压碎值指标/%	≤12	≤16

（2）主要材料与设备

① 压力试验机：量程300kN。

② 压碎指标测定仪（见图6-3）。

③ 秤：称量5kg，感量5g。

④ 试验筛：筛孔公称直径为10.0mm和20.0mm的方孔筛各一只。

（3）试验步骤

① 标准试样一律采用公称粒级为10.0～20.0mm的颗粒，并在风干状态下进行试验。

② 对多种岩石组成的卵石，当其公称粒径大于 20.0mm 的颗粒的岩石矿物成分与 10.0～20.0mm 粒级有显著差异时，应将大于 20.0mm 的颗粒经人工破碎后，筛取 10.0～20.0mm 标准粒级另外进行压碎值指标试验。

③ 将缩分后的样品先筛除试样中公称粒径在 10.0mm 以下及 20.0mm 以上的颗粒，再用针状和片状规准仪剔除针状和片状颗粒，然后再称取每份 3kg 的试样 3 份备用。

④ 置圆筒于底盘上，取试样一份，分两层装入圆筒。每装完一层试样后，在底盘下面垫放一直径为 10mm 的圆钢筋，将筒按住，左右交替颠击地面各 25 下。第二层颠实后，试样表面距盘底的高度应控制为 100mm 左右。

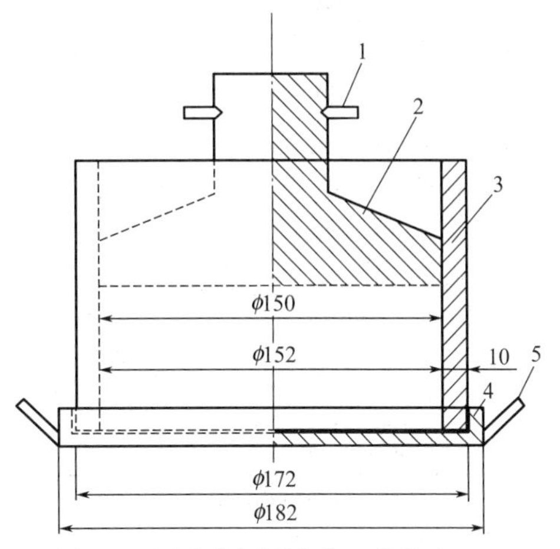

图 6-3 压碎指标测定仪（单位：mm）

1—把手；2—加压头；3—圆模；4—底盘；5—手把

⑤ 整平筒内试样表面，把加压头装好（注意应使加压头保持平正），放到试验机上在 160～300s 内均匀地加荷到 200kN，稳定 5s，然后卸载，取出测定筒。倒出筒中的试样并称其质量，用公称直径为 2.50mm 的方孔筛筛除被压碎的细粒，称量剩留在筛上的试样质量。

（4）结果计算与评定

碎石或卵石的压碎值指标按下式计算，精确至 0.1%：

$$p_a=\frac{m_0-m_1}{m_0}\times 100$$

式中 p_a——压碎值指标，%；

m_0——试样的质量，g；

m_1——压碎试验后筛余的试样质量，g。

多种岩石组成的卵石，应对公称粒径 20.0mm 以下和 20.0mm 以上的标准粒级（10.0～20.0mm）分别进行检验，则其总的压碎值指标应按下式计算：

$$p_a=\frac{a_1 p_{a1}+a_1 p_{a2}}{a_1+a_2}\times 100$$

式中 p_a——总的压碎值指标，%；

a_1，a_2——公称粒径 20.0mm 以下和 20.0mm 以上两粒级的颗粒含量百分率，%；

p_{a1}，p_{a2}——两粒级以标准粒级试验的分计压碎值指标，%。

以三次试验结果的算术平均值作为压碎指标测定值。

6.2.13 集料碱活性检验（岩相法）

（1）试验的目的及依据

建筑用砂试验依据为国家标准 GB/T 14684—2011《建设用砂》。

通过肉眼和显微镜观察，鉴定所用集料（包括砂、石）的种类和成分，从而确定碱活性集料的种类和数量。

（2）主要材料与设备

① 套筛：筛孔公称直径为 80mm、40mm、20mm、5mm 的方孔筛以及筛的底盘和盖各一只。

② 磅秤：称量 100kg，感量 100g。

③ 天平：称量 2000g，感量 2g。

④ 切片机、磨片机。

⑤ 实体显微镜、偏光显微镜。

⑥ 其他：载玻片、盖玻片、地质锤、砧板及酒精灯等。

(3) 试验步骤

① 经缩分后将样品风干，并按表 6-20 的规定筛分、称取试样。

表 6-20　岩相试验试样最少质量

公称粒径/mm	40～80	20～40	5～20
试验最少质量/kg	150	50	10

注：1. 大于 80mm 的颗粒，按照 40～80mm 一级进行试验。
2. 试样最少数量也可以以颗粒计，每级至少 300 颗。

② 用肉眼逐粒观察试样，必要时将试样放在砧板上用地质锤击碎（应使岩石碎片损失最小），观察颗粒新鲜断面。将试样按岩石品种分类。

③ 每类岩石先确定其品种及外观品质，包括矿物质成分、风化程度、有无裂缝、坚硬性、有无包裹体及断口形状等。

④ 每类演示均应制成若干薄片在显微镜下鉴定矿物质组成、结构等，特别应测定其隐晶质、玻璃质成分的含量。测定结果填入表 6-21 中。

表 6-21　骨料活性成分含量测定

<table>
<tr><td colspan="2">委托单位</td><td></td><td>样品编号</td><td></td></tr>
<tr><td colspan="2">样品产地、名称</td><td></td><td>检测条件</td><td></td></tr>
<tr><td colspan="2">公称粒级/mm</td><td>40～80</td><td>20～40</td><td>5～20</td></tr>
<tr><td colspan="2">质量分数/%</td><td></td><td></td><td></td></tr>
<tr><td colspan="2">岩石名称及外观品质</td><td></td><td></td><td></td></tr>
<tr><td rowspan="5">碱活性矿物</td><td rowspan="2">品种及占本级配试样的质量分数/%</td><td></td><td></td><td></td></tr>
<tr><td></td><td></td><td></td></tr>
<tr><td rowspan="2">占试样总重的质量分数/%</td><td></td><td></td><td></td></tr>
<tr><td></td><td></td><td></td></tr>
<tr><td>合计</td><td></td><td></td><td></td></tr>
<tr><td colspan="2">结论</td><td></td><td>备注</td><td></td></tr>
</table>

注：1. 硅酸类活性硬度物质包括蛋白石、火山玻璃体、玉髓、玛瑙、蠕石英、磷石英、方石英、微晶石英、燧石、具有严重波状消光的石英。
2. 磷酸盐类活性矿物为具有细小菱形的白云石晶体。

(4) 结果评定与处理

根据岩相鉴定结果，对于不含活性矿物的岩石，可评定为非碱活性骨料。

评定为碱活性骨料或可疑时，应按下列规定进行进一步鉴定。

① 当检验出含有活性二氧化硅时，应采用快速砂浆棒法和砂浆长度法进行碱活性检验；当检验出骨料中含有活性碳酸盐时，应采用岩石柱法进行碱活性检验。

② 经上述检验，当判定骨料存在潜在碱-碳酸盐反应危害时，不宜用作混凝土骨料；否则，应通过专门的混凝土试验，做最后评定。

③ 经本试验检测判断存在潜在碱-硅反应危害时，应控制混凝土中的碱含量不超过3kg/m³，或采用抑制碱-骨料反应的有效措施。

6.2.14 碱-硅酸反应（石料长度法）

（1）试验依据及技术指标要求

试验依据为JGJ 52—2006《普通混凝土用砂、石质量及检验方法标准》。

本方法适用于检验硅质集料与混凝土中的碱发生潜在碱-硅酸反应的危害性。不适用于碳酸盐类集料。

碱活性骨料：能在一定条件下与混凝土中的碱发生化学反应导致混凝土产生膨胀、开裂甚至破坏的骨料。

经本试验检测判断为潜在危害时，应控制混凝土中的碱含量不超过3kg/m³，或采用抑制碱-骨料反应的有效措施。

（2）仪器设备

① 鼓风烘箱：能使温度控制在（105±5)℃。

② 天平：称量5000g，感量5g。

③ 方孔筛：1.25mm、2.5mm、5mm、160μm、315μm及630μm的筛各一只。

④ 比长仪：由百分表和支架组成，百分表量程为160～185mm，精度0.01mm。

⑤ 水泥胶砂搅拌机：符合JC/T 681的要求。

⑥ 恒温养护箱或养护室：温度（40±2)℃，相对湿度95%以上。

⑦ 养护筒：由耐腐蚀材料（如塑料）制成，应不漏水、不透气，加盖后在养护室内能够使筒内空气相对湿度在95%以上，筒内设有试件架，架下盛有水，试件垂直立于架上并与水接触。

⑧ 试模：规格为25mm×25mm×280mm，试模两端正中有小孔，装有不锈钢质膨胀端头。

⑨ 跳桌、秒表、干燥器、搪瓷盘、毛刷等。

（3）试样制备应符合下列规定

① 制备试样的材料应符合下列规定。

a. 水泥：水泥含碱量应为1.2%，低于此值时，可掺浓度10%的氢氧化钠溶液，将含碱量调至水泥量的1.2%。当具体工程所用水泥含碱量高于此值时，则应采用工程所用的水泥。

注：水泥含碱量以氧化钠（Na_2O）计，氧化钾换算为氧化钠时乘以换算系数0.658。

b. 石料：将试样缩分至5kg，破碎筛分后，各粒级都应在筛上用水冲净黏附在骨料上的淤泥和细粉，然后烘干备用。石料按表6-22的级配配成试验用料。

表6-22 石料级配表

公称粒级	5～2.5mm	2.5～1.25mm	630μm～1.25mm	315～630μm	160～315μm
分级质量/%	10	25	25	25	15

② 制作试件用的石料配合比应符合下列规定。

水泥与石料的质量比为1∶2.25。每组3个试件，共需水泥440g，石料990g。石料用水量按现行国家标准《水泥胶砂流动度测定方法》GB/T 2419确定，跳桌跳动次数应为6s跳动10次，流动度应为105～120mm。

③ 石料长度法试验所用试件应按下列方法制作。

a. 成型前24h，将试验所用材料（水泥、骨料、拌和用水等）放入（20±2)℃的恒温室中。

b. 石料水泥浆制备：先将称好的水泥、石料倒入搅拌锅内，开动搅拌机。拌和5s后，徐徐加水，20～30s加完，自开动机器起搅拌120s。将粘在叶片上的料刮下，取下搅拌锅。

c. 石料分两层装入试模内，每层捣40次，测头周围应捣实，浇捣完毕后后用镘刀刮除多余石料，抹平表面，并标明测定方向及编号。

（4）试验步骤

① 试件成型完毕后，立即带模放入标准养护室内。养护24h后脱模，立即测量试件的长度，此长度为试件的基准长度。测长应在（20±2)℃的恒温室中进行。每个试件至少重复测量两次，其算术平均值作为长度测定值，待测的试件须用湿布覆盖，以防止水分蒸发。

② 测完基准长度后，将试件垂直立于养护筒的试件架上，架下放水，但试件不能与水接触（一个养护筒内的试件品种应相同)，加盖后放入（40±2)℃的养护箱或养护室内。

③ 测长龄期自测定基准长度之日起计算，14d、1个月、2个月、3个月、6个月，如有必要还可适当延长。在测长前一天，应把养护筒从（40±2)℃的养护箱或养护室内取出，放到（20±2)℃的恒温室内。测长方法与测基准长度的方法相同，测量完毕后，应将试件放入养护筒中，加盖后放回（40±2)℃的养护箱或养护室内继续养护至下一个测试龄期。

④ 每次测长后，应对每个试件进行挠度测量和外观检查。

挠度测量：把试件放在水平面上，测量试件与平面间的最大距离应不大于0.3mm。

外观检查：观察有无裂缝、表面沉积物或渗出物，特别注意在空隙中有无胶体存在，并作详细记录。

（5）计算与评定

① 试件膨胀率按下式计算，精确至0.001%：

$$Y_t=\frac{L_t-L_0}{L_0-2\Delta}\times100$$

式中 Y_t——试件在t天龄期的膨胀率，%；

L_t——试件在t天龄期的长度，mm；

L_0——试件的基准长度，mm；

Δ——膨胀端头的长度，mm。

② 膨胀率以3个试件膨胀值的算术平均值作为试验结果，任一试件膨胀率与平均值应符合下列规定。

a. 当平均值精确至≤0.05%时，单个测量值与平均值的差均不应小于0.01%。

b. 当膨胀率平均值大于0.05%时，每个试件的测定值与平均值之差应小于平均值的20%。

c. 当三个试件的膨胀率均超过0.10%时，无精度要求。

d. 当不符合上述要求时，去掉膨胀率最小的，用其余两个试件膨胀率的平均值作为该龄期的膨胀率。

结果评定应符合下列规定：当砂浆半年膨胀率低于0.10%时或3个月膨胀率低于0.05%时（只有在缺半年膨胀率资料时才有效)，可判定为无潜在危害。否则，应判定为具有潜在危害。

6.2.15 碎石或卵石的碱活性试验（快速法）

（1）试验依据及技术指标要求

试验依据为JGJ 52—2006《普通混凝土用砂、石质量及检验方法标准》。

本方法适用于检验硅质集料与混凝土中的碱发生潜在碱-硅酸反应的危害性。不适用于碳酸盐类集料。

碱活性骨料：能在一定条件下与混凝土中的碱发生化学反应导致混凝土产生膨胀、开裂甚至破坏的骨料。

经本试验检测判断为潜在危害时，应控制混凝土中的碱含量不超过 3kg/m^3，或采用抑制碱-骨料反应的有效措施。

（2）主要材料与设备

① 试剂和材料

a. 氢氧化钠：分析纯。

b. 蒸馏水或去离子水。

c. 氢氧化钠溶液：40g NaOH 溶于 900mL 水中。然后加水到 1L，所需氢氧化钠溶液总体积为试件总体积的（4.0±0.5）倍（每一个试件的体积约为 184mL）。

② 仪器设备

a. 鼓风烘箱：能使温度控制在（105±5)℃。

b. 天平：称量 5000g，感量 5g。

c. 方孔筛：筛孔公称粒径为 5mm、2.5mm、1.25mm、630μm、315μm 及 160μm 的筛各一只。

d. 比长仪：由百分表和支架组成，百分表的量程为 280～300mm，精度 0.01mm。

e. 水泥胶砂搅拌机：应符合现行国家标准《行星式水泥胶砂搅拌机》JC/T 681 要求。

f. 高温恒温养护箱或水浴：温度保持在（80±2)℃。

g. 养护筒：由可耐碱长期腐蚀的材料制成，应不漏水，筒内设有试件架，筒的容积可以保证试件全部浸没在水中；试件垂直于试架放置。

h. 试模：金属试模规格为 25mm×25mm×280mm，试模两端正中有小孔，装有不锈钢质膨胀端头。

i. 破碎机、干燥器、量筒、捣棒、镘刀等。

（3）试验步骤

① 按上述规定取样，并将试样缩分至约 5000g，用水淋洗干净后，放在烘箱中于（105±5)℃下烘干至恒量。

② 水泥采用符合现行国家标准《硅酸盐水泥、普通硅酸盐水泥》GB 175 要求的普通硅酸盐水泥，水泥与石料的质量比为 1∶2.25，水灰比为 0.47；每组试件称取水泥 440g，石料 990g。

③ 将称好的水泥与石料倒入搅拌锅，应按现行国家标准《水泥胶砂强度检验方法（ISO 法）》GB/T 17671 规定的方法进行。

④ 搅拌完成后，将石料分两层装入试模内，每层捣 40 次，测头周围应填实，浇捣完毕后用镘刀刮除多余石料，抹平表面，并标明测定方向。

（4）养护与测长

① 试件成型完毕后，立即带模放入标准养护室内。养护（24±2)h 后脱模，立即测量试件的初始长度。待测的试件须用湿布覆盖，以防止水分蒸发。

② 测完初始长度后，将试件浸没于养护筒（一个养护筒内的试件品种应相同）内的水中，并保持水温在（80±2)℃的范围内（加盖放在高温恒温养护箱或水浴中），养护（24±2)h。

③ 从高温恒温养护箱或水浴中拿出一个养护筒，从养护筒内取出试件，用毛巾擦干表面，立即读出试件的基准长度[从取出试件至完成读数应在（15±5)s 时间内]，在试件上覆盖湿毛巾，全部试件测完基准长度后，再将所有试件分别浸没于养护筒内的 1mol/L 氢氧

化钠溶液中，并保持溶液温度在（80±1)℃的范围内（加盖放在高温恒温养护箱或水浴中）。

注：用测长仪测定任一组试件的长度时，均应先调整测长仪的零点。

④ 测长龄期自测定基准长度之日起计算，在测基准长度后第3天、第7天、第14天再分别测长，每次测长时间安排在每天近似同一时刻内，测长方法与测基准长度的方法相同，每次测长完毕后，应将试件放入原养护筒中，加盖后放回（80±2)℃的高温恒温养护箱或水浴中继续养护至下一个测试龄期。14天后如需继续测长，可安排每过7d测长一次。

⑤ 在测量时应观察试件的变形、裂缝和渗出物等，特别应观察有无胶体物质，并作详细记录。

(5) 计算与评定

① 试件膨胀率按下式计算，精确至0.001%：

$$Y_t=\frac{L_t-L_0}{L_0-2\Delta}\times 100$$

式中 Y_t——试件在t天龄期的膨胀率，%；

L_t——试件在t天龄期的长度，mm；

L_0——试件的基准长度，mm；

Δ——膨胀端头的长度，mm。

② 膨胀率以3个试件膨胀值的算术平均值作为试验结果，任一试件膨胀率与平均值应符合下列规定。

a. 当平均值精确至≤0.05%时，单个测值与平均值的差均不应小于0.01%。

b. 而当膨胀率平均值大于0.05%时，每个试件的测定值与平均值之差应小于平均值的20%。

c. 当三个试件的膨胀率均超过0.10%时，无精度要求。

d. 当不符合上述要求时，去掉膨胀率最小的，用其余两个试件膨胀率的平均值作为该龄期的膨胀率。

结果判定：

a. 当14d膨胀率小于0.10%时，在大多数情况下可以判定为无潜在危害；

b. 当14d膨胀率大于0.20%时，可以判定为有潜在危害；

c. 当14d膨胀率为0.10%～0.20%时，不能最终判定有潜在碱-硅酸反应危害，可以按6.2.14方法再进行试验来判定。

6.2.16 碳酸盐骨料的碱活性试验（岩石柱法）

(1) 试验依据及技术指标要求

试验依据为JGJ 52—2006《普通混凝土用砂、石质量及检验方法标准》。

本方法适用于检验碳酸盐岩石是否具有碱活性。

(2) 主要材料与设备

① 钻机：配有小圆筒钻头。

② 锯石机、磨片机。

③ 试件养护瓶：耐碱材料制成，能盖严以免溶液变质和改变浓度。

④ 测长仪：量程为25～50mm，精度0.01mm。

⑤ 1mol/L氢氧化钠溶液：(40±1)g氢氧化钠（化学纯）溶于1L蒸馏水中。

(3) 试验步骤

① 应在同块岩石的不同岩性方向取样；岩石层理不清时，应在三个相互垂直的方向上各取一个试件。

② 钻取的圆柱体试件直径为（9±1)mm，长度为（35±5)mm，试件两端面应磨光、互相平行且与试件的主轴线垂直，试件加工时应避免表面变质而影响碱溶液渗入岩样的速度。

③ 将试件编号后，放入盛有蒸馏水的瓶中，置于（20±2)℃的恒温室内，每隔24h取出擦干表面水分，进行测长，直至试件前后两次测得的长度变化不超过0.02%为止，以最后一次测得的试件长度为基长（L_0）。

④ 将测完基长的试件浸入盛有浓度为1mol/L氢氧化钠溶液的瓶中，液面应超过试件顶面至少10mm，每个试件的平均液量应为50mL。同一瓶中不得浸泡不同品种的试件，盖严瓶盖，置于（20±2)℃恒温室中。溶液每6个月更换一次。

⑤ 在（20±2)℃恒温室中进行测长（L_t）。每个试件测长方向应始终保持一致。测量时，试件从瓶中取出，先用蒸馏水洗涤，将表面水擦干后再测量。测长龄期从试件泡入碱液时算起，在7d、14d、21d、28d、56d、84d时进行测量，如有需要，以后每个月测一次，一年后每3个月一次。

⑥ 试件在浸泡期间，应观测其形态的变化，如开裂、弯曲、断裂等，并作记录。

(4) 计算与评定

试件长度变化应按下式计算，精确至0.001%：

$$\varepsilon_{st}=\frac{L_t-L_0}{L_0}\times 100$$

式中 ε_{st}——试件浸泡t天后的长度变化率，%；

L_t——试件在t天龄期的长度，mm；

L_0——试件的基准长度，mm。

注：测量精度要求为同一试验人员、同一仪器测量同一试件，其误差不应超过±0.02%；不同实验人员，同一仪器测量同一试件，其误差不应超过±0.03%。

结果评定应符合下列规定：

① 同块岩石所取得试样中以其膨胀率最大的一个测值作为分析该岩石碱活性的依据；

② 试件浸泡84d的膨胀率超过0.10%，应判定为具有潜在碱活性危害。

6.2.17 碎石或卵石的含水率试验

(1) 试验依据及技术指标要求

试验依据为JGJ 52—2006《普通混凝土用砂、石质量及检验方法标准》。

本方法适用于测定碎石或卵石的含水率，为实际生产提供数据依据。

(2) 主要设备

① 烘箱：温度控制范围为（105±5)℃。

② 秤：称量20kg，感量20g。

③ 容器：如浅盘等。

(3) 试验步骤

按上述6.2.1条规定的要求称取试样两份，分别放入已知质量的干燥容器（m_1）中称重，记下每盘试样与容器的总重（m_2）。将容器连同试样放入温度为（105±5)℃的烘箱中烘干至恒重，称量烘干后的试样与容器的总质量（m_3）。

(4) 计算与评定

含水率按下式计算，精确至0.1%：

$$w_{wc}=\frac{m_2-m_3}{m_3-m_1}\times100$$

式中 w_{wc}——砂的含水率，%；

m_1——容器质量，g；

m_2——未烘干的试样与容器的总质量，g；

m_3——烘干后的试样与容器的总质量，g。

以两次试验结果的算术平均值作为测定值。

注：碎石或卵石含水率简易测定法可采用“烘干法”。

6.2.18 碎石或卵石的吸水率试验

（1）试验依据及技术指标要求

试验依据为JGJ 52—2006《普通混凝土用砂、石质量及检验方法标准》。

本方法适用于测定碎石或卵石的吸水率，即测定以烘干质量为基准的饱和面干吸水率。

（2）主要设备

① 秤：称量20kg，感量20g。

② 试验筛：筛孔公称直径为5.00mm的方孔筛一只。

③ 烘箱：温度控制范围为（105±5）℃。

④ 容器、吹风机（手提式）、浅盘、毛巾、玻璃棒、温度计等。

（3）试验步骤

① 试验前，筛除样品中公称粒径5.00mm以下的颗粒，然后缩分至两倍于表6-23所规定的质量，分成两份，用金属丝刷刷净后备用。

表6-23 吸水率试验所需的试样最少质量

最大公称粒径/mm	10.0	16.0	20.0	25.0	31.5	40.0	63.0	80.0
试样最少质量/kg	2	2	4	4	4	6	6	8

② 取试样一份置于盛水容器中，注入清水，使水面高出试样表面5mm左右。静置24h以后，细心地倒去试样上的水，并用拧干的湿毛巾将颗粒表面的水分拭干即成饱和面干试样。然后，立即将试样放在浅盘中称取质量（m_2），在整个试验过程中，水温必须保持在（20±5）℃。

③ 将饱和面干试样连同浅盘置于温度为（105±5）℃的烘箱中烘干至恒重，并在干燥器内冷却0.5～1h，称取试样与浅盘的总质量（m_1），称取浅盘的质量（m_3）。

（4）计算与评定

吸水率应按下式计算，精确至0.1%：

$$w_{wn}=\frac{m_2-m_1}{m_1-m_3}\times100$$

式中 w_{wn}——吸水率，%；

m_1——烘干后的试样与浅盘的总质量，g；

m_2——烘干前的饱和面干试样与浅盘的总质量，g；

m_3——浅盘质量，g。

以两次试验结果的算术平均值作为测定值。

7 混凝土外加剂

混凝土外加剂是在拌制混凝土过程中掺入，用以改善混凝土性能的物质，也称为混凝土化学外加剂。外加剂掺量一般不大于水泥质量的5%（特殊情况除外）。外加剂的掺量虽小，但其技术经济效果却显著，因此，外加剂已成为混凝土的重要组成部分，被称为混凝土的第五组分，越来越广泛地应用在混凝土中。混凝土外加剂按功能主要分为以下四类。

① 改善混凝土拌和物流变性能的外加剂。包括各种减水剂、引气剂和泵送剂等。

② 调节混凝土凝结时间、硬化性能的外加剂。包括缓凝剂、早强剂和速凝剂等。

③ 改善混凝土耐久性的外加剂。包括引气剂、防水剂和阻锈剂等。

④ 改善混凝土其他性能的外加剂。如加气剂、膨胀剂、防冻剂、着色剂、防水剂等。

建筑工程上常用的外加剂有：减水剂、早强剂、缓凝剂、引气剂和复合型外加剂等。外加剂的掺入方法有以下3种。

① 先掺法：先将外加剂与水泥混合，然后再与集料和水一起搅拌。

② 后掺法：在混凝土拌和物送到浇筑地点后，才加入外加剂并再次搅拌均匀。

③ 同掺法：将外加剂先溶于水形成溶液再加入拌和物中一起搅拌。

7.1 混凝土外加剂种类

7.1.1 减水剂

减水剂是在不影响混凝土拌和物和易性的条件下，具有减水及增强作用的外加剂，是当前外加剂中品种最多、应用最广的一种混凝土外加剂。减水率大于12%（JT/T 523—2004、DL/T 5100—2014等规定大于15%）的称为高效减水剂、高效塑化剂或超塑化剂。它们大多属于表面活性剂，按主要化学成分不同可分为：木质素系减水剂、多环芳香族磺酸盐系减水剂、水溶性树脂磺酸盐系减水剂等。按用途又分为普通减水剂、高效减水剂、早强减水剂、缓凝减水剂、缓凝高效减水剂和引气减水剂等。

7.1.1.1 表面活性剂的基本知识

表面活性剂是指溶于水并定向排列于液体表面或两相界面上，从而显著降低表面张力或界面张力的物质，或能起到湿润、分散、乳化、润滑、起泡等作用的物质。表面活性剂是由憎水基和亲水基两个基团组成的，憎水基指向非极性液体、固体或气体；亲水基指向水，产生定向吸附，形成单分子吸附膜，使液体、固体或气体界面张力显著降低。

在表面活性剂-油类（或水泥）-水的体系中，表面活性剂分子多吸附在水-气界面上，亲水基指向水，憎水基指向空气，呈定向单分子层排列；或吸附在水-油类（或水泥）颗粒界面上，亲水基指向水，憎水基指向油类（或水泥）颗粒，呈定向单分子层排列，使水-气界面或水-油类（或水泥）颗粒界面，呈定向单分子层排列，降低水-气界面或水-油类（或水泥）颗粒界面的界面能。

表面活性剂分子的亲水基的亲水性大于憎水基的憎水性时，称为亲水性的表面活性剂；反之，称为憎水性的表面活性剂。根据表面活性剂的亲水基在水中是否电离，分为离子型表面活性剂与非离子型（分子型）表面活性剂。如果亲水基能电离出正离子，本身带负电荷，称为阴离子型表面活性剂；反之，称为阳离子型表面活性剂。如果亲水基既能电离出正离子又能电离出负离子，则称为两性型表面活性剂。常用减水剂多为阴离子型表面活性剂。

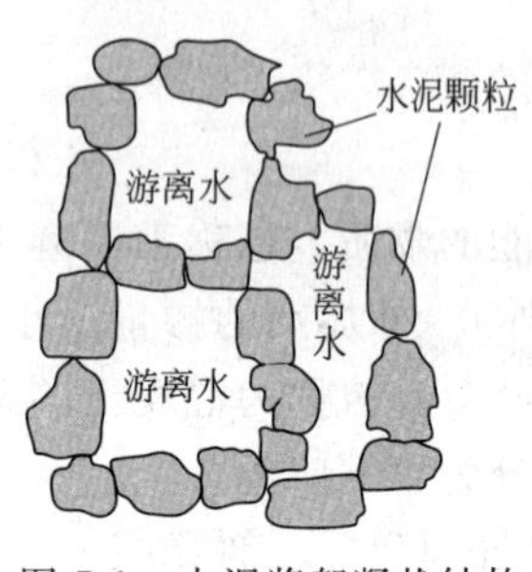

图 7-1　水泥浆絮凝状结构

7.1.1.2　减水剂的机理和作用

减水剂尽管种类繁多，减水作用机理却相似。

水泥加水后，由于水泥颗粒在水中的热运动，使水泥颗粒之间在分子力的作用下形成絮凝状结构（见图 7-1）。这些絮凝结构中包裹着部分拌和水，被包裹着的水没有起到提高流动性的作用。如果能把这部分被包裹着的水释放出来，分散在每个水泥颗粒的周围，则可大大提高水泥浆的流动性；或在流动性不变的情况下，可大大降低拌和水用量，且能提高混凝土的强度，而减水剂就能起到这种作用。

加入减水剂后，减水剂分子的亲水基指向水，憎水基指向水泥颗粒，定向吸附在水泥颗粒表面，形成单分子吸附膜，起到如下作用：①降低了水泥颗粒的表面能，因而降低了水泥颗粒的粘连能力，使之易于分散；②水泥颗粒表面带有同性电荷，产生静电斥力，使水泥颗粒分开，破坏了水泥浆中的絮凝结构，释放出被包裹着的水；③减水剂的亲水基又吸附了大量极性水分子，增加了水泥颗粒表面溶剂化水膜的厚度，润滑作用增强，使水泥颗粒间易于滑动；④表面活性剂降低了水的表面张力和水与水泥颗粒间的界面张力，水泥颗粒更易于润湿（见图 7-2）。

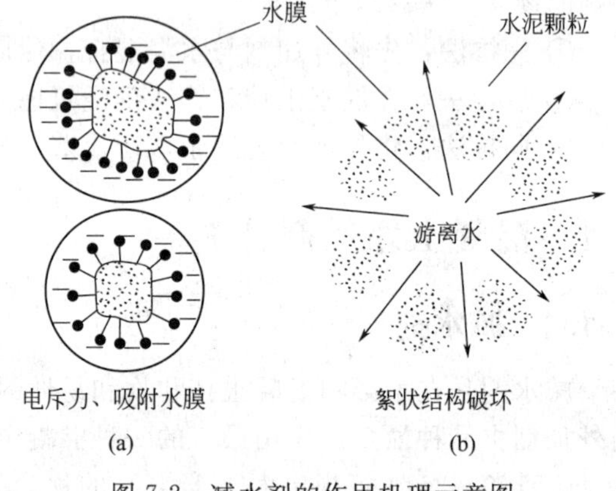

图 7-2　减水剂的作用机理示意图

使用减水剂在保持混凝土的流动性和强度不变的情况下，可以减少拌和水量和水泥用量，节省水泥。还可减少混凝土拌和物的泌水、离析现象，密实混凝土结构，从而提高混凝土的抗渗性、抗冻性。

7.1.1.3　常用减水剂

（1）木质素减水剂

木质素系减水剂的主要品种是木质素磺酸钙（又称 M 型减水剂）。M 型减水剂是由生产纸浆或纤维浆的废液经发酵、脱糖、浓缩、喷雾干燥而成的棕色粉末，含量 60%以上，属阴离子型表面活性剂。

M 型减水剂的掺量一般为水泥质量的 0.2%～0.3%，当保持水泥用量和混凝土坍落度不变时，其减水率为 10%～15%，混凝土 28d 抗压强度提高 10%～20%；若保持混凝土的抗压强度和坍落度不变，可节省水泥用量 10%～15%；若保持混凝土配合比不变，则可提高混凝土的坍落度 80～100mm。

M 型减水剂除了减水之外，还有两个作用：一是缓凝作用，当掺量较大或在低温下缓凝作用更为显著，掺量过多除增强缓凝外，还导致混凝土强度降低；二是引气作用，掺用后可改善混凝土的抗渗性、抗冻性，改善混凝土拌和物的和易性，减小泌水性。

M 型减水剂可用于一般混凝土工程，尤其适用于大模板、大体积浇筑、滑模施工、泵送混凝土及夏季施工等。M 型减水剂不宜单独用于冬季施工，也不宜单独用于蒸养混凝土和预应力混凝土。

(2) 多环芳香族磺酸盐系减水剂

这类减水剂的主要成分为萘或萘的同系物的磺酸盐与甲醛的缩合物，故又称萘系减水剂，属阴离子型表面活性剂。萘系减水剂通常是由工业萘或煤焦油中的萘、蒽、甲基萘等馏分，经磺化、水解、缩合、中和、过滤、干燥而制成的。

萘系减水剂的减水、增强效果显著，属高效减水剂。萘系减水剂的适宜掺量为水泥质量的 0.5%～1.0%，减水率为 10%～25%，混凝土 28d 强度提高 20%以上。在保持混凝土强度和坍落度相近时，则可节省水泥用量 10%～20%。掺用萘系减水剂后，混凝土的其他力学性能以及抗渗性、耐久性等均有所改善，且对钢筋无锈蚀作用。我国市场上这类减水剂的品牌多达几十种，大部分为非引气性减水剂，对混凝土凝结时间基本无影响。

萘系减水剂对不同品种水泥的适应性较强。主要适用于配制高强混凝土、泵送混凝土、大流动性混凝土、自密实混凝土、早强混凝土、冬季施工混凝土、蒸汽养护混凝土及防水混凝土等。

部分萘系减水剂常含有高达 5%～25%的硫酸钠，使用时应予以注意。

(3) 水溶性树脂系减水剂

水溶性树脂系减水剂是普遍使用的高效减水剂，这类减水剂是以一些水溶性树脂（如三聚氰胺树脂、古马隆树脂等）为主要原料的减水剂。

树脂系减水剂是早强、非引气型高效减水剂，其分散、减水、早强及增强效果比萘系减水剂更好，但价格较高。树脂系减水剂的掺量约为水泥质量的 0.5%～2.0%，减水率为 20%～30%，混凝土 3d 强度提高 30%～100%，28d 强度提高 20%～30%。这种减水剂除具有显著的减水、增强效果外，还能提高混凝土的其他力学性能和混凝土的抗渗性、抗冻性，对混凝土的蒸养适应性也优于其他外加剂。树脂系减水剂适用于早强、高强、蒸养以及流态混凝土。

(4) 聚羧酸盐系减水剂

聚羧酸盐系减水剂多以液体供应。坍落度损失小，掺量不大时无缓凝作用，可显著提高混凝土的强度。特别适合泵送混凝土、大流动性混凝土、自密实混凝土、高性能混凝土等，缺点是价格昂贵。

合成聚羧酸系减水剂常选用的单体主要有以下四种类型。

① 不饱和酸：马来酸、马来酸酐、丙烯酸和甲基丙烯酸。

② 聚链烯基物质：聚链烯基烃、醚、醇及磺酸。

③ 聚苯乙烯磺酸盐或酯。

④（甲基）丙烯酸盐或酯、丙烯酰胺。

因此，实际的聚羧酸系减水剂可由二元、三元、四元等单位共聚而成。所选单体不同，则分子组成也不同。但是，无论组成如何，聚羧酸系减水剂分子大多呈梳形结构。特点是主链上带有多个活性基团，并且极性较强；侧链上也带有亲水性活性基团，并且数量多；憎水基的分子链较短、数量少。

聚羧酸系高效减水剂液状产品的固体含量一般为 18%～25%。与其他高效减水剂相比，一是其减水率高，一般为25%～35%，最高可达40%，增强效果显著，并能有效地提高混凝土的抗渗性、抗冻性；二是具有很强的保塑性，能有效地控制混凝土拌和物的坍落度经时损失；三是具有一定的减缩功能，能减小混凝土因干缩而带来的开裂风险。由于该类减水剂含有许多羟基（—OH）、醚基（—O—）和羧基（$—COO^-$）等亲水性基团，故具有一定的液-气界面活性作用。因此聚羧酸系减水剂具有一定的缓凝性和引气性，并且气孔尺寸大，使用时需要加入消泡剂。

（5）糖蜜系减水剂

简称糖钙，是利用制糖生产过程中提炼食糖后剩下的残液（称为糖蜜），经石灰中和处理调制成的一种粉状或液体状产品。主要成分为糖钙、蔗糖钙，是非离子型表面活性剂。

糖蜜系减水剂与M剂相似，属缓凝型减水剂，适宜掺量为0.1%～0.3%，减水率6%～10%，提高坍落度约50mm，28d强度提高10%～20%，抗冻性、抗渗性等耐久性有所提高，节省水泥10%，缓凝3h以上，对钢筋无锈蚀作用。

糖蜜系减水剂常用作缓凝剂，主要用于大体积混凝土、夏季施工混凝土、水工混凝土等。当用于其他混凝土时，常用早强剂、高效减水剂等复合使用。

糖蜜系减水剂使用时，应严格控制其掺量，掺量过多，缓凝严重，甚至许多天也不硬化。

（6）氨基磺酸盐系减水剂

氨基磺酸盐系减水剂为氨基磺酸盐甲醛缩合物，一般由带氨基、羟基、羧基、磺酸（盐）等活性基团的单体，通过滴加甲醛，在水溶液中温热或加热缩合而成。该类减水剂以芳香族氨基磺酸盐甲醛缩合物为主。

氨基磺酸盐系减水剂，有固体质量分数为25%～55%的液状产品以及浅黄褐色粉末状的粉剂产品。该类减水剂的主要特点之一是Cl^-含量低（0.01%～0.1%）以及Na_2SO_4含量低（0.9%～4.2%）。

氨基磺酸盐系减水剂在水泥颗粒表面呈环状、引线状和齿轮状吸附，能显著降低水泥颗粒表面的ζ负电位，因此其分散减水作用机理仍以静电斥力为主，并具有较强的空间位阻斥力作用及水化膜润滑作用。同时，由于具有强亲水性羟基（—OH），能使水泥颗粒表面形成较厚的水化膜，故具有较强的水化膜润滑分散减水作用。所以，氨基磺酸盐系减水剂对水泥颗粒的分散效果更强，对水泥的适应性明显提高，不但减水率高，而且保塑性好。氨基磺酸盐系减水剂无引气作用，由于分子结构中具有羟基（—OH），故具有轻微的缓凝作用。

按有效成分计算氨基磺酸盐系高效减水剂的掺量一般为水泥质量的0.2%～1.0%，最佳掺量为0.5%～0.75%。在此掺量下，对流动性混凝土的减水率为28%～32%；对塑性混凝土的减水率为17%～23%，具有显著的早强和增强作用，其早期强度比掺萘系及三聚氰胺系减水剂的混凝土早期强度增长更快。在初始流动性相同的条件下，混凝土坍落度经时损失明显低于掺萘系及三聚氰胺系减水剂的混凝土。但是，与其他高效减水剂相比，当掺量过大时，混凝土更易泌水。

（7）脂肪族羟基磺酸盐减水剂

脂肪族减水剂是以羟基化合物为主体，并通过磺化打开羟基，引入亲水性磺酸基团，然后，在碱性条件下与甲醛缩合形成一定分子量大小的脂肪族高分子链，使该分子形成具有表面活性分子特性的高分子减水剂。

该类减水剂主要原料为丙酮、亚硫酸钠或亚硫酸氢钠，它们之间按一定的摩尔比混合，在碱性条件下进行磺化、缩合反应而成。

该类减水剂的减水分散作用以静电斥力作用为主，掺量通常为水泥用量的0.5%～1.0%，减水率可达15%～20%，属早强型非引气减水剂。有一定的坍落度损失，尤其适用于混凝土管桩的生产。

7.1.2 缓凝剂

缓凝剂能延缓混凝土凝结时间，并对混凝土后期强度发展无不利影响。高温季节施工的混凝土、泵送混凝土、滑模施工混凝土及远距离运输的商品混凝土，为保持混凝土拌和物具有良好的和易性，要求延缓混凝土的凝结时间；大体积混凝土工程，需延长放热时间，以减少混凝土结构内部的温度裂缝；分层浇注的混凝土，为消除冷接缝，常须在混凝土中掺入缓凝剂。缓凝剂的主要种类有：木钙、糖钙、柠檬酸、柠檬酸钠、葡萄糖酸钠、葡萄糖酸钙等。它们能吸附在水泥颗粒表面，并在水泥颗粒表面形成一层较厚的溶剂化水膜，因而起到缓凝作用，特别是含糖分较多的缓凝剂，糖分的亲水性很强，溶剂化水膜厚，缓凝性更强，故糖钙缓凝效果更好。

缓凝剂掺量一般为0.1%～0.3%，可缓凝1～5h。根据需要调节缓凝剂的掺量，可使缓凝时间达到24h，甚至36h。掺加缓凝剂后可降低水泥水化初期的水化放热；此外，还具有增强后期强度的作用。缓凝剂掺量过多或搅拌不匀时，会使混凝土或局部混凝土长时间不凝而报废，但当超量不是很大时，经过延长养护时间之后，混凝土强度仍可继续发展。掺加柠檬酸、柠檬酸钠后会引起混凝土大量泌水，故不宜单独使用。在混凝土拌和料搅拌2～3min以后加入缓凝剂，可使凝结时间较与其他材料同时加入延长2～3h。

缓凝剂具有如下基本特性：延缓混凝土凝结时间，但掺量不宜过大，否则引起混凝土强度下降；延缓水泥水化放热速度，有利于大体积混凝土施工；对不同水泥品种适应性较差，不同水泥品种的缓凝效果不同，甚至会出现相反效果。因此，使用前应进行试验。

7.1.3 早强剂

早强剂可加速混凝土硬化，缩短养护周期，加快施工进度，提高模板周转率。多用于冬季施工或紧急抢修工程。

早强剂的常用种类有氯盐类、硫酸盐类、有机氨类等。各类早强剂的早强作用机理不尽相同。

(1) 氯盐

氯盐系早强剂主要有氯化钙（$CaCl_2$）和氯化钠（NaCl），其中氯化钙是使用最早、应用最为广泛的一种早强剂。氯盐的早期作用主要是通过生成水化氯铝酸钙（$3CaO \cdot Al_2O_3 \cdot 3CaCl_2 \cdot 32H_2O$ 和 $3CaO \cdot Al_2O_3 \cdot CaCl_2 \cdot 10H_2O$）以及氧氯化钙［$CaCl_2 \cdot 3Ca(OH)_2 \cdot 12H_2O$ 和 $CaCl_2 \cdot Ca(OH)_2 \cdot H_2O$］实现早强的。

氯化钙除具有促凝、早强作用外。还具有降低冰点的作用。因其含有氯离子（Cl^-），会加速钢筋锈蚀，故掺量必须严格控制。掺量一般为1%～2%，可使1d强度提高70%～140%，3d强度提高40%～70%，对后期强度影响较小，且可提高防冻性，但会增大干缩，降低抗冻性。

氯化钠的掺量、作用及应用同氯化钙基本相似，但作用效果稍差，且后期强度会有一定降低。

《混凝土外加剂应用技术规范》（GB 50119—2003）及《混凝土结构工程施工质量验收规范》（GB 50204—2002）规定，在钢筋混凝土中，氯化钙掺量≤1%，在无筋混凝土中，掺量≤3%；经常处于潮湿或水位变化区的混凝土、遭受侵蚀介质作用的混凝土、集料具有碱活性的混凝土、薄壁结构混凝土、大体积混凝土、预应力混凝土、装饰混凝土、使用冷拉或冷拔低碳钢丝的混凝土结构中，不允许掺入氯盐早强剂。为防止氯化钙对钢筋的锈蚀作用，常与阻锈剂复合使用。

氯盐早强剂主要适宜于冬季施工混凝土、早强混凝土。不适宜于蒸汽养护混凝土。

(2) 硫酸钠

硫酸钠（Na_2SO_4），通常使用无水硫酸钠，又称元明粉，是硫酸盐系早强剂之一，是应用较多的一种早强剂。硫酸钠的早强作用是通过生成二水石膏，进而生成水化硫铝酸钙实现的。

硫酸钠具有缓凝、早强作用。掺量一般为0.5%～2.0%，可使3d强度提高20%～40%，28d后的强度基本无差别，抗冻性及抗渗性有所提高，对钢筋无锈蚀作用。当集料为碱活性集料时，不能掺加硫酸钠，以防止碱-集料反应。掺量过多时，会引起硫酸盐腐蚀。

硫酸钠的应用范围较氯盐系早强剂更广。

(3) 三乙醇胺

三乙醇胺为无色或淡黄色油状液体，无毒，呈碱性，属非离子型表面活性剂。

三乙醇胺的早强作用机理与前两种早强剂不同，它不参与水化反应，不改变水泥的水化产物。它能降低水溶液的表面张力，使水泥颗粒更易于润湿，且可增加水泥的分散程度，因而加快了水泥的水化速度，对水泥的水化起到催化作用。水化产物增多，使水泥石的早期强度提高。

三乙醇胺掺量一般为0.02%～0.05%，可使3d强度提高20%～40%，对后期强度影响较小，抗冻、抗渗等性能有所提高，对钢筋无锈蚀作用，但会增大干缩。

除上述三种早强剂外，工程中还使用石膏、硫代硫酸钠（大苏打）、明矾石（硫酸钾铝）、硝酸钙、硝酸钾、亚硝酸钠、亚硝酸钙、甲酸钠、乙酸钠、重铬酸钠等。早强剂在复合使用时，效果更佳。

通常，高效减水剂都能在不同程度上提高混凝土的早期强度。若将早强剂与减水剂复合使用，既可进一步提高早期强度，又可使后期强度增长，并可改善混凝土的施工性质。因此，早强剂与减水剂的复合使用，特别是无氯盐早强剂与减水剂的复合早强减水剂发展迅速。如硫酸钠与木钙、糖钙及高效减水剂等的复合早强减水剂已广泛得到应用。

早强剂或早强减水剂掺量过多会使混凝土表面起霜，后期强度和耐久性降低，并对钢筋的保护也有不利作用。有时也会造成混凝土过早凝结或出现假凝。

7.1.4 引气剂

引气剂属憎水性表面活性剂。引气剂的作用机理是：由于它的表面活性，能定向吸附在水-气界面上，且显著降低水的表面张力，使水溶液形成众多新的表面（即水在搅拌下易产生气泡）；同时，引气剂分子定向排列在气泡上，形成单分子吸附膜，使液膜坚固而不易破裂；此外，水泥中的微细颗粒以及氢氧化钙与引气剂反应生成的钙皂，被吸附在气泡膜壁上，使气泡的稳定性进一步提高。因此，可在混凝土中形成稳定的封闭球型气泡，其直径为0.01～0.5mm。

混凝土拌和物中，气泡的存在增加了水泥浆的体积，相当于增加了水泥浆量；同时，形成的封闭、球型气泡有“滚珠轴承”的润滑作用，可提高混凝土拌和物的流动性，或可减水。在硬化后的混凝土中，这些微小气泡“切断”了毛细管渗水通路，提高了混凝土的抗渗性，降低了混凝土的水饱和度；同时，这些大量的未充水的微小气泡能够在结冰时让尚未结冰的多余水进入其中，从而起到缓解膨胀压力，提高抗冻性的作用。在同样含气量下，气泡直径越小，则气泡数量越多，气泡间距系数越小，水迁移的距离越短，对抗冻性的改善越好。

引气剂的主要类型有：松香树脂类（松香热聚物、松香皂），烷基苯磺酸盐类（烷基苯磺酸钠、烷基磺酸钠），木质素磺酸盐类（木质素磺酸钙等），脂肪醇类（脂肪醇硫酸钠、高级脂肪醇衍生物），非离子型表面活性剂（烷基酚环氧乙烷缩合物）等。

不同引气剂的适宜掺量和引气效果不同，并具有减水效果，如松香热聚物的适宜掺量为水泥质量的0.005%～0.02%。引气量为3%～5%，减水率为8%。引气剂在混凝土中有以下特性。

① 改善混凝土拌和物的和易性。在拌和物中，微小而封闭的气泡可起滚珠的作用，减少颗粒间的摩擦阻力，使拌和物的流动性大大提高。若使流动性不变可减水10%左右，由于大量微小气泡的存在，使水分均匀地分布在气泡表面，从而使拌和物具有较好的保水性。

② 提高混凝土的抗渗性、抗冻性。引气剂改善了拌和物的保水性、减少了拌和物泌水，因此泌水通道的毛细管也相应减少了。同时引入大量封闭的微孔，堵塞或割断了混凝土中毛细管渗水通道，改变了混凝土的孔结构，使混凝土抗渗性显著提高。气泡有较大的弹性变形能力，对由水结冰所产生的膨胀应力有一定的缓冲作用，因而混凝土的抗冻性得到了提高，耐久性也随之提高了。

③ 降低混凝土强度。当水灰比固定时，混凝土中空气量每增加1%（体积），其抗压强度下降3%～5%。因此，对引气剂的掺量应严格控制，一般引气量以3%～6%为宜。

④ 降低混凝土弹性模量。由于大量气泡的存在，使混凝土的弹性变形增大，弹性模量有所降低，这对混凝土的抗裂性是有利的。

⑤ 不能用于预应力混凝土和蒸汽（或蒸压）养护混凝土。

⑥ 出料到浇注的停放时间不宜过长。当采用插入式振捣棒振捣时，振捣时间不宜超过20s。

7.1.5 膨胀剂

膨胀剂是指其在混凝土拌制过程中与硅酸盐类水泥、水拌和后经水化反应生成钙矾石或氢氧化钙等，使混凝土产生膨胀的外加剂，分为硫铝酸钙类、氧化钙类、硫铝酸钙-氧化钙类。

膨胀剂常用品种为UFA型（硫铝酸钙型），目前还有低碱型UEA膨胀剂和低掺量的高效UEA膨胀剂。膨胀剂的掺量（内掺，即等量替代水泥）为10%～14%（低掺量的高效膨胀剂掺量为8%～10%），可使混凝土产生一定的膨胀，抗渗性提高2～3倍，或自应力值达0.2～0.6MPa，且对钢筋无锈蚀作用，并使抗裂性大幅度提高。掺加膨胀剂的混凝土水胶比不宜大于0.50，施工后应在终凝前进行多次抹压，并采取保湿措施；终凝后，需立即浇水养护，并保证混凝土始终处于潮湿状态或处于水中，养护龄期必须大于14d。养护不当会使混凝土产生大量的裂纹。

各膨胀剂的成分不同，引起膨胀的原因也不相同。膨胀剂的使用应注意以下问题。

① 掺硫铝酸钙类膨胀剂的膨胀混凝土（或砂浆），不得用于长期处于温度在80℃以上的工程中。

② 掺硫铝酸钙类或氧化钙类膨胀剂的混凝土，不宜同时使用氯盐类外加剂。

③ 掺铁屑膨胀剂的填充用膨胀砂浆，不得用于有杂散电流的工程，也不得用在镁铝材料接触的部位。

膨胀剂主要适应于长期处于水中、地下或潮湿环境中有防水要求的混凝土、补偿收缩混凝土、接缝及地脚螺丝灌浆料、自应力混凝土等，使用时需配筋。

7.1.6 防冻剂

在我国北方，为防止混凝土早期受冻，冬季施工（日平均气温低于 5℃）常掺加防冻剂。防冻剂是指在规定的温度下，能显著降低混凝土的冰点，使混凝土液相不冻结或部分冻结，以保证水泥的水化作用，并在一定时间内获得预期强度的外加剂。

混凝土工程可采用下列防冻剂：①氯盐类，如氯化钙、氯化钠或以氯盐为主的其他早强剂、引气剂、减水剂复合的外加剂；②氯盐和阻锈剂（亚硝酸钠）为主复合的外加剂；③无氯盐类，以亚硝酸盐、硝酸盐、乙酸钠或尿素为主的复合外加剂。

含亚硝酸盐和碳酸盐的防冻剂严禁用于预应力混凝土工程，铵盐、尿素严禁用于办公、居住等室内建筑工程。这些氨类物质在使用过程中以氨气的形式释放出来，当它在室内空气中的浓度为 0.3mg/m^3 时就感觉有异味和不适，0.6mg/m^3 时可引起眼结膜刺激等，高浓度时还可引起头晕、头痛、恶心、胸闷及肝脏等多个系统损害。《混凝土外加剂中释放氨的限量》GB 18588—2001 规定：混凝土外加剂中的氨量必须小于或等于 0.10%（质量分数）。该标准适用于各类具有室内使用功能的混凝土外加剂，不适用于桥梁、公路及其他室外工程用外加剂。

为提高防冻剂的防冻效果，防冻剂多与减水剂、早强剂及引气剂等复合，使其具有更好的防冻性。目前，工程上使用的都是复合防冻剂。混凝土防冻剂应满足表 7-1 的要求。

表 7-1　混凝土防冻剂技术要求（JC 475—2004、DL/T 5100—1999）

试验项目		JC 475—2004						《公路工程水泥混凝土外加剂与矿物掺和料应用技术指南》(2006)			DL/T 5100—1999		
		一等品			合格品								
减水率/%		≥10			—			≥10			>8		
泌水率比/%		≤80			≤100			≤80			<100		
含气量/%		≥2.5			≥2.0			≥2.5			>2.5		
凝结时间差/min	初凝	−150～+150			−210～+210			−150～+150			−120～+120		
	终凝												
抗压强度比/%，≥	温度/℃	−5	−10	−15	−5	−10	−15	−5	−10	−15	−5	−10	−15
	f_{28}	100	100	95	95	95	90	100	100	95	95	95	90
	f_{-7}	20	12	10	20	10	8	20	12	10	—	—	—
	f_{-7+28}	95	90	85	95	85	80	95	90	85	95	90	85
	f_{-7+56}	100						100			100		
28d 收缩率比/%		≤135						≤130			<125		
抗渗压力(或高度)比/%		渗透高度比≤100						渗透高度比≤100			>100(或<100)		
抗冻性		50 次冻融强度损失率比≤100%						F50					
对钢筋锈蚀作用		应说明对钢筋有无锈蚀作用											

注：f_{-7+28} 表示混凝土在规定负温下养护 7d，之后转入正温标准养护条件下养护 28d 的抗压强度值，其余类推。

7.1.7 速凝剂

速凝剂是一种使砂浆或混凝土迅速凝结硬化的化学外加剂。速凝剂与水泥加水拌和后立即反应，使水泥中的石膏丧失其缓冲作用，使 C_3A 迅速水化，产生快速凝结。速凝剂分为粉剂和液态两种，其性能应满足表 7-2 的要求。

表 7-2 速凝剂的性能要求 (JC 477—2005、DL/T 5100—1999)

项目		JC 477—2005		DL/T 5100—1999	《公路工程水泥混凝土外加剂与矿物掺和料应用技术指南》(2006)
		一等品	合格品		
细度(80μm)/%,<		15	15	15	15
含水率/%,<		2	2	2	2
净浆凝结时间/min,<	初凝	3	5	3	3
	终凝	8	12	10	8
砂浆抗压强度比/%,>	1d	7	6	—	—
	28d	75	75	75	75
1d 砂浆抗压强度/MPa,≥		—	—	8.0	7.0

速凝剂主要用于喷射混凝土、堵漏等。

7.1.8 防水剂

防水剂是指能降低砂浆或混凝土在静水压力下的透水性的外加剂。

混凝土体内分布着大小不同的孔隙（凝胶孔、毛细孔和大孔）。防水剂的主要作用是要减少混凝土内部的孔隙，提高密实度或改变孔隙特征以及堵塞渗水通道，以提高混凝土的抗渗性。

常采用引气剂、引气减水剂、膨胀剂、氯化铁、氯化铝、三乙醇胺、硬脂酸钠、甲基硅醇钠、乙基硅醇钠等外加剂作为防水剂。工程中使用的多为复合防水剂，除上述成分外，有时还掺入少量高活性的矿物材料，如硅灰。

目前市场上有一种水泥基渗透结晶型防水材料，它是以硅酸盐水泥或普通硅酸盐水泥、精细石英砂或硅砂等为基材，掺入活性化学物质（催化剂）及其他辅料组成的渗透型防水材料。其防水机理是通过混凝土中的毛细孔隙或微裂纹，在有水条件下逐步渗入混凝土的内部，并与水泥水化产物反应生成结晶物质而使混凝土致密。产品分为防水剂和防水涂料，使用时直接掺入水泥混凝土中或加水调制成浆体涂刷于水泥混凝土的表面或干撒在刚刚成型后的水泥混凝土表面进行抹压（可洒适量水使防水材料被润湿）。水泥基渗透结晶型防水材料的防水效果好，并可使表层混凝土的强度提高 20%～30%。水泥基渗透结晶型防水材料在初凝后必须进行喷雾养护，以使其能充分渗入混凝土内部。防水剂的性能应满足《砂浆、混凝土防水剂》JC 474—2008 与《水泥基渗透结晶型防水材料》GB 18445—2012 的技术要求。

此外，还有防水堵漏材料，它可以使水泥砂浆和混凝土在 2～10min 内初凝，15min 内终凝，主要用于有水渗流部位的防水处理。其质量应满足《无机防水堵漏材料》GB 23440—2009 的要求。

7.1.9 泵送剂

泵送剂是指能改善混凝土拌和物泵送性能的外加剂。泵送剂主要由高效减水剂、缓凝剂、引气剂、保塑剂等组成，引气剂起到保证混凝土拌和物的保水性和黏聚性的作用，保塑剂起到防止坍落度损失的作用。泵送剂可提高混凝土拌和物的坍落度 80～150mm 以上，并可保证混凝土拌和物在管道内输送时不发生严重的离析、泌水，从而保证畅通无阻。泵送剂应符合表 7-3 的要求。

表 7-3　混凝土泵送剂技术要求

试验项目			JC 473—2001		《公路工程水泥混凝土外加剂与矿物掺和料应用技术指南》(2006)	DL/T 5100—1999
			一等品	合格品		
坍落度增加值/mm,≥			100	80	100	10
常压泌水率比/%,≤			90	100	90	100
压力泌水率比/%,≤			90	95	90	95
含气量/%,≤			4.5	5.5	4.5	4.5
坍落度	保留值/mm,≥	30min	150	120	150	—
		60min	120	100	120	
	损失率/%,≤	30min	—		—	20
		60min				30
抗压强度比/%,≥		3d	85	80	90	85
		7d	90			
		28d				
28d 弯拉强度比/%,≥			—		90	—
28d 收缩率比/%,≤			135		125	125
对钢筋锈蚀作用			应说明有无锈蚀作用		应说明有无锈蚀作用	应说明有无锈蚀作用

泵送剂主要用于泵送施工的混凝土，特别是预拌混凝土、大体积混凝土、高层建筑混凝土施工等，也可用于水下灌注混凝土，但尚应加入水中抗分离剂。

7.1.10　絮凝剂

絮凝剂也称水中抗分离剂，能有效减少集料与水泥浆的分离，防止水泥被水冲走，保证混凝土拌和物在水中浇筑后仍有足够的水泥和砂浆，从而保证水下浇注混凝土的强度及其他性能。其主要品种有纤维素、丙烯酰胺、丙烯酸钠、聚乙烯醇、聚氧化乙烯等，常用掺量为 2.5%～3.5%。絮凝剂的技术要求见表 7-4。

表 7-4　混凝土水中絮凝剂的技术要求（DL/T 5100—1999）

类型	泌水率/%	含气量/%	坍落度损失/cm		水中分离度		凝结时间/h		水气强度比①/%	
			30min	120min	悬着物含量	pH	初凝	终凝	7d	28d
普通型	＜0.5	＜4.5	＜3.0 (2.0)②	—	＜50 (90)②	＜12	＞5	＞24	＞60	＞70
缓凝型				＜3.0 (5.0)②	＜50 (85)②		＞12	＜36		

① 水气强度比为水下 500mm 一次投料装模与空气中按标准试验方法同温度同龄期养护抗压强度之比。

② 括号中的数值为《公路工程水泥混凝土外加剂与矿物掺和料应用技术指南》(2006) 要求的指标值，无括号的为《公路工程水泥混凝土外加剂与矿物掺和料应用技术指南》(2006) 与 DL/T 5100—1999 的共同要求指标值。

7.1.11 阻锈剂

阻锈剂是指能抑制或减轻混凝土中钢筋锈蚀的外加剂。阻锈剂较环氧涂层钢筋保护法、阴极保护法等成本低、施工方便、效果明显。

阻锈剂分为阳极型、阴极型和复合型。阳极型为含氧化性离子的盐类，起到增加钝化膜的作用，主要有亚硝酸钠、亚硝酸钙、铬酸钾、氯化亚锡、苯甲酸钠；阴极型大多数是表面活性物质，在钢筋表面形成吸附膜，起到减缓或阻止电化学反应的作用，主要有氨基醇类、羧酸盐类、磷酸酯等，某些可在阴极生成难溶于水的物质也能起到阻锈作用，如氟铝酸钠、氟硅酸钠等。阴极型的掺量大，效果不如阳极型的好。复合型对阳极和阴极均有保护作用。

工程上主要使用亚硝酸盐，但亚硝酸钠严禁用于预应力混凝土工程。阻锈剂应复合使用以增加阻锈效果、减少掺量。阻锈剂的基本性能应满足表 7-5 的要求。

表 7-5 混凝土阻锈剂的基本性能（YB/T 9231—2009）

性能	试验项目	粉剂型	水剂型
防锈性	盐水浸渍试验	无锈，电位 0～250mV	无锈，电位 0～250mV
	干湿冷热[Y]（60 次）	无锈	无锈
	盐水中浸烘试验[Z]（8 次）	钢筋的腐蚀失重率减小 60%以上	钢筋的腐蚀失重率减小 60%以上
	电化学综合试验	合格	合格
对混凝土性能影响试验	抗压强度	不降低	不降低
	抗渗性	不降低	不降低
	初凝时间/min	−60～120	−60～60

注：1. 项目及指标值的右上角有 Z 的表示《公路工程水泥混凝土外加剂与掺和料应用技术指南》（2006）单独要求的项目及指标，有 Y 的表示《钢筋阻锈剂使用技术规程》（YB/T 9231—2009）单独要求的项目及指标，右上角无 Y 和 Z 的项目及指标表示是两者的共同要求。

2. 试验表明，《公路工程水泥混凝土外加剂与掺和料应用技术指南》（2006）中规定的盐水中浸烘试验（8 次）较《钢筋阻锈剂使用技术规程》（YB/T 9231—1998）更快速明确。

当外加剂中含有氯盐或环境中含有氯盐时，需掺入阻锈剂，以保护钢筋。阻锈剂的掺量一般在 2%～5%，极端环境下（如氯盐为主的盐碱地、撒除冰盐环境、海边浪溅区）的掺量为 6%～15%。对于一些重要结构，除掺入混凝土中外，还应在浇注混凝土前用含阻锈剂 5%～10%的溶液涂覆钢筋表面以增加防腐效果；对于修复工程，浓度应提高至 10%～20%。

除上述外加剂外，混凝土中应用的外加剂还有减缩剂、保水剂、增稠剂等。

混凝土中应用外加剂时，需满足《混凝土外加剂应用技术规范》GB 50119—2013 的规定。

7.2 外加剂试验

7.2.1 水泥净浆流动度

（1）试验依据

本试验依据 GB/T 8077—2012《混凝土外加剂均质性试验方法》进行。

此方法适用于测定水泥的密度，也适用于测定采用本方法的其他粉状物料的密度。在水泥净浆搅拌机中加入一定量的水泥、外加剂和水进行搅拌，将搅拌好的净浆注入截锥圆模内，提起截锥圆模，测定水泥净浆在玻璃平面上自由流淌的最大直径。

（2）仪器与设备

截锥圆模：上口直径36mm，下口直径60mm，高度60mm，内壁光滑无接缝的金属制品。

玻璃板：400mm×400mm×5mm。

钢直尺：300mm。

药物天平：称量100g，分度值0.1g。

药物天平：称量1000g，分度值1g。

刮刀、水泥净浆搅拌机、秒表等。

（3）试验步骤

① 将玻璃板放置在水平位置，用湿布擦抹玻璃板、截锥圆模、搅拌器及搅拌锅，使其表面湿而不带水渍。将截锥圆模放在玻璃板的中央，并用湿布覆盖待用。

② 称取水泥300g，倒入搅拌锅内，加入推荐掺量的外加剂及87g或105g水，搅拌3min。

③ 将拌好的净浆迅速注入截锥圆模内，用刮刀刮平，将截锥圆模按垂直方向提起，同时开启秒表计时，任水泥净浆在玻璃板上流动，至30s时用直尺量取流淌部分相互垂直的两个方向的最大直径，取平均值作为水泥净浆流动度。

（4）结果表示

表示净浆流动度时，需注明用水量，以及所用水泥的强度等级标号、名称、型号及生产厂和外加剂掺量。

允许差：室内允许差为5mm；室间允许差为10mm。

7.2.2 水泥砂浆工作性

（1）试验依据

本试验依据GB/T 8077—2012《混凝土外加剂均质性试验方法》进行。

本方法适用于测定外加剂对水泥的分散效果，以水泥砂浆减水率表示其工作性，当水泥净浆流动度试验不明显时可用此法。

先测定基准砂浆流动度的用水量，再测定掺外加剂砂浆流动度的用水量。然后，测定加入基准砂浆流动度的用水量时的砂浆流动度。以水泥砂浆减水率表示其工作性。

（2）仪器与设备

胶砂搅拌机：符合JC/T 681的要求。

跳桌、截锥圆模及模套、圆柱捣棒、卡尺均应符合GB/T 2419的规定。

药物天平：称量100g，分度值0.1g。

台秤：称量5kg。

标准砂：砂的颗粒级配及其湿含量完全符合ISO标准砂的规定，各级配以1350g±5g量的塑料袋混合包装，但所用塑料袋材料不得影响砂浆工作性试验结果。

（3）试验步骤

① 基准砂浆流动度用水量的测定：先使搅拌机处于待工作状态，然后按以下程序进行操作：把水加入锅里，再加入水泥450g，把锅放在固定架上，上升至固定位置，然后立即开动机器，低速搅拌30s后，在第二个30s开始的同时均匀地将砂子加入，机器转至高速再拌30s，停拌90s，在第一个15s内用一抹刀将叶片和锅壁上的胶砂刮入锅中间，在高速下继续搅拌60s，各个阶段搅拌时间误差应在±1s以内。

② 在拌和砂浆的同时，用湿布擦抹跳桌的玻璃台面、捣棒、截锥圆模及模套内壁，并把它们置于玻璃台面中心，盖上湿布，备用。

③ 将拌好的砂浆迅速地分两次装入模内，第一次装至截锥圆模的 2/3 处，用抹刀在相互垂直的两个方向各划 5 次，并用捣棒自边缘向中心均匀捣 15 次，接着装第二次砂浆，装至高出截锥圆模约 20mm，用抹刀划 10 次，同样用捣棒捣 10 次，在装胶砂与捣实时 用手将截锥圆模按住，不要使其产生移动。

④ 捣好后取下模套，用抹刀将高出截锥圆模的砂浆刮去并抹平，随即将截锥圆模垂直向上提起置于台上，立即开动跳桌，以每秒一次的频率使跳桌连续跳动 30 次。

⑤ 跳动完毕用卡尺量出砂浆底部流动直径，取相互垂直的两个直径的平均值为该用水量时的砂浆流动度，用 mm 表示。

⑥ 重复上述步骤，直至流动度达到 180mm±5mm。当砂浆流动度为 180mm±5mm 时的用水量即为基准砂浆流动度的用水量 M_0。

⑦ 将水和外加剂加入锅里搅拌均匀，按上述的操作步骤测出掺外加剂砂浆流动度达 180mm±5mm 时的用水量 M_1。

⑧ 将外加剂和基准砂浆流动度的用水量 M_0 量的水加入锅中，人工搅拌均匀，再按上述的操作步骤，测定加入基准砂浆流动度的用水量时的砂浆流动度，以 mm 表示。

（4）结果表示

砂浆减水率（%）按下式计算：

$$\text{砂浆减水率}=\frac{M_0-M_1}{M_0}\times 100$$

式中 M_0——基准砂浆流动度为 180mm±5mm 时的用水量，g；

M_1——掺外加剂的砂浆流动度为 180mm±5mm 时的用水量，g。

注明所用水泥的标号、名称、型号及生产厂。当仲裁试验时，必须采用基准水泥。室内允许差为砂浆减水率 1.0%，室间允许差为砂浆减水率 1.5%。

7.2.3 氯离子含量

（1）试验依据

本试验依据 GB/T 8077—2012《混凝土外加剂均质性试验方法》进行。

用电位滴定法，以银电极或氯电极为指示电极，其电势随 Ag^+ 浓度而变化。以甘汞电极为参比电极，用电位计或酸度计测定两电极在溶液中组成原电池的电势，银离子与氯离子反应生成溶解度很小的氯化银白色沉淀。在等当点前滴入硝酸银生成氯化银沉淀，两电极间电势变化缓慢，等当点时氯离子全部生成氯化银沉淀，这时滴入少量硝酸银即引起电势急剧变化，指示出滴定终点。

（2）仪器与试剂

硝酸（1+1）。

硝酸银溶液（17g/L）：准确称取约 17g 硝酸银（$AgNO_3$），用水溶解，放入 1L 棕色容量瓶中稀释至刻度，摇匀，用 0.1000mol/L 氯化钠标准溶液对硝酸银溶液进行标定。

0.1000mol/L 氯化钠标准溶液：称取约 10g 氯化钠（基准试剂），盛在称量瓶中，130～150℃下烘干 2h，在干燥器内冷却后精确称取 5.8443g，用水溶解并稀释至 1L，摇匀。

标定硝酸银溶液（17g/L）：用移液管吸取 10mL 0.1000mol/L 的氯化钠标准溶液于烧杯中，加水稀释至 200mL，加 4mL 硝酸（1+1），在电磁搅拌下，用硝酸银溶液以电位滴定法测定终点，过等当点后，在同一溶液中再加入 0.1000mol/L 氯化钠标准溶液 10mL，继续用硝酸银溶液滴定至第二个终点，用二次微商法计算出硝酸银溶液消耗的体积 V_{01}、V_{02}。

体积 V_0 按下式计算：

$$V_0 = V_{02} - V_{01}$$

式中 V_0——10mL 0.1000mol/L 氯化钠消耗硝酸银溶液的体积 mL；

V_{01}——空白试验中 200mL 水，加 4mL 硝酸（1+1），加 10mL 0.1000mol/L 氯化钠标准溶液所消耗的硝酸银溶液的体积，mL；

V_{02}——空白试验中 200mL 水，加 4mL 硝酸（1+1），加 20mL 0.1000mol/L 氯化钠标准溶液所消耗的硝酸银溶液的体积，mL。

浓度 c 按下式计算：

$$c = \frac{c_1 V_1}{V_0}$$

式中 c——硝酸银溶液的浓度，mol/L；

c_1——氯化钠标准溶液的浓度，mol/L；

V_1——氯化钠标准溶液的体积，mL。

仪器有电位测定仪或酸度仪、银电极或氯电极、甘汞电极、电磁搅拌器、滴定管（25mL)、移液管（10mL）。

（3）试验步骤

① 准确称取外加剂试样 0.5000～5.0000g，放入烧杯中，加 200mL 水和 4mL 硝酸（1+1)，使溶液呈酸性，搅拌至完全溶解，如不能完全溶解，可用快速定性滤纸过滤，并用蒸馏水洗涤残渣至无氯离子为止。

② 用移液管加入 10mL 0.1000mol/L 的氯化钠标准溶液，烧杯内加入电磁搅拌子，将烧杯放在电磁搅拌器上，开动搅拌器并插入银电极（或氯电极）及甘汞电极，两电极与电位计或酸度计相连接，用硝酸银溶液缓慢滴定，记录电势和对应的滴定管度数。

由于接近等当点时，电势增加很快，此时要缓慢滴加硝酸银溶液，每次定量加入 0.1mL，当电势发生突变时，表示等当点已过，此时继续滴入硝酸银溶液，直至电势趋向变化平缓。得到第一个终点时硝酸银溶液消耗的体积 V_1。

③ 在同一溶液中，用移液管再加入 10mL 0.1000mol/L 氯化钠标准溶液（此时溶液电势降低)，继续用硝酸银溶液滴定，直至第二个等当点出现，记录电势和对应的 0.1mol/L 硝酸银溶液消耗的体积 V_2。

④ 空白试验：在干净的烧杯中加入 200mL 水和 4mL 硝酸（1+1)，用移液管加入 10mL 0.1000mol/L 的氯化钠标准溶液，在不加入试样的情况下，在电磁搅拌下，缓慢滴加硝酸银溶液，记录电势和对应的滴定管读数，直至第一个终点出现。过等当点后，在同一溶液中 再用移液管加入 10mL 0.1000mol/L 的氯化钠标准溶液 10mL，继续用硝酸银溶液滴定至第二个终点，用二次微商法计算出硝酸银溶液消耗的体积 V_{01} 及 V_{02}。

（4）结果表示

用二次微商法计算结果。通过电压对体积二次导数（即 $\Delta^2 E/\Delta V^2$）变成零的办法来求出滴定终点。假如在临近等当点时，每次加入的硝酸银溶液是相等的，此函数（$\Delta^2 E/\Delta V^2$）必定会在正负两个符号发生变化的体积之间的某一点变成零，对应这一点的体积即为终点体积，可用内插法求得。

外加剂中氯离子所消耗的硝酸银体积 V 按下式计算：

$$V=\frac{(V_1-V_{01})+(V_2-V_{02})}{2}$$

式中 V_1——试样溶液加 10mL 0.1000mol/L 氯化钠标准溶液所消耗的硝酸银溶液体积，mL；

V_2——试样溶液加 20mL 0.1000mol/L 氯化钠标准溶液所消耗的硝酸银溶液体积，mL。

外加剂中氯离子含量 X_{Cl^-} 按下式计算：

$$X_{Cl^-}=\frac{c\times V\times 35.45}{m\times 1000}\times 100$$

式中 X_{Cl^-}——外加剂氯离子含量，%；

m——外加剂样品质量，g。

用 1.565 乘以氯离子的含量，即获得无水氯化钙 X_{CaCl_2} 的含量，按下式计算：

$$X_{CaCl_2}=1.565\times X_{Cl^-}$$

式中 X_{CaCl_2}——外加剂中无水氯化钙的含量，%。

室内允许差为 0.05%，室间允许差为 0.08%。

7.2.4 固体含量

(1) 试验依据

本试验依据 GB/T 8077—2012《混凝土外加剂均质性试验方法》进行。

向已恒量的称量瓶内放入被测试样，于一定温度下烘至恒量。

(2) 仪器与试剂

天平：分度值 0.0001g。

鼓风电热恒温干燥箱：温度范围 0～200℃。

带盖称量瓶：25mm×65mm。

干燥器：内盛变色硅胶。

(3) 试验步骤

① 将洁净带盖称量瓶放入烘箱内于 100～105℃下烘 30min，取出置于干燥器内，冷却 30min 后称量，重复上述步骤直至恒量，其质量为 m_0。

② 将被测试样装入已经恒量的称量瓶内，盖上盖子称出试样及称量瓶的总质量为 m_1。试样称量：液体产品 3.0000～5.000g。

③ 将盛有试样的称量瓶放入烘箱内，开启瓶盖，升温至 100～105℃（特殊品种除外）烘干，盖上盖子置于干燥器内冷却 30min 后称量，重复上述步骤直至恒量，其质量为 m_2。

(4) 结果表示

固体含量 $X_{固}$ 按下式计算：

$$X_{固}=\frac{m_2-m_0}{m_1-m_0}\times 100$$

式中 $X_{固}$——固体含量，%；

m_0——称量瓶的质量，g；

m_1——称量瓶加试样的质量，g；

m_2——称量瓶加烘干后的试样的质量，g。

室内允许差为 0.30%，室间允许差为 0.50%。

7.2.5 细度

（1）试验依据

本试验依据 GB/T 8077—2012《混凝土外加剂均质性试验方法》进行。

采用孔径为 0.315mm 的试验筛，称取烘干试样 m_0 倒入筛内，用人工筛样，称量筛余物质量 m_1，按下式计算出筛余物的质量分数。

（2）仪器与试剂

天平：分度值 0.001g。

试验筛：采用孔径为 0.315mm 的铜丝网筛布。筛框有效直径 150mm、高 50mm，筛布应紧绷在筛框上，接缝必须严密，并附有筛盖。

（3）试验步骤

外加剂试样应充分拌匀并经 100～105℃（特殊品种除外）烘干，称取烘干试样 10g 倒入筛内，用人工筛样，将近筛完时，必须一手执筛往复摇动，一手拍打，摇动速度约每分钟 120 次，其间，筛子应向一定方向旋转数次，使试样分散在筛布上，直至每分钟通过质量不超过 0.05g 时为止。称量筛余物，称准至 0.1g。

（4）结果表示

细度用筛余（%）表示，按下式计算：

$$筛余=\frac{m_1}{m_0}\times 100$$

式中 m_1——筛余物质量，g；

m_0——试样质量，g。

室内允许差为 0.40%；室间允许差为 0.60%。

7.2.6 pH 值

（1）试验依据

本试验依据 GB/T 8077—2012《混凝土外加剂均质性试验方法》进行。

根据奈斯特（Nemst）方程 $E=E_0+0.05915\lg[H^+]$，$E=E_0-0.05915pH$，利用一对电极在不同 pH 值溶液中能产生不同电位差，这一对电极由测试电极（玻璃电极）和参比电极（饱和甘汞电极 ）组成，在 25℃时每相差一个单位 pH 值时产生 59.15mV 的电位差，pH 值可在仪器的刻度表上直接读出。

（2）仪器与试剂

天平：分度值 0.0001g；酸度计；甘汞电极；玻璃电极；复合电极。

（3）测试条件

液体样品直接测试；固体样品溶液的浓度为 10g/L；被测溶液的温度为（20±3)℃。

（4）测试步骤

① 按仪器的出厂说明书校正仪器。

② 当仪器校正好后，先用水，再用测试溶液冲洗电极，然后再将电极浸入被测溶液中轻轻摇动试杯，使溶液均匀，待酸度计的读数稳定 1min，记录读数。测量结束后，用水冲洗电极，以待下次测量。

（5）结果表示

酸度计测出的结果即为溶液的 pH 值。

室内允许差为 0.2，室间允许差为 0.5。

7.2.7 表面张力

（1）试验依据

本试验依据 GB/T 8077—2012《混凝土外加剂均质性试验方法》进行。

铂环与液面接触后，在铂环内形成液膜，提起铂环时所需的力与液体表面张力相平衡，测定液膜脱离液面的力的大小。

（2）仪器与试剂

自动界面张力仪；天平：分度值 0.0001g。

（3）测试条件

液体样品直接测试，固体样品溶液的浓度为 10g/L，被测溶液的温度为（20±1）℃，被测溶液必须清澈，如有沉淀应滤去。

（4）测试步骤

① 用比重瓶或液体比重天平测定该外加剂溶液的密度。

② 在测量之前，应把铂环和玻璃器皿很好地进行清洗，彻底去掉油污。

③ 空白试验用无水乙醇作标样，测定其表面张力，测定值与理论值之差不得超过 0.5mN/m。

④ 被测液体倒入准备好的玻璃杯中 20～25mm 高，将其放在仪器托盘的中间位置上。

⑤ 按下操作面板的“上升”按钮，铂环与被测溶液接触，并使铂环浸入到液体中 5～7mm。

⑥ 按下操作面板的“停”按钮，再按“下降”按钮，托盘和被测液体开始下降。

⑦ 直至环被拉脱离开液面，记录刻度盘上的读数 P。

（5）结果表示

溶液表面张力按下式计算：

$$\sigma = F \times P$$

式中 σ——溶液的表面张力，mN/m；

P——显示器上的最大值，mN/m；

F——校正因子。

校正因子 F 按下式计算：

$$F = 0.7250 + \sqrt{\frac{0.01452P}{C^2(\rho - \rho_0)} + 0.04534 - \frac{1.679}{R/\tau}}$$

式中 C——铂环周长 $2\pi R$，cm；

R——铂环内半径和铂丝半径之和，cm；

ρ_0——空气密度，g/mL；

ρ——被测溶液密度，g/mL；

τ——铂丝半径，cm。

重复性限为 1.0mN/m，再现性限为 1.5mN/m。

7.2.8 含水率

（1）试验依据

本试验依据 GB/T 8077—2012《混凝土外加剂均质性试验方法》进行。

向已恒量的称量瓶内放入被测试样，于一定温度下烘至恒量。

(2) 仪器与试剂

天平：分度值0.0001g。

鼓风电热恒温干燥：温度范围0～200℃。

带盖称量瓶：25mm×65mm。

干燥器：内盛变色硅胶。

(3) 试验步骤

① 将洁净带盖称量瓶放入烘箱内于100～105℃下烘30min，取出置于干燥器内，冷却30min后称量，重复上述步骤直至恒量，其质量为m_0。

② 将被测试样装入已经恒量的称量瓶内，盖上盖子称出试样及称量瓶的总质量为m_1。

粉状试样称量：1.0000～2.000g。

③ 将盛有试样的称量瓶放入烘箱内，开启瓶盖，升温至100～105℃（特殊品种除外）烘干，盖上盖子置于干燥器内冷却30min后称量，重复上述步骤直至恒量，其质量为m_2。

(4) 结果表示

含水率$X_水$按下式计算：

$$X_{水}=\frac{m_1-m_2}{m_1-m_0}\times 100$$

式中　$X_水$——含水率，%；

m_0——称量瓶的质量，g；

m_1——称量瓶加试样的质量，g；

m_2——称量瓶加烘干后的试样的质量，g。

重复性限为0.30%，再现性限为0.50%。

7.2.9 碱含量-火焰光度法

(1) 试验依据

本试验依据GB/T 8077—2012《混凝土外加剂均质性试验方法》进行。

试样用约80℃的热水溶解，以氨水分离铁、铝；以碳酸钙分离钙、镁。滤液中的碱（钾和钠），采用相应的滤光片，用火焰光度计进行测定。

(2) 仪器与试剂

盐酸（1+1）；氨水（1+1）；碳酸铵溶液（100g/L）；甲基红指示剂（2g/L乙醇溶液）。

氧化钾、氧化钠标准溶液：精确称取已在130～150℃下烘过2h的氯化钾（KCl光谱纯）0.7920g及氯化钠（NaCl光谱纯）0.9430g，置于烧杯中，加水溶解后，移入1000mL容量瓶中，用水稀释至标线，摇匀，转移至干燥的带盖的塑料瓶中，此标准溶液每毫升相当于氧化钾及氧化钠0.5mg。

火焰光度计；天平：分度值为0.0001g。

(3) 试验步骤

① 分别向100mL容量瓶中注入0、1mL、2mL、4mL、8mL、12mL的氧化钾、氧化钠标准溶液（分别相当于氧化钾、氧化钠各0、0.5mg、1mg、2mg、4mg、6mg），用水稀释至标线，摇匀，然后分别于火焰光度计上按仪器使用规程进行测定，根据测得的检流计读数与溶液的浓度关系，分别绘制氧化钾及氧化钠的工作曲线。

② 准确称取一定量的试样置于150mL的瓷蒸发皿中，用80℃左右的热水润湿并稀释至

30mL，置于电热板上加热蒸发，保持微沸 5min 后取下，冷却，加 1 滴甲基红指示剂，滴加氨水（1+1），使溶液呈黄色，加入 10mL 碳酸铵溶液，搅拌，置于电热板上加热并保持微沸 10min，用中速滤纸过滤，以热水洗涤，滤液及洗液盛于容量瓶中，冷却至室温，以盐酸（1+1）中和至溶液呈红色，然后用水稀释至标线，摇匀，以火焰光度计按仪器使用规程进行测定。称样量及稀释倍数见表 7-6。

表 7-6 称样量及稀释倍数

总碱量/%	称样量/g	稀释体积/mL	稀释倍数/倍
1.00	0.2	100	1
1.00～5.00	0.1	250	2.5
5.00～10.00	0.05	250 或 500	2.50 或 5.00
大于 10.00	0.05	500 或 1000	5.00 或 10.00

（4）结果表示

氧化钾含量 X_{K_2O} 按下式计算：

$$X_{K_2O}=\frac{C_1\times n}{m\times 1000}\times 100$$

式中 X_{K_2O}——外加剂中氧化钾含量，%；

C_1——在工作曲线上查得每 100mL 被测定液中氧化钾的含量，mg；

n——被测溶液的稀释倍数；

m——试样质量，g。

氧化钠含量 X_{Na_2O} 按下式计算：

$$X_{Na_2O}=\frac{C_2\times n}{m\times 1000}\times 100$$

式中 X_{Na_2O}——外加剂中氧化钠含量，%；

C_2——在工作曲线上查得每 100mL 被测定液中氧化钠的含量，mg。

总碱量 $X_{总碱量}$ 按下式计算：

$$X_{总碱量}=0.658X_{K_2O}\times X_{Na_2O}$$

式中 $X_{总碱量}$——外加剂中的总碱量，%。

重复性限和再现性限见表 7-7。

表 7-7 碱含量-火焰光度法试验的重复性限和再现性限

总碱量/%	重复性限/%	再现性限/%
1.00	0.10	0.15
1.00～5.00	0.20	0.30
5.00～10.00	0.30	0.50
大于 10.00	0.50	0.80

7.2.10 外加剂-混凝土试验

（1）试验依据

本试验依据 GB/T 8076—2008《混凝土外加剂》进行。

（2）原材料

① 水泥：基准水泥是检验混凝土外加剂性能的专用水泥，是由符合下列品质指标的硅酸盐水泥熟料与二水石膏共同粉磨而成的42.5强度等级的P·Ⅰ型硅酸盐水泥。基准水泥必须由经中国建材联合会混凝土外加剂分会与有关单位共同确认具备生产条件的工厂供给。

除满足42.5强度等级硅酸盐水泥技术要求外，水泥熟料中铝酸三钙（C_3A）含量为6%～8%，熟料中硅酸三钙（C_3S）含量为55%～60%，熟料中游离氧化钙（fCaO）含量不得超过1.2%，水泥中碱（$Na_2O+0.658\ K_2O$）含量不得超过1.0%，水泥比表面积为(350±10)m^2/kg。

② 砂：符合GB/T 14684中Ⅱ区要求的中砂，但细度模数为2.6～2.9，含泥量小于1%。

③ 石子：符合GB/T 14685要求的公称粒径为5～20mm的碎石或卵石，采用二级配，其中5～10mm占40%，10～20mm占60%，满足连续级配要求，针片状物质含量小于10%，空隙率小于47%，含泥量小于0.5%。如有争议，以碎石结果为准。

（3）配合比

基准混凝土配合比按JGJ 55进行设计。掺非引气型外加剂的受检混凝土和其对应的基准混凝土的水泥、砂、石的比例相同。配合比设计应符合以下规定。

① 水泥用量：掺高性能减水剂或泵送剂的基准混凝土和受检混凝土的单位水泥用量为360kg/m^3；掺其他外加剂的基准混凝土和受检混凝土单位水泥用量为360kg/m^3。

② 砂率：掺高性能减水剂或泵送剂的基准混凝土和受检混凝土的砂率均为43%～47%；掺其他外加剂的基准混凝土和受检混凝土的砂率为36%～40%；但掺引气减水剂或引气剂的受检混凝土的砂率应比基准混凝土的砂率低1%～3%。

③ 外加剂掺量：按生产厂家指定掺量选取。

④ 用水量：掺高性能减水剂或泵送剂的基准混凝土和受检混凝土的坍落度控制在（210±10)mm，用水量为坍落度在（210±10)mm时的最小用水量；掺其他外加剂的基准混凝土和受检混凝土的坍落度控制在（80±10)mm。用水量包括液体外加剂、砂、石材料中所含的水量。

（4）混凝土搅拌

采用符合JG 3036要求的公称容量为60L的单卧轴式强制搅拌机。搅拌机的拌和量应不少于20L，不宜大于45L。外加剂为粉状时，将水泥、砂、石、外加剂一次投入搅拌机，干拌均匀，再加入拌和水，一起搅拌2min。外加剂为液体时，将水泥、砂、石一次投入搅拌机，干拌均匀，再加入掺有外加剂的拌和水一起搅拌2min。出料后，在铁板上用人工翻拌至均匀，再行试验。各种混凝土试验材料及环境温度均应保持在（20±3)℃。

（5）试件制作及试验所需试件数量

混凝土试件制作及养护按GB/T 50080进行，但混凝土预养温度为（20±3)℃（见表7-8)。

表7-8 试验项目及所需数量

试验项目	外加剂类别	试验类别	试验所需数量			
			混凝土拌和批数	每批取样数目	基准混凝土总取样数目	受检混凝土总取样数目
减水率	除早强剂、缓凝剂外的各种外加剂	混凝土拌和物	3	1次	3次	3次

续表

试验项目		外加剂类别	试验类别	试验所需数量			
				混凝土拌和批数	每批取样数目	基准混凝土总取样数目	受检混凝土总取样数目
泌水率比		各种外加剂	混凝土拌和物	3	1个	3个	3个
含气量		各种外加剂	混凝土拌和物	3	1个	3个	3个
凝结时间差		各种外加剂	混凝土拌和物	3	1个	3个	3个
1h经时变化量	坍落度	高性能减水剂、泵送剂	混凝土拌和物	3	1个	3个	3个
1h经时变化量	含气量	引气剂、引气减水剂	混凝土拌和物	3	1个	3个	3个
抗压强度比		各种外加剂	硬化混凝土	3	6块、9块或12块	18块、27块或36块	18块、27块或36块
收缩率比		各种外加剂	硬化混凝土	3	1条	3条	3条
相对耐久性		引气减水剂、引气剂	硬化混凝土	3	1条	3条	3条

注：1. 试验时，检验同一种外加剂的三批混凝土的制作宜在开始试验一周内的不同日期完成。对比的基准混凝土和受检混凝土应同时成型。

2. 试验龄期参考 GB/T 8076—2008 中表1试验项目栏。

3. 试验前后应仔细观察试样，对有明显缺陷的试样和试验结果都应舍除。

(6) 混凝土拌和物性能试验方法

① 坍落度和坍落度1h经时变化量测定　每批混凝土取一个试样。坍落度和坍落度1h经时变化量均以三次试验结果的平均值表示。三次试验的最大值和最小值与中间值之差有一个超过10mm时，将最大值和最小值一并舍去，取中间值作为该批的试验结果；最大值和最小值与中间值之差均超过10mm时，应重做。坍落度及坍落度1h经时变化量测定值以mm表示，结果表达修约到5mm。

坍落度测定：混凝土坍落度按照GB/T 50080测定；但坍落度为(210±10)mm的混凝土，分两层装料，每层装入高度为筒高的一半，每层用插捣棒插捣15次。

坍落度1h经时变化量测定：当要求测定此项时，应将按照本节第4条搅拌的混凝土留下足够一次混凝土坍落度试验的数量，并装入用湿布擦过的试样筒内，容器加盖，静置至1h (从加水搅拌时开始计算)，然后倒出，在铁板上用铁锹翻拌至均匀后，再按照坍落度测定方法测定坍落度。计算出机时和1h之后的坍落度之差值，即得到坍落度的经时变化量。

坍落度1h经时变化量按下式计算：

$$\Delta SL = SL_0 - SL_{1h}$$

式中　ΔSL——坍落度经时变化量，mm；

SL_0——出机时测得的坍落度，mm；

SL_{1h}——1h后测得的坍落度，mm。

② 减水率测定　减水率为坍落度基本相同时，基准混凝土和受检混凝土单位用水量之差与基准混凝土单位用水量之比。减水率按下式计算，应精确到0.1%：

$$W_R = \frac{W_0 - W_1}{W_0} \times 100$$

式中　W_R——减水率，%；

W_0——基准混凝土单位用水量，kg/m³；

W_1——受检混凝土单位用水量，kg/m³。

W_R 以三批试验的算术平均值计，精确到1%。若三批试验的最大值或最小值中有一个与中间值之差超过中间值的15%，则把最大值与最小值一并舍去，取中间值作为该组试验的减水率。若有两个测定值与中间值之差均超过15%，则该批试验结果无效，应该重做。

③ 泌水率比测定　泌水率比按下式计算，应精确到1%：

$$R_B=\frac{B_t}{B_c}\times 100$$

式中　R_B——泌水率比，%；

B_t——受检混凝土泌水率，%；

B_c——基准混凝土泌水率，%。

泌水率的测定和计算方法如下：先用湿布润湿容积为5L的带盖筒（内径为185mm，高200mm），将混凝土拌和物一次装入，在振动台上振动20s，然后用抹刀轻轻抹平，加盖以防水分蒸发。试样表面应比筒口边低约20mm。自抹面开始计算时间，在前60min，每隔10min用吸液管吸出泌水一次，以后每隔20min吸水一次，直至连续三次无泌水为止。每次吸水前5min，应将筒底一侧垫高约20mm，使筒倾斜，以便于吸水。吸水后，将筒轻轻放平盖好。将每次吸出的水都注入带塞量筒，最后计算出总的泌水量，精确至1g，并按下式计算泌水率：

$$B=\frac{V_W}{(W/G)G_W}\times 100$$

$$G_W=G_1-G_0$$

式中　B——泌水率，%；

V_W——泌水总质量，g；

W——混凝土拌和物的用水量，g；

G——混凝土拌和物的总质量，g；

G_W——试样质量，g；

G_1——筒及试样质量，g；

G_0——筒质量，g。

试验时，从每批混凝土拌和物中取一个试样，泌水率取三个试样的算术平均值，精确到0.1%。若三个试样的最大值或最小值中有一个与中间值之差大于中间值的15%，则把最大值与最小值一并舍去，取中间值作为该组试验的泌水率，如果最大值和最小值与中间值之差均大于中间值的15%，则应重做。

④ 含气量和含气量1h经时变化量的测定　试验时，从每批混凝土拌和物中取一个试样，含气量以三个试样测定值的算术平均值来表示。若三个试样中的最大值或最小值中有一个与中间值之差超过0.5%，则将最大值和最小值一并舍去，取中间值作为该批的试验结果；如果最大值和最小值与中间值之差均超过0.5%，则应重做。含气量和1h经时变化量测定值精确到0.1%。

含气量测定：按GB/T 50080用气水混合式含气量测定仪，并按仪器说明进行操作，但混凝土拌和物应一次装满并稍高于容器，用振动台振实15～20s。

含气量1h经时变化量测定：当要求测定此项时，将按照本节第4条搅拌的混凝土留下足够一次含气量试验的数量，并装入用湿布擦过的试样筒内，容器加盖，静置至1h（从加水搅拌时开始计算），然后倒出，在铁板上用铁锹翻拌均匀后，再按照含气量测定方法测定含气量。计算出机时和1h之后的含气量之差值，即得到含气量的经时变化量。

含气量1h经时变化量按下式计算：

$$\Delta A = A_0 - A_{1h}$$

式中 ΔA——含气量经时变化量，%；

A_0——出机后测得的含气量，%；

A_{1h}——1h后测得的含气量，%。

⑤ 凝结时间差测定 凝结时间差按下式计算：

$$\Delta T = T_t - T_c$$

式中 ΔT——凝结时间之差，min；

T_t——受检混凝土的初凝或终凝时间，min；

T_c——基准混凝土的初凝或终凝时间，min。

凝结时间采用贯入阻力仪测定，仪器精度为10N，凝结时间测定方法如下。

将混凝土拌和物用5mm（圆孔筛）振动筛筛出砂浆，拌匀后装入上口内径为160mm、下口内径为150mm、净高150mm的刚性不渗水的金属圆筒内，试样表面应略低于筒口约10mm，用振动台振实，约3～5s，置于（20±2)℃的环境中，容器加盖。一般基准混凝土在成型后3～4h，掺早强剂的在成型后1～2h，掺缓凝剂的在成型后4～6h开始测定，以后每0.5h或1h测定一次，但在临近初、终凝时，可以缩短测定间隔时间。每次测点应避开前一次测孔，其净距为试针直径的2倍，但至少不小于15mm，试针与容器边缘的距离不小于25mm。测定初凝时间用截面积为100mm^{2}的试针，测定终凝时间用20mm^{2}的试针。测试时，将砂浆试样筒置于贯入阻力仪上，测针端部与砂浆表面接触，然后在（10±2)s内均匀地使测针贯入砂浆（25±2)mm深度。记录贯入阻力，精确至10N，记录测量时间，精确至1min。贯入阻力按下式计算，精确到0.1MPa：

$$R = \frac{P}{A}$$

式中 R——贯入阻力值，MPa；

P——贯入深度达25mm时所需的净压力，N；

A——贯入阻力仪试针的截面积，mm^2。

根据计算结果，以贯入阻力值为纵坐标，测试时间为横坐标，绘制贯入阻力值与时间的关系曲线，求出贯入阻力值达3.5MPa时，对应的时间作为初凝时间；贯入阻力值达28MPa时，对应的时间作为终凝时间。从水泥与水接触时开始计算凝结时间。

试验时，每批混凝土拌和物取一个试样，凝结时间取三个试样的平均值。若三批试验的最大值或最小值之中有一个与中间值之差超过30min，把最大值与最小值一并舍去，取中间值作为该组试验的凝结时间。若两测定值与中间值之差均超过30min，则试验结果无效，应重做。凝结时间以min表示，修约到5min。

（7）硬化混凝土性能试验方法

① 抗压强度比测定 抗压强度比以掺外加剂混凝土与基准混凝土同龄期抗压强度之比表示，按下式计算，精确到1%：

$$R_f = \frac{f_t}{f_c} \times 100$$

式中 R_f——抗压强度比，%；

f_t——受检混凝土的抗压强度，MPa；

f_c——基准混凝土的抗压强度，MPa。

受检混凝土与基准混凝土的抗压强度按 GB/T 50081 进行试验和计算。试件制作时，用振动台振动 15～20s。试件预养温度为（20±3)℃。试验结果以三批试验测定值的平均值表示，若三批试验中有一批的最大值或最小值与中间值的差值超过中间值的 15%，则把最大值与最小值一并舍去，取中间值作为该批的试验结果，如有两批测定值与中间值的差均超过中间值的 15%，则试验结果无效，应该重做。

② 收缩率比测定　收缩率比以 28d 龄期时受检混凝土与基准混凝土的收缩率的比值表示，按下式计算：

$$R_c=\frac{\varepsilon_t}{\varepsilon_c}\times 100$$

式中　R_c——收缩率比，%；

ε_t——受检混凝土的收缩率，%；

ε_c——基准混凝土的收缩率，%。

受检混凝土及基准混凝土的收缩率按 GBJ 82 测定和计算。试件用振动台成型，振动 15～20s。每批混凝土拌和物取一个试样，以三个试样收缩率比的算术平均值表示，计算精确至 1%。

③ 相对耐久性试验　按 GBJ 82 进行，试件采用振动台成型，振动 15～20s，标准养护 28d 后进行冻融循环试验（快冻法）。相对耐久性指标是以掺外加剂混凝土冻融 200 次后的动弹性模量是否不小于 80%来评定外加剂质量的。每批混凝土拌和物取一个试样，相对动弹性模量以三个试件测值的算术平均值表示。

7.2.11　混凝土外加剂中氯离子含量的测定方法（离子色谱法）

（1）试验依据

本试验依据 GB/T 8076—2008《混凝土外加剂》进行。

离子色谱法是液相色谱分析方法的一种，样品溶液经阴离子色谱柱分离，溶液中的阴离子 F^-、Cl^-、SO_4^{2-}、NO_3^- 被分离，同时被电导池检测。测定溶液中氯离子峰面积或峰高。

（2）试剂和材料

氮气：纯度不小于 99.8%。

硝酸：优级纯。

实验室用水：一级水（电导率小于 18mΩ·cm，0.2μm 超滤膜过滤）。

氯离子标准溶液（1mg/mL)：准确称取预先在 550～600℃加热 40～50min 后，并在干燥器中冷却至室温的氯化钠（标准试剂）1.648g，用水溶解，移入 1000mL 容量瓶中，用水稀释至刻度。

氯离子标准溶液（100μg/mL)：准确移取上述标准溶液 100mL 至 1000mL 容量瓶中，用水稀释至刻度。

氯离子标准溶液系列：准确移取 1mL、5mL、10mL、15mL、20mL、25mL（100μg/mL 的氯离子标准溶液）至 100mL 容量瓶中，稀释至刻度。此标准溶液系列浓度分别为：1μg/mL、5μg/mL、10μg/mL、15μg/mL、20μg/mL、25μg/mL。

离子色谱仪：包括电导检测器、抑制器、阴离子分离柱、进样定量环（25μL、50μL、100μL)。

0.22μm 水性针头微孔滤器。

On Guard Rp 柱：功能基为聚二乙烯基苯。

注射器：1.0mL、2.5mL。

淋洗液体系选择如下。

碳酸盐淋洗液体系：阴离子柱填料为聚苯乙烯、有机硅、聚乙烯醇或聚丙烯酸酯阴离子交换树脂。

氢氧化钾淋洗液体系：阴离子色谱柱 IonPacAs18 型分离柱（250mm×4mm）和 IonPacAG18 型保护柱（50mm×4mm）；或性能相当的离子色谱柱。

抑制器：连续自动再生膜阴离子抑制器或微填充床抑制器。

检出限：0.01μg/mL。

测定次数：在重复性条件下测定 2 次。

空白试验：在重复性条件下做空白试验。

（3）结果表述

所得结果应按 GB/T 8170 修约，保留 2 位小数；当含量<0.10%时，结果保留 2 位有效数字；如果委托方供货合同或有关标准另有要求，可按要求的位数修约。

当所得试样的两个有效分析值之差不大于表 7-9 所规定的允许差时，以其算术平均值作为最终分析结果；否则，应重新进行试验。

表 7-9 试样允许差

Cl^- 含量范围/%	<0.01	0.01～0.1	0.1～1	1～10	>10
允许差/%	0.001	0.02	0.1	0.2	0.25

（4）分析步骤

① 准确称取 1g 外加剂试样，精确至 0.1mg。放入 100mL 烧杯中，加 50mL 水和 5 滴硝酸溶解试样。试样能被水溶解时，直接移入 100mL 容量瓶，稀释至刻度；当试样不能被水溶解时，采用超声和加热的方法溶解试样，再用快速滤纸过滤，滤液用 100mL 容量瓶盛接，用水稀释至刻度。

② 去除样品中的有机物。混凝土外加剂中的可溶性有机物可以用 On Guard Rp 柱去除。

③ 将上述处理好的溶液注入离子色谱中分离，得到色谱图，测定所得色谱峰的峰面积或峰高。

④ 在重复性条件下进行空白试验。将氯离子标准溶液系列分别在离子色谱中分离，得到色谱图，测定所得色谱峰的峰面积或峰高。以氯离子浓度为横坐标，峰面积或峰高为纵坐标绘制标准曲线。

（5）计算及数据处理

将样品的氯离子峰面积或峰高对照标准曲线，求出样品溶液的氯离子浓度值，并按照下式计算出试样中氯离子含量：

$$X_{Cl^-}=\frac{C\times V\times 10^{-6}}{m}\times 100$$

式中 X_{Cl^-}——样品中氯离子含量，%；

C——由标准曲线求得的试样溶液中氯离子的浓度，μg/mL；

V——样品溶液的体积，数值为 100mL；

m——外加剂样品质量，g。

8 混凝土长期性能和耐久性能

8.1 混凝土的变形性能

（1）化学收缩

水泥水化生成的固体体积比未水化水泥和水的总体积小，从而使混凝土产生收缩，这种收缩称为化学收缩。

化学收缩是伴随水泥的水化而进行的，收缩量随混凝土硬化龄期的延长而增长，增长的幅度逐渐减小。一般在混凝土成型后40天内化学收缩增长较快，以后就逐渐稳定了。化学收缩是不能恢复的。

（2）干湿变形——湿胀干缩

混凝土湿胀产生的原因是：吸水后使混凝土中水泥凝胶体粒子吸附水膜增厚，胶体粒子间的距离增大。湿胀变形量很小，对混凝土性能基本上无影响。

混凝土干缩产生的原因是：混凝土在干燥过程中，毛细孔中的水分蒸发，使毛细孔中形成负压，产生收缩力，导致混凝土收缩；当毛细孔中的水蒸发完后，如继续干燥则凝胶体颗粒间吸附水也发生部分蒸发，缩小凝胶体颗粒间的距离，甚至产生新的化学结合而收缩。因此，干缩的混凝土再次吸水时，干缩变形一部分可恢复，也有一部分（30%～60%）不能恢复。

混凝土干缩变形的大小用干缩率表示，它反映混凝土的相对干缩性，试验室施加测定值为$(3\sim5)\times10^{-4}$。在一般工程设计中，混凝土尺寸较大，干缩值通常取$(1.5\sim2)\times10^{-4}$，即每米混凝土收缩0.15～0.2mm。

影响混凝土干缩的原因有以下几方面。

① 水泥品种及细度。水泥品种不同，混凝土的干缩率也不同。如使用火山灰水泥干缩最大，使用矿渣水泥比使用普通水泥的收缩大。高强度等级的水泥颗粒较细，干缩偏大。

② 用水量与水泥用量。用水量越多，硬化后形成的毛细孔越多，混凝土干缩值越大。水泥用量越多，混凝土中凝胶体越多，收缩量也较大，而且水泥用量多会使用水量增加，从而导致干缩偏大。

③ 集料的种类与数量。砂石在混凝土中形成骨架，对收缩有一定的抵抗作用。集料的弹性模量越高，混凝土的收缩越小，故轻集料混凝土的收缩比普通混凝土大得多。

④ 养护条件。延长潮湿条件下的养护时间，可推迟干缩的发生与发展，但对最终干缩值影响不大。若采用蒸养可减少混凝土干缩，蒸压养护效果更显著。

（3）温度变形

混凝土与其他材料一样，也具有热胀冷缩的性质。这种热胀冷缩的变形称为温度变形。混凝土温度变形系数约为$1\times10^{-5}℃^{-1}$，即温度变化（升高和降低）1℃，每米混凝土变形

0.01mm。温度变形对大体积混凝土及大面积混凝土工程极为不利。

在混凝土硬化初期，水泥水化放出较多热量，混凝土是热的不良导体，散热较慢，因此大体积混凝土内部的温度较外部高，有时可达 50～70℃。这将使内部混凝土的体积产生较大的膨胀，而外部混凝土却随气温降低而收缩。内部膨胀和外部收缩互相制约，在外表混凝土层将产生很大拉应力，严重时使混凝土产生裂缝。因此对大体积混凝土工程，必须设法减少混凝土发热量，如采用低热水泥、减少水泥用量、采取人工降温措施等。

为防止温度变形带来的危害，一般纵长的钢筋混凝土结构物，应采取每隔一定长度设置伸缩缝以及在结构物中设置温度钢筋等措施。

(4) 在短期荷载作用下的变形

混凝土结构中含有砂、石、水泥石（水泥石中又存在凝胶、晶体和未水化的水泥颗粒）、游离水分和气泡，这导致了混凝土本身的不均质性。它不是一种完全弹性体，而是一种弹塑性体；受力时，既产生可以恢复的弹性变形，又产生不可恢复的塑性变形，其应力与应变之间的关系不是直线而是曲线，如图 8-1(a) 所示。

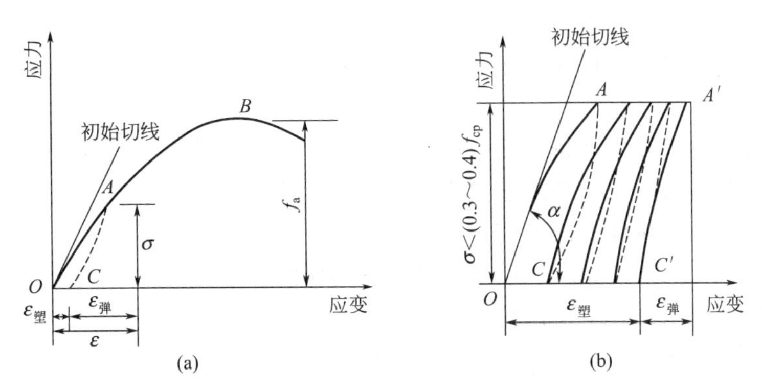

图 8-1　混凝土在短期压力作用下的应力-应变曲线

在应力-应变曲线上任一点的应力 δ 与应变 ε 的比值叫做混凝土在该应力下的变形模量。从图 8-1(a) 可看出，混凝土的变形模量随应力的增加而减小。在混凝土结构和钢筋混凝土结构设计中，常采用按标准方法测得的静力受压弹性模量 E_c。

静力受压弹性模量试验时，采用 150mm×150mm×300mm 的棱柱体作为标准试件，取测定点的应力为试件轴线抗压强度的 40%，经过多次反复加荷与卸荷，最后所得应力-应变曲线与初始切线大致平行，见图 8-1(b)，这样测出的变形模量称为静力受压弹性模量。

混凝土的强度越高，弹性模量越高，两者存在一定的相关性。当混凝土的强度等级由 C15 增高到 C60 时，其弹性模量约从 2.20×10^4MPa 增至 3.60×10^4MPa。

混凝土的弹性模量取决于集料和水泥石的弹性模量。水泥石的弹性模量一般低于集料的弹性模量，因而混凝土的弹性模量一般低于所用集料的弹性模量，介于所用集料和水泥石的弹性模量之间。在材料质量不变的条件下，混凝土的集料含量较多、水灰比较小、养护较好及龄期较长时，混凝土的弹性模量较高。蒸汽养护的混凝土弹性模量比标准养护的低。

(5) 在长期荷载作用下的变形——徐变

混凝土在一定的应力水平下（如 50%～70%的极限强度）保持荷载不变，随着时间的增加而产生的变形称为徐变。徐变产生的原因主要是凝胶体的黏性流动和滑移。混凝土的徐变一般可达 300×10^{-6}～1500×10^{-6}。

徐变对混凝土结构物的作用：对普通钢筋混凝土构件，能消除混凝土内部温度应力和收缩应力，减弱混凝土的开裂现象；对预应力混凝土构件，混凝土的徐变使预应力损失增加。

影响混凝土徐变的因素主要有：

① 水灰比一定时，水泥用量越大，徐变越大；

② 水灰比越小，徐变越小；

③ 龄期长、结构致密、强度高则徐变小；

④ 集料用量多，徐变小；

⑤ 应力水平越高，徐变越大。

8.2 混凝土的耐久性

混凝土耐久性是指混凝土在使用条件下抵抗周围环境中各种因素长期作用而不破坏的能力。根据混凝土所处的环境条件不同，混凝土耐久性应考虑的因素也不同。例如，承受压力水作用的混凝土，需要具有一定的抗渗性能；遭受环境水侵蚀作用的混凝土，需要具有与之相适应的抗侵蚀性能。

（1）抗渗性

抗渗性能是指混凝土抵抗压力水（或油）渗透的能力。它直接影响混凝土的抗冻性和抗侵蚀性。

混凝土的抗渗性主要与其密实度及内部孔隙的大小和构造有关。混凝土内部互相连通的孔隙和毛细管通路，以及由于混凝土施工成型时振捣不实产生的蜂窝、孔洞，都会造成混凝土渗水。影响混凝土抗渗性的因素有以下几个方面。

① 水灰比。混凝土水灰比大小，对其抗渗性起决定作用。水灰比越大，其抗渗性越差。成型密实的混凝土，水泥石本身的抗渗性对混凝土的抗渗性影响最大。

② 集料的最大粒径。在水灰比相同时，混凝土集料的最大粒径越大，其抗渗性越差。这是由于集料和水泥浆的截面处易产生裂隙和较大集料下方易形成孔穴。

③ 养护方法。蒸汽养护的混凝土抗渗性较潮湿养护的混凝土差。在干燥条件下，混凝土早期失水过多，容易形成收缩裂缝，因而降低混凝土的抗渗性。

④ 水泥品种。水泥的品种、性质也影响混凝土的抗渗性。

⑤ 外加剂。在混凝土中掺入某些外加剂，如减水剂等，可减小水灰比，改善混凝土的和易性，因而可改善混凝土的密实性，提高混凝土的抗渗性。

⑥ 掺和料。在混凝土中加入掺和料，如掺入优质粉煤灰，可提高混凝土的密实度、细化孔隙，改善孔结构和集料与水泥石界面的过渡区结构，提高混凝土的抗渗性。

⑦ 龄期。混凝土龄期越长，抗渗性越好。因为随着水泥水化的进行，混凝土的密实度逐渐增大。

混凝土的抗渗性用抗渗等级表示。抗渗等级是以28d龄期的混凝土标准试件，按规定的方法进行试验，所能承受的最大静水压力来确定的。混凝土的抗渗等级分为P4、P6、P8、P10、P12五个等级，相应地表示能抵抗0.4MPa、0.6MPa、0.8MPa、1.0MPa、1.2MPa的静水压力而不渗水。

（2）抗冻性

混凝土的抗冻性是指混凝土在使用环境中，经受多次冻融循环作用能保持强度和外观完整性的能力。在寒冷地区，特别是在接触水又受冻的环境下的混凝土，要求具有较高的抗冻性能。

混凝土的抗冻性用抗冻等级表示。抗冻等级是以28d龄期的混凝土标准试件吸水饱和状态下，承受反复冻融循环，以抗压强度下降不超过25％，而且质量损失不超过5％时所能承受的最大冻融循环次数来确定的。抗冻等级分为F10、F15、F25、F50、F100、F150、F200、F250、F300九个等级，相应地表示在标准试验条件下，混凝土能承受冻融循环次数不少于10次、15次、25次、50次、100次、150次、200次、250次、300次。

（3）抗侵蚀性

环境介质对混凝土的侵蚀主要是对水泥石的侵蚀，通常有软水侵蚀，酸、碱、盐侵蚀等。海水对混凝土的侵蚀除了对水泥石的侵蚀外，还有反复干湿的物理作用、海浪的冲击磨损、海水中氯离子对混凝土内钢筋的锈蚀作用等。

混凝土的抗侵蚀性与所用水泥品种、混凝土的密实程度及孔隙特征有关。密实或孔隙封闭的混凝土，环境水不易侵入，故抗侵蚀性较强。所以提高混凝土抗侵蚀性的主要措施是：选择合理的水泥品种；提高混凝土密实程度，如加强振捣或掺减水剂；改善孔结构，如掺引气剂等。

（4）混凝土的碳化

混凝土的碳化是指空气中的二氧化碳在有水存在的条件下与水泥石中的氢氧化钙发生如下反应生产碳酸钙和水的过程：

$$Ca(OH)_2 + CO_2 + H_2O \longequal CaCO_3 + 2H_2O$$

碳化过程是随着二氧化碳不断向混凝土内部扩散，由表及里缓慢进行的。碳化作用最主要的危害是：由于碳化使混凝土碱度降低，减弱了对钢筋的防锈保护作用，使钢筋易出现锈蚀；另外，碳化将显著增加混凝土的收缩，使混凝土表面产生拉应力，导致混凝土中出现微细裂缝，从而使混凝土的抗拉、抗折强度降低。

碳化可使混凝土的抗压强度提高，这是因为碳化反应生成的水分有利于水泥的水化作用，而且反应形成的碳酸钙减少了水泥石内部的孔隙。

总体来说，碳化作用对混凝土是有害的，提高混凝土抗碳化能力的措施有：优先选择硅酸盐水泥和普通水泥；采用较小的水灰比；提高混凝土密实度；改善混凝土内孔结构。

（5）碱集料反应

水泥中碱性氧化物水解后形成的氢氧化钠和氢氧化钾与集料中的活性氧化硅起化学反应，结果在集料表面生产了复杂的碱-硅酸凝胶。生成的凝胶可不断吸水，体积相应膨胀，会把水泥石胀裂。这种碱性氧化物和活性氧化硅之间的化学作用通常称做碱集料反应。当集料中夹杂着活性氧化硅，而所用水泥又含有较多的碱时，就可能发生集料破坏。

普遍认为发生碱集料反应须同时具备下列三个条件：一是碱含量高；二是集料中存在活性二氧化硅；三是环境潮湿，水分渗入混凝土。预防或抑制碱集料反应的措施有：

① 使用含碱量小于0.6％的水泥，以降低混凝土总含碱量；

② 混凝土所使用的碎石或卵石应进行碱活性检验；

③ 使混凝土致密，防止水分进入混凝土内部；

④ 采用能抑制碱集料反应的掺和料，如粉煤灰（高钙高碱粉煤灰除外）、硅灰等。

（6）提高混凝土耐久性的措施

混凝土遭受各种侵蚀作用的破坏虽各不相同，但提高混凝土的耐久性措施有很多共同之处，即选择适当的原材料；提高混凝土密实度；改善混凝土内部的孔结构。一般提高混凝土耐久性的具体措施有：

① 合理选择水泥品种，使其与工程环境相适应；

② 采用较小水灰比和保证水泥用量，见表8-1；

③ 选择质量良好、级配合理的集料和合理的砂率；
④ 掺用适量的引气剂或减水剂；
⑤ 加强混凝土质量的生产控制。

表 8-1 普通混凝土的最大水灰比和最小水泥用量

<table>
<tr><th colspan="2" rowspan="2">环境条件</th><th rowspan="2">结构物类型</th><th colspan="3">最大水灰比</th><th colspan="3">最小水泥用量/(kg/m³)</th></tr>
<tr><th>素混凝土</th><th>钢筋混凝土</th><th>预应力混凝土</th><th>素混凝土</th><th>钢筋混凝土</th><th>预应力混凝土</th></tr>
<tr><td colspan="2">干燥环境</td><td>正常的居住或办公用房屋内部件</td><td>不作规定</td><td>0.65</td><td>0.60</td><td>200</td><td>260</td><td>300</td></tr>
<tr><td rowspan="2">潮湿环境</td><td>无冻害</td><td>高湿度的室内部件
室外部件
在非侵蚀性土和(或)水中的部件</td><td>0.70</td><td>0.60</td><td>0.60</td><td>225</td><td>280</td><td>300</td></tr>
<tr><td>有冻害</td><td>经受冻害的室外部件
在非侵蚀性土和(或)水中且经受冻害的部件
高湿度且经受冻害的室内部件</td><td>0.55</td><td>0.55</td><td>0.55</td><td>250</td><td>280</td><td>300</td></tr>
<tr><td colspan="2">有冻害和除冰剂的潮湿环境</td><td>经受冻害和除冰剂作用的室内和室外部件</td><td>0.50</td><td>0.50</td><td>0.50</td><td>300</td><td>300</td><td>300</td></tr>
</table>

注：1. 当用活性矿物掺和料取代部分水泥时，表中的最大水灰比及最小水泥用量即为替代前的水灰比和水泥用量。
2. 配制 C15 及其以下等级的混凝土，可不受本表限制。

8.3 混凝土的长期性和耐久性试验

8.3.1 混凝土取样和试件的基本规定

(1) 混凝土取样

混凝土取样应符合现行国家标准《普通混凝土拌和物性能试验方法标准》GB/T 50080 中的规定。

每组试件所用的拌和物应从同一盘混凝土或同一车混凝土中取样。

(2) 试件的横截面尺寸

试件的最小横截面尺寸宜按表 8-2 的规定选用。

表 8-2 试件的最小横截面尺寸

骨料最大公称粒径/mm	试件最小横截面尺寸/mm
31.5	100×100 或 ϕ100
40	150×150 或 ϕ150
63	200×200 或 ϕ200

骨料最大公称粒径应符合现行行业标准《普通混凝土用砂、石质量及检验方法标准》JGJ 52 的规定。

试件应采用符合现行行业标准《混凝土试模》JG 237 规定的试模制作。

(3) 试件的公差

所有试件的承压面的平面度公差不得超过试件的边长或直径的 0.0005。

除抗水渗透试件外，其他所有试件的相邻面间的夹角应为 90°，公差不得超过 0.5°。

除特别指明试件的尺寸公差以外，所有试件各边长、直径或高度的公差不得超过 1mm。

（4）试件的制作和养护

试件的制作和养护应符合现行国家标准《普通混凝土力学性能试验方法标准》GB/T 50081 中的规定。

在制作混凝土长期性能和耐久性能试验用试件时，不应采用憎水性脱模剂。

在制作混凝土长期性能和耐久性能试验用试件时，宜同时制作与相应耐久性能试验龄期对应的混凝土立方体抗压强度用试件。

制作混凝土长期性能和耐久性能试验用试件时，所采用的振动台和搅拌机应分别符合现行行业标准《混凝土试验用振动台》JG/T 245 和《混凝土试验用搅拌机》JG 244 的规定。

8.3.2 抗冻试验——慢冻法

本方法适用于测定混凝土试件在气冻水融条件下，以经受的冻融循环次数来表示的混凝土的抗冻性能。

（1）慢冻法抗冻试验所采用的试件

应符合下列规定。

① 试验应采用尺寸为 100mm×100mm×100mm 的立方体试件。

② 慢冻法试验所需要的试件组数应符合表 8-3 的规定，每组试件应为 3 块。

表 8-3　慢冻法试验所需要的试件组数

设计抗冻标号	D25	D50	D100	D150	D200	D250	D300	D300 以上
检查强度所需冻融次数	25	50	50 及 100	100 及 150	150 及 200	200 及 250	250 及 300	300 及设计次数
鉴定 28d 强度所需试件组数	1	1	1	1	1	1	1	1
冻融试件组数	1	1	2	2	2	2	2	2
对比试件组数	1	1	2	2	2	2	2	2
总计试件组数	3	35	5	5	5	5	5	5

（2）试验设备

应符合下列规定。

① 冻融试验箱应能使试件静止不动，并应通过气冻水融进行冻融循环。在满载运转的条件下，冷冻期间冻融试验箱内空气的温度应能保持在（−20～−18）℃范围内；融化期间冻融试验箱内浸泡混凝土试件的水温应能保持在 18～20℃范围内；满载时冻融试验箱内各点温度极差不应超过 2℃。

② 采用自动冻融设备时，控制系统还应具有自动控制、数据曲线实时动态显示、断电记忆和试验数据自动存储等功能。

③ 试件架应采用不锈钢或者其他耐腐蚀的材料制作，其尺寸应与冻融试验箱和所装的试件相适应。

④ 称量设备的最大量程应为 20kg，感量不应超过 5g。

⑤ 压力试验机应符合现行国家标准《普通混凝土力学性能试验方法标准》GB/T 50081 的相关要求。

⑥ 温度传感器的温度检测范围不应小于−26～20℃，测量精度应为±5℃。

（3）试验步骤

应按照下列步骤进行。

① 在标准养护室内或同条件养护的冻融试验的试件应在养护龄期为 24d 时提前将试件

从养护地点取出，随后应将试件放在（20±2)℃的水中浸泡，浸泡时水面应高出试件顶面20～30mm，在水中浸泡的时间应为4d，试件应在28d龄期时开始进行冻融试验。始终在水中养护的冻融试验的试件，当试件养护龄期达到28d时，可直接进行后续试验，对此种情况，应在试验报告中予以说明。

② 当试件养护龄期达到28d时应及时取出冻融试验的试件，用湿布擦除表面水分后应对外观尺寸进行测量，试件的外观尺寸应满足要求，并应分别编号、称重，然后按编号置入试件架内，且试件架与试件的接触面积不宜超过试件底面的1/5。试件与箱体内壁之间应至少留有20mm的空隙。试件架中各试件之间应至少保持30mm的空隙。

③ 冷冻时间应在冻融箱内温度降至－18℃时开始计算。每次从装完试件到温度降至－18℃所需的时间应在1.5～2.0h内。冻融箱内温度在冷冻时应保持在－20～－18℃。

④ 每次冻融循环中试件的冷冻时间不应小于4h。

⑤ 冷冻结束后，应立即加入温度为18～20℃的水，使试件转入融化状态，加水时间不应超过10min。控制系统应确保在30min内，水温不低于10℃，且在30min后水温能保持在18～20℃ 。冻融箱内的水面应至少高出试件表面20mm。融化时间不应小于4h。融化完毕视为该次冻融循环结束，可进入下一次冻融循环。

⑥ 每25次循环宜对冻融试件进行一次外观检查。当出现严重破坏时，应立即进行称重。当一组试件的平均质量损失率超过5%时，可停止其冻融循环试验。

⑦ 试件在达到上述规定的冻融循环次数后，试件应称重并进行外观检查，应详细记录试件表面破损、裂缝及边角缺损情况。当试件表面破损严重时，应先用高强石膏找平，然后应进行抗压强度试验。抗压强度试验应符合现行国家标准《普通混凝土力学性能试验方法标准》GB/T 50081的相关规定。

⑧ 当冻融循环因故中断且试件处于冷冻状态时，试件应继续保持冷冻状态，直至恢复冻融试验为止，并应将故障原因及暂停时间在试验结果中注明。当试件处在融化状态下因故中断时，中断时间不应超过两个冻融循环的时间。在整个试验过程中，超过两个冻融循环时间的中断故障次数不得超过两次。

⑨ 当部分试件由于失效破坏或者停止试验被取出时，应用空白试件填充空位。

⑩ 对比试件应继续保持原有的养护条件，直到完成冻融循环后，与冻融试验的试件同时进行抗压强度试验。

当冻融循环出现下列三种情况之一时，可停止试验：

a. 已达到规定的循环次数；

b. 抗压强度损失率已达到25%；

c. 质量损失率已达到5%。

(4) 试验结果计算及处理

应符合下列规定。

① 强度损失率应按下式进行计算：

$$\Delta f_c=\frac{f_{c0}-f_{cn}}{f_{c0}}\times 100$$

式中 Δf_c——N次冻融循环后的混凝土抗压强度损失率，%，精确至0.1；

f_{c0}——对比用的一组混凝土试件的抗压强度测定值，MPa，精确至0.1MPa；

f_{cn}——经N次冻融循环后的一组混凝土试件抗压强度测定值，MPa，精确至0.1MPa。

② f_{c0}和f_{cn}应以三个试件抗压强度试验结果的算术平均值作为测定值。当三个试件抗压强度最大值或最小值与中间值之差超过中间值的15%时，应剔除此值，再取其余两值的算术平均值作为测定值；当最大值和最小值均超过中间值的15%时，应取中间值作为测定值。

③ 单个试件的质量损失率应按下式计算：

$$\Delta W_{ni}=\frac{W_{oi}-W_{ni}}{W_{oi}}\times 100$$

式中 ΔW_{ni}——N次冻融循环后第i个混凝土试件的质量损失率，%，精确至0.01；

W_{oi}——冻融循环试验前第i个混凝土试件的质量，g；

W_{ni}——N次冻融循环后第Z个混凝土试件的质量，g。

④ 一组试件的平均质量损失率应按下式计算：

$$\Delta W_{n}=\frac{\sum_{i=1}^{3}W_{ni}}{3}\times 100$$

式中 ΔW_{n}——n次冻融循环后一组混凝土试件的平均质量损失率，%，精确至0.1。

⑤ 每组试件的平均质量损失率应以三个试件的质量损失率试验结果的算术平均值作为测定值。当某个试验结果出现负值时，应取0，再取三个试件的算术平均值。当三个值中的最大值或最小值与中间值之差超过1%时，应剔除此值，再取其余两值的算术平均值作为测定值；当最大值和最小值与中间值之差均超过1%时，应取中间值作为测定值。

⑥ 抗冻标号应以抗压强度损失率不超过25%或者质量损失率不超过5%时的最大冻融循环次数按表8-3确定。

8.3.3 抗冻试验——快冻法

本方法适用于测定混凝土试件在水冻水融条件下，以经受的快速冻融循环次数来表示的混凝土抗冻性能。

(1) 试验设备

应符合下列规定。

① 试件盒（见图8-2）宜采用具有弹性的橡胶材料制作，其内表面底部应有半径为3mm的橡胶突起部分。盒内加水后水面应至少高出试件顶面5mm。试件盒横截面尺寸宜为115mm×115mm，试件盒长度宜为500mm。

② 快速冻融装置应符合现行行业标准《混凝土抗冻试验设备》JG/T 243的规定。除应在测温试件中埋设温度传感器外，尚应在冻融箱内防冻液中心、中心与任何一个对角线的两端分别设有温度传感器。运转时冻融箱内防冻液各点温度的极差不得超过2℃。

③ 称量设备的最大量程应为20kg，感量不应超过5g。

④ 混凝土动弹性模量测定仪应符合8.3.5节的规定。

⑤ 温度传感器（包括热电偶、电位差计等）应在（−20～20)℃范围内测定试件中心温度，且测量精度应为±0.5℃。

(2) 试件要求

快冻法抗冻试验所采用的试件应符合如下规定。

① 快冻法抗冻试验应采用尺寸为100mm×100mm×400mm的棱柱体试件，每组试件应为3块。

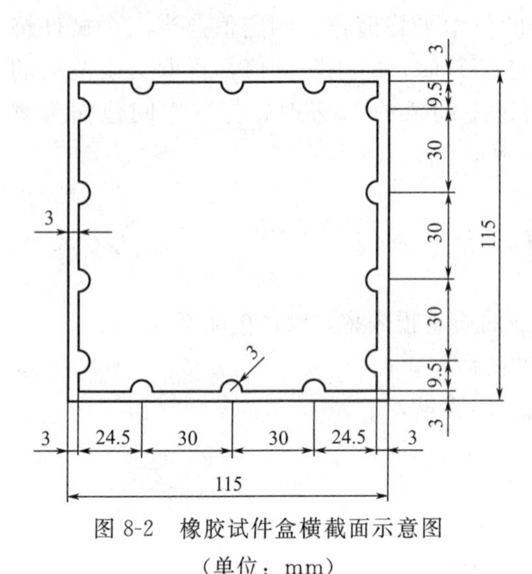

图 8-2　橡胶试件盒横截面示意图
（单位：mm）

② 成型试件时，不得采用憎水性脱模剂。

③ 除制作冻融试验的试件外，尚应制作同样形状、尺寸，且中心埋有温度传感器的测温试件，测温试件应采用防冻液作为冻融介质。测温试件所用混凝土的抗冻性能应高于冻融试件。测温试件的温度传感器应埋设在试件中心。温度传感器不应采用钻孔后插入的方式埋设。

（3）试验步骤

快冻试验应按照下列步骤进行。

① 在标准养护室内或同条件养护的试件应在养护龄期为24d时提前将冻融试验的试件从养护地点取出，随后应将冻融试件放在（20±2)℃的水中浸泡，浸泡时水面应高出试件顶面20～30mm。在水中的浸泡时间应为4d，试件应在28d龄期时开始进行冻融试验。始终在水中养护的试件，当试件养护龄期达到28d时，可直接进行后续试验。对此种情况，应在试验报告中予以说明。

② 当试件养护龄期达到28d时应及时取出试件，用湿布擦除表面的水分后应对外观尺寸进行测量，试件的外观尺寸应满足要求，并应编号、称量试件初始质量 W_{oi}；然后应按8.3.5节的规定测定其横向基频的初始值。

③ 将试件放入试件盒内，试件应位于试件盒中心，然后将试件盒放入冻融箱内的试件架中，并向试件盒中注入清水。在整个试验过程中，盒内水位高度应始终保持至少高出试件顶面5mm。

④ 测温试件盒应放在冻融箱的中心位置。

⑤ 冻融循环过程应符合下列规定。

a. 次冻融循环应在2～4h内完成，且用于融化的时间不得少于整个冻融循环时间的1/4。

b. 冷冻和融化过程中，试件中心最低和最高温度应分别控制在（－18±2)℃和（5±2)℃内。在任意时刻，试件中心温度不得高于7℃，且不得低于－20℃。

c. 块试件从3℃降至－16℃所用的时间不得少于冷冻时间的1/2；每块试件从－16℃升至3℃所用时间不得少于整个融化时间的1/2，试件内外的温差不宜超过28℃。

d. 融化之间的转换时间不宜超过10min。每隔25次冻融循环宜测量试件的横向基频 f_{ni}。测量前应先将试件表面的浮渣清洗干净并擦干表面水分，然后应检查其外部损伤并称量试件的质量 W_{ni}。随后应按8.3.5节的方法测量横向基频。测完后，应迅速将试件调头重新装入试件盒内并加入清水，继续试验。试件的测量、称量及外观检查应迅速，待测试件应用湿布覆盖。

⑥ 当有试件停止试验被取出时，应另用其他试件填充空位。当试件在冷冻状态下因故中断时，试件应保持在冷冻状态，直至恢复冻融试验为止，并应将故障原因及暂停时间在试验结果中注明。试件在非冷冻状态下发生故障的时间不宜超过两个冻融循环的时间。在整个试验过程中，超过两个冻融循环时间的中断故障次数不得超过两次。

⑦ 当冻融循环出现下列情况之一时，可停止试验：

a. 达到规定的冻融循环次数；

b. 试件的相对动弹性模量下降到 60%；

c. 试件的质量损失率达 5%。

(4) 试验结果计算及处理

应符合下列规定。

① 相对动弹性模量应按下式计算：

$$P_i = \frac{f_{ni}^2}{f_{oi}^2} \times 100$$

式中 P_i——经 N 次冻融循环后第 i 个混凝土试件的相对动弹性模量，%，精确至 0.1%；

f_{ni}——经 N 次冻融循环后第 Z 个混凝土试件的横向基频，Hz；

f_{oi}——冻融循环试验前第 i 个混凝土试件横向基频初始值，Hz。

$$P = \frac{1}{3}\sum_{i=1}^{3} P_i$$

式中 P——经 N 冻融循环后一组混凝土试件的相对动弹性模量，%，精确至 0.1。

相对动弹性模量应以三个试件试验结果的算术平均值作为测定值。当最大值或最小值与中间值之差超过中间值的 15%时，应剔除此值，并应取其余两值的算术平均值作为测定值；当最大值和最小值与中间值之差均超过中间值的 15%时，应取中间值作为测定值。

② 试件的质量损失率应按下式计算：

$$\Delta W_{ni} = \frac{W_{oi} - W_{ni}}{W_{oi}} \times 100$$

式中 ΔW_{ni}——N 次冻融循环后第 i 个混凝土试件的质量损失率，%，精确至 0.01；

W_{oi}——冻融循环试验前第 i 个混凝土试件的质量，g；

W_{ni}——N 次冻融循环后第 Z 个混凝土试件的质量，g。

③ 3 组试件的平均质量损失率应按下式计算：

$$\Delta W_n = \frac{\sum_{i=1}^{3} W_{ni}}{3} \times 100$$

式中 ΔW_n——N 次冻融循环后一组混凝土试件的平均质量损失率，%，精确至 0.1。

④ 每组试件的平均质量损失率应以三个试件的质量损失率试验结果的算术平均值作为测定值。当某个试验结果出现负值时，应取 0，再取三个试件测试结果的算术平均值。当三个值中的最大值或最小值与中间值之差超过 1%时，应剔除此值，再取其余两值的算术平均值作为测定值；当最大值和最小值与中间值之差均超过 1%时，应取中间值作为测定值。

⑤ 混凝土抗冻等级应以相对动弹性模量下降至不低于 60%或者质量损失率不超过 5%时的最大冻融循环次数来确定，并用符号 F 表示。

8.3.4 抗冻试验——单面冻融法（或称盐冻法）

本方法适用于测定混凝土试件在大气环境中且与盐接触的条件下，以能够经受的冻融循环次数或者表面剥落质量或超声波相对动弹性模量来表示的混凝土抗冻性能。

(1) 试验设备和用具

应符合下列规定。

① 顶部有盖的试件盒（见图 8-3）应采用不锈钢制成，容器内的长度应为（250±1）mm，

宽度应为（200±1)mm，高度应为（120±1)mm。容器底部应安置高（5.0±0.1)mm的不吸水、浸水不变形且在试验过程中不会影响溶液组分的非金属三角垫条或支撑。

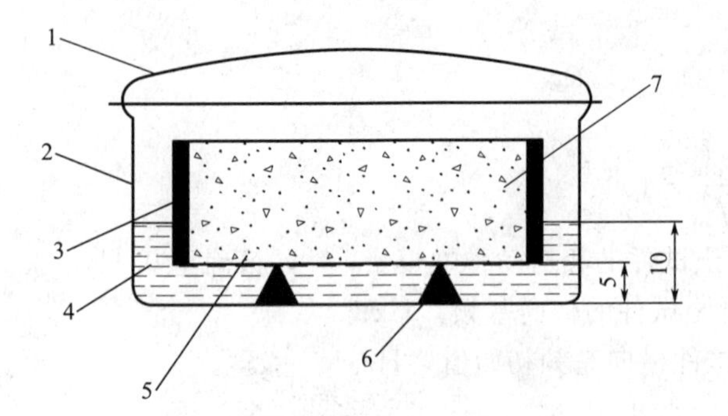

图8-3　试件盒示意图（单位：mm）

1—盖子；2—盒体；3—侧向封闭；4—试验液体；
5—实验表面；6—垫条；7—试件

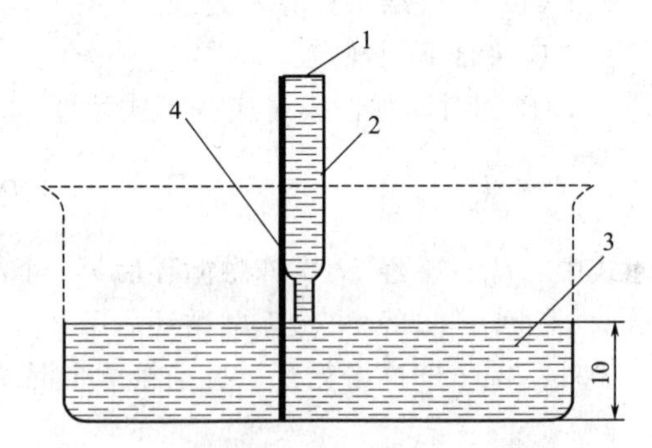

图8-4　液面调整装置示意图（单位：mm）

1—吸水装置；2—毛细吸管；3—试验液体；4—定位控制装置

② 液面调整装置（见图8-4）应由一支吸水管和使液面与试件盒底部间的距离保持在一定范围内的液面自动定位控制装置组成，在使用时，液面调整装置应使液面高度保持在(10±1)mm。

③ 单面冻融试验箱（见图8-5）应符合现行行业标准《混凝土抗冻试验设备》JG/T 243的规定，试件盒应固定在单面冻融试验箱内，并应自动地按规定的冻融循环制度进行冻融循环。冻融循环制度的温度（见图8-6）应从20℃开始，并应以（10±1)℃/h的速度均匀地降至（−20±1)℃，且应维持3h；然后应从−20℃开始，并应以（10±1)℃/h的速度均匀地升至（20±1)℃，且应维持1h。

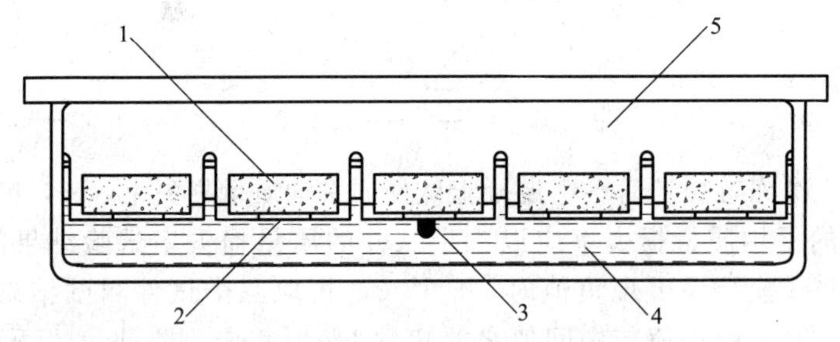

图8-5　单面冻融试验箱示意图

1—试件；2—试件盒；3—测温度点（参考点）；4—制冷液体；5—空气隔热层

④ 试件盒的底部浸入冷冻液中的深度应为（15±2)mm。单面冻融试验箱内应装有可将冷冻液和试件盒上部空间隔开的装置和固定的温度传感器，温度传感器应装在50mm×6mm×6mm的矩形容器内。温度传感器在0℃时的测量精度不应低于±0.05℃，在冷冻液中测温的时间间隔应为（6.3±0.8)s。单面冻融试验箱内温度控制精度应为±0.5℃，当满载运转时，单面冻融试验箱内各点之间的最大温差不得超过1℃。单面冻融试验箱连续工作时间不应少于28d。

⑤ 超声浴槽中超声发生器的功率应为250W，双半波运行下高频峰值功率应为450W，频率应为35kHz。超声浴槽的尺寸应使试件盒与超声浴槽之间无机械接触地置于其中，试件盒在超声浴槽的位置应符合图8-7的规定，且试件盒和超声浴槽底部的距离不应小

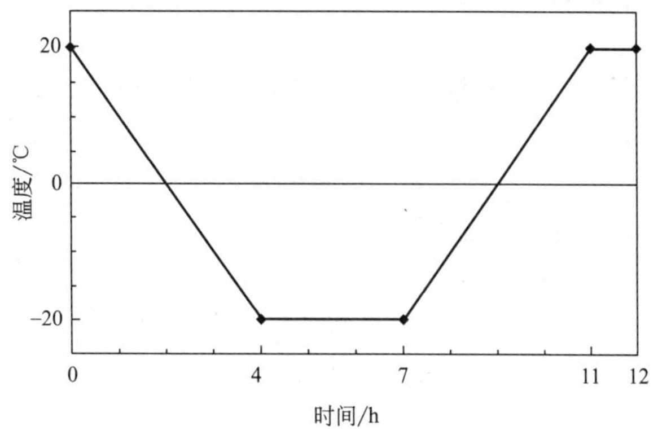

图 8-6 冻融循环制度

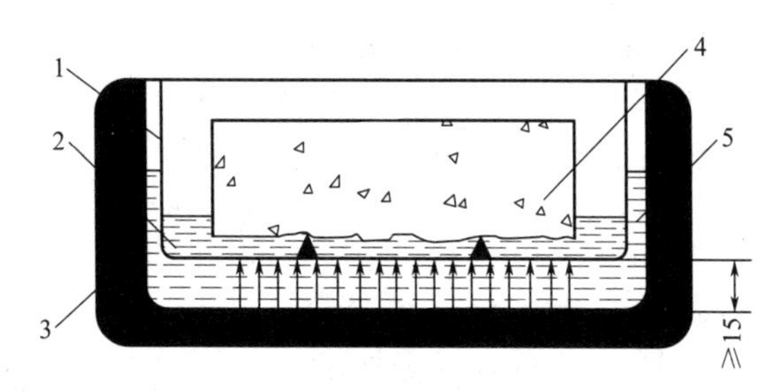

图 8-7 试件盒在超声浴槽中的位置示意图（单位：mm）

1—试件盒；2—试验液体；3—超声浴槽；4—试件；5—水

于 15mm。

⑥ 超声波测试仪的频率范围应为 50～150kHz。

⑦ 不锈钢盘（或称剥落物收集器）应由厚 1mm、面积不小于 110mm×150mm、边缘翘起为（10±2）mm 的不锈钢制成的带把手的钢盘。

⑧ 超声传播时间测量装置（见图 8-8）应由长和宽均为（160±1）mm、高为（80±1）mm 的有机玻璃制成。超声传感器应安置在该装置两侧相对的位置上，且超声传感器轴线距试件测试面的距离应为 35mm。

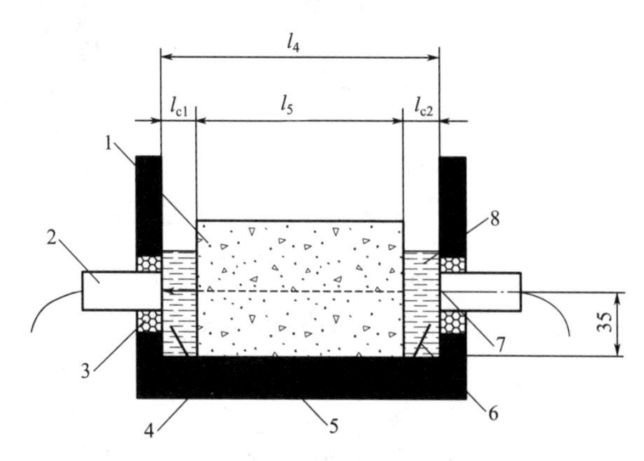

图 8-8 超声传播时间测量装置（单位：mm）

1—试件；2—超声传感器（或称探头）；3—密封层；4—测试面；5—超声容器；6—不锈钢盘；7—超声传播轴；8—试验溶液

⑨ 试验溶液应采用质量比为97%蒸馏水和3%NaCl配制而成的盐溶液。

⑩ 烘箱温度应为（110±5）℃。

⑪ 称量设备应采用最大量程分别为10kg和5kg、感量分别为0.1g和0.01g的各一台。

⑫ 游标卡尺的量程不应小于300mm，精度应为±0.1mm。

⑬ 成型混凝土试件应采用150mm×150mm×150mm的立方体试模，并附加尺寸为150mm×150mm×2mm的聚四氟乙烯片。

⑭ 密封材料应为涂异丁橡胶的铝箔或环氧树脂。密封材料应采用在－20℃和盐侵蚀条件下仍保持原有性能，且在达到最低温度时不得表现为脆性的材料。

（2）试件制作

应符合下列规定。

① 在制作试件时，应采用150mm×150mm×150mm的立方体试模，应在模具中间垂直插入一片聚四氟乙烯片，使试模均分为两部分，聚四氟乙烯片不得涂抹任何脱模剂。当骨料尺寸较大时，应在试模的两内侧各放一片聚四氟乙烯片，但骨料的最大粒径不得大于超声波最小传播距离的1/3。应将接触聚四氟乙烯片的面作为测试面。

② 试件成型后，应先在空气中带模养护（24±2）h，然后将试件脱模并放在（20±2）℃的水中养护至7d龄期。当试件的强度较低时，带模养护的时间可延长，在（20±2）℃的水中的养护时间应相应缩短。

③ 当试件在水中养护至7d龄期后，应对试件进行切割。试件切割位置应符合图8-9的规定，首先应将试件的成型面切去，试件的高度应为110mm。然后将试件从中间的聚四氟乙烯片分开成两个试件，每个试件的尺寸应为150mm×110mm×70mm，偏差应为±2mm。切割完成后，应将试件放置在空气中养护。对于切割后的试件与标准试件的尺寸有偏差的，应在报告中注明。非标准试件的测试表面边长不应小于90mm；对于形状不规则的试件，其测试表面大小应能保证内切一个直径90mm的圆，试件的长高比不应大于3。

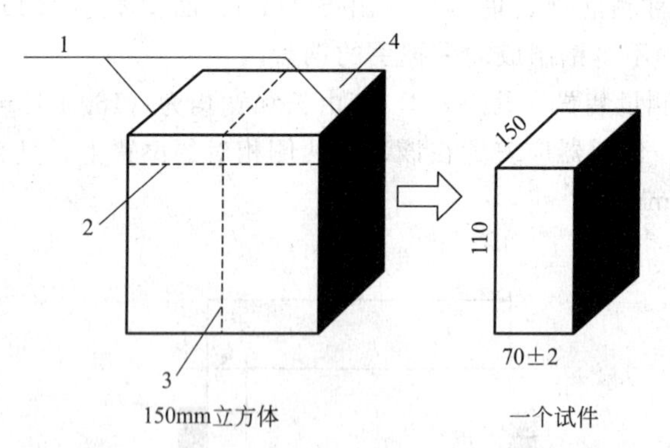

图8-9　试件切割位置示意图（单位：mm）

1—聚四氟乙烯片（测试面）；2,3—切割线；4—成型面

④ 每组试件的数量不应少于5个，且总的测试面积不得少于0.08m^2。

（3）试验步骤

按以下步骤进行。

① 到达规定养护龄期的试件应放在温度为（20±2）℃、相对湿度为（65±5）%的实验室中干燥至28d龄期。干燥时试件应侧立并应相互间隔50mm。

② 在试件干燥至28d龄期前的2～4d，除测试面和与测试面相平行的顶面外，其他侧面

应采用环氧树脂或其他满足要求的密封材料进行密封。密封前应对试件侧面进行清洁处理。在密封过程中，试件应保持清洁和干燥，并应测量和记录试件密封前后的质量 w_0 和 w_1，精确至 0.1g。

③ 密封好的试件应放置在试件盒中，并应使测试面向下接触垫条，试件与试件盒侧壁之间的空隙应为（30±2）mm。向试件盒中加入试验液体并不得溅湿试件顶面。试验液体的液面高度应由液面调整装置调整为（10±1）mm。加入试验液体后，应盖上试件盒的盖子，并应记录加入试验液体的时间。试件预吸水时间应持续 7d，试验温度应保持为（20±2）℃。预吸水期间应定期检查试验液体高度，并应始终保持试验液体高度满足（10±1）mm 的要求。试件预吸水过程中应每隔 2～3d 测量试件的质量，精确至 0.1g。

④ 当试件预吸水结束之后，应采用超声波测试仪测定试件的超声传播时间初始值 t_0，精确至 0.1μs。在每个试件测试开始前，应对超声波测试仪器进行校正。超声传播时间初始值的测量应符合以下规定。

a. 首先应迅速将试件从试件盒中取出，并以测试面向下的方向将试件放置在不锈钢盘上，然后将试件连同不锈钢盘一起放入超声传播时间测量装置中。超声传感器的探头中心与试件测试面之间的距离应为 35mm。应向超声传播时间测量装置中加入试验溶液作为耦合剂，且液面应高于超声传感器探头 10mm，但不应超过试件上表面。

b. 每个试件的超声传播时间应通过测量离测试面 35mm 的两条相互垂直的传播轴得到。可通过细微调整试件位置，使测量的传播时间最小，以此确定试件的最终测量位置，并应标记这些位置作为后续试验中定位时采用。

c. 试验过程中，应始终保持试件和耦合剂的温度为（20±2）℃，防止试件的上表面被湿润。排除超声传感器表面和试件两侧的气泡，并应保护试件的密封材料不受损伤。

⑤ 将完成超声传播时间初始值测量的试件按要求重新装入试件盒中，试验溶液的高度应为（10±1）mm。在整个试验过程中应随时检查试件盒中的液面高度，并对液面进行及时调整。将装有试件的试件盒放置在单面冻融试验箱的托架上，当全部试件盒放入单面冻融试验箱中后，应确保试件盒浸泡在冷冻液中的深度为（15±2）mm，且试件盒在单面冻融试验箱的位置符合图 8-10 的规定。在冻融循环试验前，应采用超声浴方法将试件表面的疏松颗

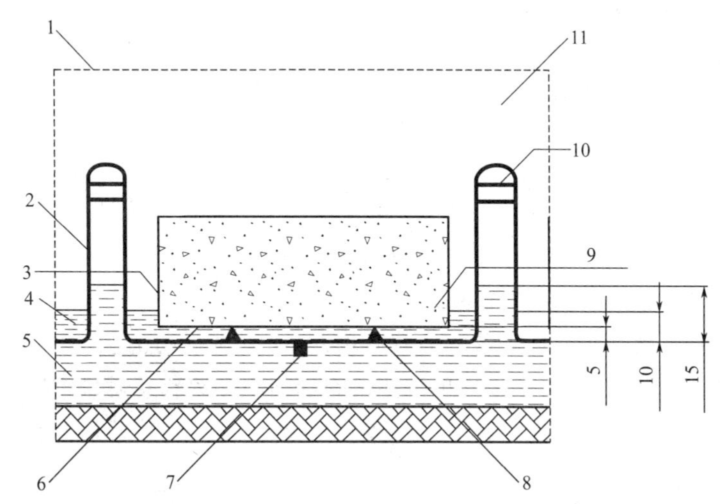

图 8-10　试件盒在单面冻融试验箱中的位置示意图（单位：mm）

1—试验机盖；2—相邻试件盒；3—侧向密封层；4—试验液体；5—制冷液体；6—测试面；7—测温度点（参考点）；8—垫条；9—试件；10—托架；11—隔热空气层

粒和物质清除，清除之物应作为废弃物处理。

⑥ 在进行单面冻融试验时，应去掉试件盒的盖子。冻融循环过程宜连续不断地进行。当冻融循环过程被打断时，应将试件保存在试件盒中，并应保持试验液体的高度。

⑦ 每 4 个冻融循环应对试件的剥落物、吸水率、超声波相对传播时间和超声波相对动弹性模量进行一次测量。上述参数测量应在 (20±2)℃的恒温室中进行。当测量过程被打断时，应将试件保存在盛有试验液体的试验容器中。

⑧ 试件的剥落物、吸水率、超声波相对传播时间和超声波相对动弹性模量的测量应按下列步骤进行：

a. 先将试件盒从单面冻融试验箱中取出，并放置到超声浴槽中，应使试件的测试面朝下，并应对浸泡在试验液体中的试件进行超声浴 3min。

b. 用超声浴方法处理完试件剥落物后，应立即将试件从试件盒中拿起，并垂直放置在一吸水物表面上。待测试面液体流尽后，应将试件放置在不锈钢盘中，且应使测试面向下。用干毛巾将试件侧面和上表面的水擦干净后，应将试件从钢盘中拿开，并将钢盘放置在天平上归零，再将试件放回到不锈钢盘中进行称量。应记录此时试件的质量 w_n，精确至 0.1g。

c. 称量后应将试件与不锈钢盘一起放置在超声传播时间测量装置中，并应按测量超声传播时间初始值相同的方法测定此时试件的超声传播时间 t_n，精确至 0.1μs。

d. 测量完试件的超声传播时间后，应重新将试件放入另一个试件盒中，并应按上述要求进行下一个冻融循环。

e. 将试件重新放入试件盒以后，应及时将超声波测试过程中掉落到不锈钢盘中的剥落物收集到试件盒中，并用滤纸过滤留在试件盒中的剥落物。过滤前应先称量滤纸的质量，然后将过滤后含有全部剥落物的滤纸置在 (110±5)℃的烘箱中烘干 24h，并在温度为 (20±2)℃、相对湿度为 (60±5)%的实验室中冷却 (60±5)min。冷却后应称量烘干后滤纸和剥落物的总质量 μ_b，精确至 0.01g。

⑨ 当冻融循环出现下列情况之一时，可停止试验，并应以经受的冻融循环次数或者单位表面面积剥落物总质量或超声波相对动弹性模量来表示混凝土抗冻性能：

a. 达到 28 次冻融循环时；

b. 试件单位表面面积剥落物总质量大于 1500g/m² 时；

c. 试件的超声波相对动弹性模量降低到 80%时。

(4) 试验结果计算及处理

应符合下列规定。

① 试件表面剥落物的质量 μ_s，应按下式计算：

$$\mu_s=\mu_b-\mu_f$$

式中 μ_s——试件表面剥落物的质量，g，精确至 0.01g；

μ_f——滤纸的质量，g，精确至 0.01g；

μ_b——干燥后滤纸与试件剥落物的总质量，g，精确至 0.01g。

② N 次冻融循环之后，单个试件单位测试表面面积剥落物总质量应按下式进行计算：

$$m_n=\frac{\sum\mu_s}{A}\times10^6$$

式中 m_n——N 次冻融循环后，单个试件单位测试表面面积剥落物总质量，g/m²；

μ_s——每次测试间隙得到的试件剥落物质量，g，精确至 0.01g；

A——单个试件测试表面的表面积，mm²。

③ 每组应取 5 个试件单位测试表面面积上剥落物总质量计算值的算术平均值作为该组试件单位测试表面面积上剥落物总质量测定值。

④ 经 N 次冻融循环后试件相对质量增长 Δw_n（或吸水率）应按下式计算：

$$\Delta w_n=(w_n-w_1+\sum\mu_s)/w_0\times100$$

式中 Δw_n——经 N 次冻融循环后，每个试件的吸水率，%，精确至 0.1；

μ_s——每次测试间隙得到的试件剥落物质量，g，精确至 0.01g；

w_0——试件密封前干燥状态的净质量（不包括侧面密封物的质量），g，精确至 0.1g；

w_n——经 N 次冻融循环后，试件的质量（包括侧面密封物），g，精确至 0.1g；

w_1——密封后饱水之前试件的质量（包括侧面密封物），g，精确至 0.1g。

⑤ 每组应取 5 个试件吸水率计算值的算术平均值作为该组试件的吸水率测定值。

⑥ 超声波相对传播时间和相对动弹性模量应按下列方法计算：

a. 超声波在耦合剂中的传播时间 t_c 应按下式计算：

$$t_c=l_c/v_c$$

式中 t_c——超声波在耦合剂中的传播时间，μs，精确至 0.1μs；

l_c——超声波在耦合剂中传播的长度，$l_c=l_{c1}+l_{c2}$，l_c 应由超声探头之间的距离和测试试件的长度的差值决定；

v_c——超声波在耦合剂中传播的速度 km/s。可利用超声波在水中的传播速度来假定，在温度为（20±5)℃时，超声波在耦合剂中传播的速度为 1440m/s（或 1.440km/s）。

b. 经 N 次冻融循环之后，每个试件传播轴线上传播时间的相对变化 τ_n 应按下式计算：

$$\tau_n=\frac{t_0-t_c}{t_n-t_c}\times100$$

式中 τ_n——试件的超声波相对传播时间，%，精确至 0.1；

t_0——在预吸水后第一次冻融之前，超声波在试件和耦合剂中的总传播时间，即超声波传播时间初始值，μs；

t_n——经 N 次冻融循环之后超声波在试件和耦合剂中的总传播时间，μs。

c. 在计算每个试件的超声波相对传播时间时，应以两个轴的超声波相对传播时间的算术平均值作为该试件的超声波相对传播时间测定值。每组应取 5 个试件超声波相对传播时间计算值的算术平均值作为该组试件超声波相对传播时间的测定值。

d. 经 N 次冻融循环之后，试件的超声波相对动弹性模量 $R_{u,n}$ 应按下式计算：

$$R_{u,n}=\tau_n^2\times100$$

式中 $R_{u,n}$——试件的超声波相对动弹性模量，%，精确至 0.1。

e. 在计算每个试件的超声波相对动弹性模量时，应先分别计算两个相互垂直的传播轴上的超声波相对动弹性模量，并应取两个轴的超声波相对动弹性模量的算术平均值作为该试件的超声波相对动弹性模量测定值。每组应取 5 个试件超声波相对动弹性模量计算值的算术平均值作为该组试件的超声波相对动弹性模量值测定值。

8.3.5 动弹性模量试验

本方法适用于采用共振法测定混凝土的动弹性模量。

动弹性模量试验应采用尺寸为 100mm×100mm×400mm 的棱柱体试件。

(1) 试验设备

应符合下列规定。

① 共振法混凝土动弹性模量测定仪(又称共振仪)的输出频率可调范围应为 100～20000Hz，输出功率应能使试件产生受迫振动。

② 试件支承体应采用厚度约为 20mm 的泡沫塑料垫，宜采用表观密度为 16～18kg/m² 的聚苯板。

③ 称量设备的最大量程应为 20kg，感量不应超过 5g。

(2) 试验步骤

按以下步骤进行。

① 首先应测定试件的质量和尺寸。试件质量应精确至 0.01kg，尺寸的测量应精确至 1mm。

② 测定完试件的质量和尺寸后，应将试件放置在支撑体中心位置，成型面应向上，并应将激振换能器的测杆轻轻地压在试件长边侧面中线的 1/2 处，接收换能器的测杆轻轻地压在试件长边侧面中线距端面 5mm 处。在测杆接触试件前，宜在测杆与试件接触面涂一薄层黄油或凡士林作为耦合介质，测杆压力的大小应以不出现噪声为准。采用的动弹性模量测定仪各部件连接和相对位置应符合图 8-11 的规定。

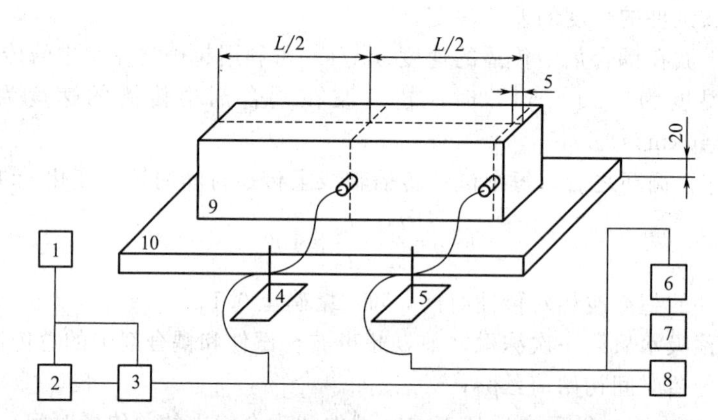

图 8-11　动弹性模量测定仪各部件连接和相对位置示意图

1—振荡器；2—频率计；3—放大器；4—激振换能器；5—接收换能器；6—放大器；7—电表；8—示波器；9—试件；10—试件支撑体

③ 放置好测杆后，应先调整共振仪的激振功率和接收增益旋钮至适当位置，然后变换激振频率，并应注意观察指示电表的指针偏转。当指针偏转为最大时，表示试件达到共振状态，应以这时所显示的共振频率作为试件的基频振动频率。每一测量应重复测读两次以上，当两次连续测值之差不超过两个测值的算术平均值的 0.5%时，应取这两个测值的算术平均值作为该试件的基频振动频率。

④ 当用示波器作显示的仪器时，示波器的图形调成一个正圆时的频率应为共振频率。在测试过程中，当发现两个以上峰值时，应将接收换能器移至距试件端部 0.224 倍试件长处，当指示电表示值为零时，应将其作为真实的共振峰值。

(3) 试验结果计算及处理

应符合下列规定。

① 动弹性模量应按下式计算：

$$E_d = 13.244 \times 10^{-4} \times WL^3 f^2 / a^4$$

式中 E_d——混凝土动弹性模量，MPa；

a——正方形截面试件的边长，mm；

L——试件的长度，mm；

W——试件的质量，kg，精确到 0.01kg；

f——试件横向振动时的基频振动频率，Hz。

② 每组应以 3 个试件动弹性模量的试验结果的算术平均值作为测定值，计算应精确至 100MPa。

8.3.6 抗水渗透试验——渗水高度法

本方法适用于以测定硬化混凝土在恒定水压力下的平均渗水高度来表示的混凝土抗水渗透性能。

(1) 试验设备

应符合下列规定。

① 混凝土抗渗仪应符合现行行业标准《混凝土抗渗仪》JG/T 249 的规定，并应能使水压按规定的制度稳定地作用在试件上。抗渗仪施加水压力范围应为 0.1～2.0MPa。

② 试模应采用上口内部直径为 175mm、下口内部直径为 185mm 和高度为 150mm 的圆台体。

③ 密封材料宜用石蜡加松香或水泥加黄油等材料，也可采用橡胶套等其他有效密封材料。

④ 梯形板（见图 8-12）应采用尺寸为 200mm×200mm 的透明材料制成，并应画有十条等间距、垂直于梯形底线的直线。

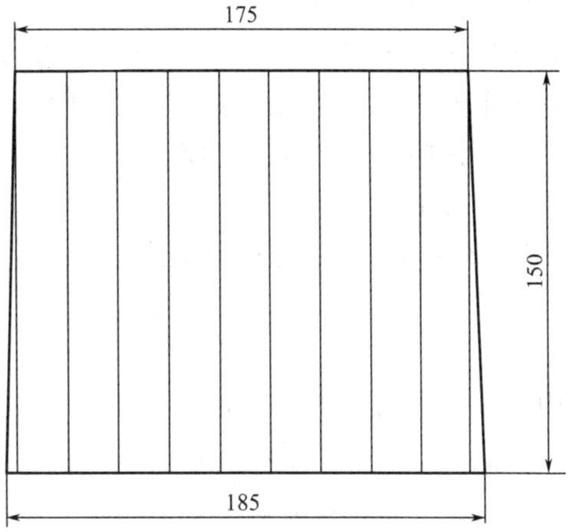

图 8-12　梯形板示意图（单位：mm）

⑤ 钢尺的分度值应为 1mm。

⑥ 钟表的分度值应为 1min。

⑦ 辅助设备应包括螺旋加压器、烘箱、电炉、浅盘、铁锅和钢丝刷等。

⑧ 安装试件的加压设备可为螺旋加压或其他加压形式，其压力应能保证将试件压入试件套内。

(2) 试验步骤

按以下步骤进行。

① 应先按规定的方法进行试件的制作和养护。抗水渗透试验应以 6 个试件为一组。

② 试件拆模后，应用钢丝刷刷去两端面的水泥浆膜，并应立即将试件送入标准养护室进行养护。

③ 抗水渗透试验的龄期宜为 28d。应在到达试验龄期的前一天，从养护室取出试件，并擦拭干净。待试件表面晾干后，应按下列方法进行试件密封。

a. 当用石蜡密封时，应在试件侧面裹涂一层熔化的内加少量松香的石蜡。然后应用螺旋加压器将试件压入经过烘箱或电炉预热过的试模中，使试件与试模底平齐，并应在试模变冷后解除压力。试模的预热温度，应以石蜡接触试模，即缓慢熔化，但不流淌为准。

b. 用水泥加黄油密封时，其质量比应为（2.5～3）∶1。应用三角刀将密封材料均匀地刮涂在试件侧面上，厚度应为1～2mm。应套上试模并将试件压入，应使试件与试模底齐平。

c. 试件密封也可以采用其他更可靠的密封方式。

④ 试件准备好之后，启动抗渗仪，并开通6个试位下的阀门，使水从6个孔中渗出，水应充满试位坑，在关闭6个试位下的阀门后应将密封好的试件安装在抗渗仪上。

⑤ 试件安装好以后，应立即开通6个试位下的阀门，使水压在24h内恒定控制在（1.2±0.05）MPa，且加压过程不应大于5min，应以达到稳定压力的时间作为试验记录起始时间（精确至1min）。在稳压过程中随时观察试件端面的渗水情况，当有某一个试件端面出现渗水时，应停止该试件的试验并应记录时间，以试件的高度作为该试件的渗水高度。对于试件端面未出现渗水的情况，应在试验24h后停止试验，并及时取出试件。在试验过程中，当发现水从试件周边渗出时，应重新按规定进行密封。

⑥ 将从抗渗仪上取出来的试件放在压力机上，并应在试件上下两端面中心处沿直径方向各放一根直径为6mm的钢垫条，并应确保它们在同一竖直平面内。然后开动压力机，将试件沿纵断面劈裂为两半。试件劈开后，应用防水笔描出水痕。

⑦ 应将梯形板放在试件劈裂面上，并用钢尺沿水痕等间距测量10个测点的渗水高度值，读数应精确至1mm。当读数时若遇到某测点被骨料阻挡，可以靠近骨料两端的渗水高度算术平均值来作为该测点的渗水高度。

（3）试验结果计算及处理

应符合下列规定：

① 试件渗水高度应按下式进行计算：

$$\overline{h}_i = \frac{1}{10}\sum_{j=1}^{10} h_j$$

式中 h_j——第i个试件第j个测点处的渗水高度，mm；

$\overline{h}_i$——第i个试件的平均渗水高度，mm。应以10个测点渗水高度的平均值作为该试件渗水高度的测定值。

② 一组试件的平均渗水高度应按下式进行计算。

$$\overline{h} = \frac{1}{6}\sum_{j=1}^{6} \overline{h}_i$$

式中 $\overline{h}$——一组6个试件的平均渗水高度，mm。应以一组6个试件渗水高度的算术平均值作为该组试件渗水高度的测定值。

8.3.7 抗水渗透试验——逐级加压法

本方法适用于通过逐级施加水压力来测定以抗渗等级来表示的混凝土的抗水渗透性能。

仪器设备应符合8.3.6节的规定。

（1）试验步骤

应符合下列规定。

① 首先应按8.3.6节的规定进行试件的密封和安装。

② 试验时，水压应从0.1MPa开始，以后应每隔8h增加0.1MPa水压，并应随时观察试件端面渗水情况。当6个试件中有3个试件表面出现渗水时，或加至规定压力（设计抗渗

等级）在 8h 内 6 个试件中表面渗水试件少于 3 个时，可停止试验，并记下此时的水压力。在试验过程中，当发现水从试件周边渗出时，应按本标准第 6.1.3 条的规定重新进行密封。混凝土的抗渗等级应以每组 6 个试件中有 4 个试件未出现渗水时的最大水压力乘以 10 来确定。

（2）试验结果计算及处理

混凝土的抗渗等级应按下式计算：

$$P=10H-1$$

式中 P——混凝土抗渗等级；

H——6 个试件中有 3 个试件渗水时的水压力，MPa。

8.3.8 抗氯离子渗透试验——快速氮离子迁移系数法（或称 RCM 法）

本方法适用于以测定氯离子在混凝土中非稳态迁移的迁移系数来确定混凝土抗氯离子渗透性能。

（1）试验所用试剂、仪器设备、溶液和指示剂

应符合下列规定。

① 试剂应符合下列规定。

a. 溶剂应采用蒸馏水或去离子水。

b. 氢氧化钠应为化学纯。

c. 氯化钠应为化学纯。

d. 硝酸银应为化学纯。

e. 氢氧化钙应为化学纯。

② 仪器设备应符合下列规定。

a. 切割试件的设备应采用水冷式金刚石锯或碳化硅锯。

b. 真空容器应至少能够容纳 3 个试件。

c. 真空泵应能保持容器内的气压处于 1～5kPa。

d. RCM 试验装置（见图 8-13）采用的有机硅橡胶套的内径和外径应分别为 100mm 和 115mm，长度应为 150mm。夹具应采用不锈钢环箍，其直径范围应为 105～115mm、宽度应为 20mm。阴极试验槽可采用尺寸为 370mm×270mm×280mm 的塑料箱。阴极板应采用厚度为（0.5±0.1)mm、直径不小于 100mm 的不锈钢板。阳极板应采用厚度为 0.5mm、直径为（98±1)mm 的不锈钢网或带孔的不锈钢板。支架应由硬塑料板制成。处于试件和阴极板之间的支架头高度应为 15～20mm。RCM 试验装置还应符合现行行业标准《混凝土氯离子扩散系数测定仪》JG/T 262 的有关规定。

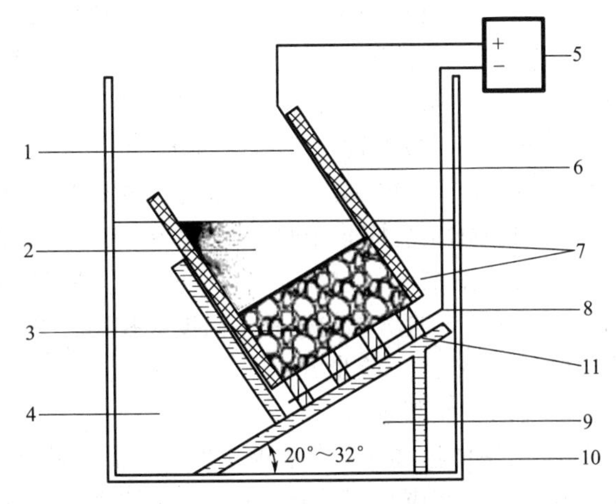

图 8-13 RCM 试验装置示意图

1—阳极板；2—阳极溶液；3—试件；4—阴极溶液；5—直流稳压电源；6—有机硅橡胶套；7—环箍；8—阴极板；9—支架；10—阴极试验槽；11—支撑头

e. 电源应能稳定提供 0～60V 的可调直流电，精度应为 ±0.1V，电流应为

0～10A。

f. 电表的精度应为±0.1mA。

g. 温度计或热电偶的精度应为±0.2℃。

h. 喷雾器应适合喷洒硝酸银溶液。

i. 游标卡尺的精度应为±0.1mm

j. 尺子的最小刻度应为1mm

k. 水砂纸的规格应为200#～600#。

l. 细锉刀可为备用工具。

m. 扭矩扳手的扭矩范围应为20～100N·m，测量允许误差为±5%。

n. 电吹风的功率应为1000～2000W。

o. 黄铜刷可为备用工具。

p. 真空表或压力计的精度应为±665Pa（5mmHg柱），量程应为0～13300Pa（0～100mmHg柱）。

q. 抽真空设备可由体积在1000mL以上的烧杯、真空干燥器、真空泵、分液装置、真空表等组合而成。

③ 溶液和指示剂应符合下列规定。

a. 阴极溶液应为10%（质量浓度）的NaCl溶液，阳极溶液应为0.3mol/L的NaOH溶液。溶液应至少提前24h配制，并应密封保存在温度为20～25℃的环境中。

b. 显色指示剂应为0.1mol/L的$AgNO_3$溶液。

（2）试件制作

应符合下列规定。

① RCM试验用试件应采用直径为(100±1)mm，高度为(50±2)mm的圆柱体试件。

② 在试验室制作试件时，宜使用100mm×100mm或100mm×200mm的试模。骨料最大公称粒径不宜大于25mm。试件成型后应立即用塑料薄膜覆盖并移至标准养护室。试件应在(24±2)h内拆模，然后应浸没于标准养护室的水池中。

③ 试件的养护龄期宜为28d。也可根据设计要求选用56d或84d的养护龄期。

④ 应在抗氯离子渗透试验前7d加工成标准尺寸的试件。当使用100mm×100mm的试件时，应从试件中部切取高度为(50±2)mm的圆柱体作为试验用试件，并应将靠近浇筑面的试件端面作为暴露于氯离子溶液中的测试面。当使用100mm×200mm的试件时，应先将试件从正中间切成相同尺寸的两部分（100mm×100mm），然后应从两部分中各切取一个高度为(50±2)mm的试件，并应将第一次的切口面作为暴露于氯离子溶液中的测试面。

⑤ 试件加工后应采用水砂纸和细锉刀打磨光滑。

⑥ 加工好的试件应继续浸没于水中养护至试验龄期。

⑦ RCM试验所处的试验室温度应控制在20～25℃。

（3）RCM法试验步骤

应按以下步骤进行。

① 首先应将试件从养护池中取出来，并将试件表面的碎屑刷洗干净，擦干试件表面多余的水分。然后应采用游标卡尺测量试件的直径和高度，测量应精确到0.1mm。应将试件在饱和面干状态下置于真空容器中进行真空处理。应在5min内将真空容器中的气压减少至1～5kPa，并应保持该真空度3h，然后在真空泵仍然运转的情况下，将用蒸馏水配制的饱和氢氧化钙溶液注入容器，溶液高度应保证将试件浸没。在试件浸没1h后恢复常压，并应继

续浸泡（18±2）h。

② 试件安装在 RCM 试验装置前应采用电吹风冷风挡吹干，表面应干净，无油污、灰砂和水珠。

③ RCM 试验装置的试验槽在试验前应用室温凉开水冲洗干净。

④ 试件和 RCM 试验装置（见图 8-13）准备好以后，应将试件装入橡胶套内的底部，应在与试件齐高的橡胶套外侧安装两个不锈钢环箍（见图 8-14），每个箍高度应为 20mm，并应拧紧环箍上的螺栓至扭矩（30±2）N·m，使试件的圆柱侧面处于密封状态。当试件的圆柱曲面可能有造成液体渗漏的缺陷时，应以密封剂保持其密封性。

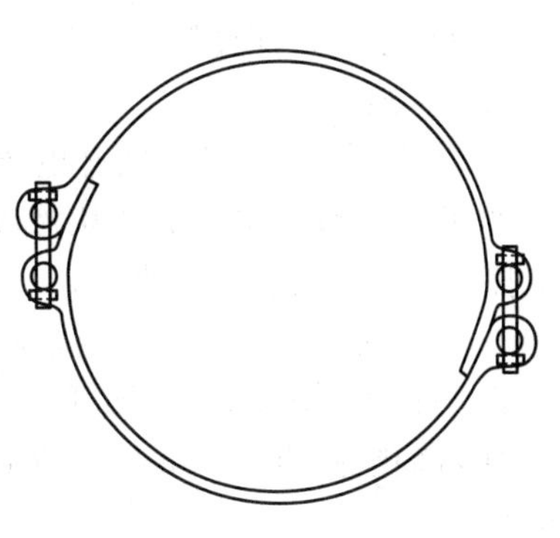

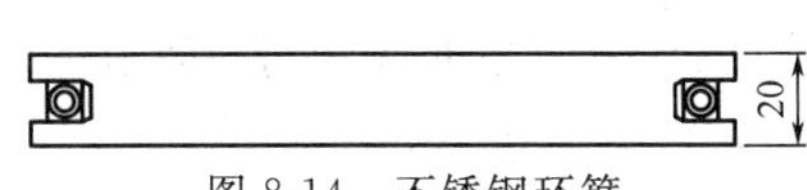

图 8-14 不锈钢环箍

（单位：mm）

⑤ 应将装有试件的橡胶套安装到试验槽中，并安装好阳极板。然后应在橡胶套中注入约 300mL 浓度为 0.3mol/L 的 NaOH 溶液，并应使阳极板和试件表面均浸没于溶液中。应在阴极试验槽中注入 12L 10%（质量浓度）的 NaCl 溶液，并应使其液面与橡胶套中的 NaOH 溶液的液面齐平。

⑥ 试件安装完成后，应将电源的阳极（又称正极）用导线连至橡胶筒中的阳极板，并将阴极（又称负极）用导线连至试验槽中的阴极板。

（4）电迁移试验步骤

按以下步骤进行。

① 首先应打开电源，将电压调整到（30.0±0.2）V，并应记录通过每个试件的初始电流。

② 后续试验应施加的电压（见表 8-4 第二列）应根据施加 30V 电压时测量得到的初始电流值所处的范围（见表 8-4 第一列）决定。应根据实际施加的电压，记录新的初始电流。应按照新的初始电流值所处的范围（见表 8-4 第三列），确定试验应持续的时间（见表 8-4 第四列）。

表 8-4 初始电流、电压与试验时间的关系

初始电流 I(用 30V 电压)/mA	施加的电压 U(调整后)/V	可能的新初始电流 I_0/mA	试验持续时间 t/h
$I<5$	60	$I_0<10$	96
$5\leqslant I<10$	60	$10\leqslant I_0<20$	48
$10\leqslant I<15$	60	$20\leqslant I_0<30$	24
$15\leqslant I<20$	50	$25\leqslant I_0<35$	24
$20\leqslant I<30$	40	$25\leqslant I_0<40$	24
$30\leqslant I<40$	35	$35< I_0<50$	24
$40\leqslant I<60$	30	$40\leqslant I_0<60$	24
$60\leqslant I<90$	25	$50\leqslant I_0<75$	24
$90\leqslant I<120$	20	$60\leqslant I_0<80$	24
$120\leqslant I<180$	15	$60\leqslant I_0<90$	24
$180\leqslant I<360$	10	$60\leqslant I_0<120$	24
$I\geqslant 360$	10	$I_0\geqslant 120$	6

③ 应按照温度计或者热电偶的显示读数记录每一个试件的阳极溶液的初始温度。

④ 试验结束时，应测定阳极溶液的最终温度和最终电流。

⑤ 试验结束后应及时排除试验溶液。应用黄铜刷清除试验槽的结垢或沉淀物，并应用饮用水和洗涤剂将试验槽和橡胶套冲洗干净，然后用电吹风的冷风挡吹干。

(5) 氯离子渗透深度测定步骤

按以下步骤进行。

① 试验结束后，应及时断开电源。

② 断开电源后，应将试件从橡胶套中取出，并应立即用自来水将试件表面冲洗干净，然后应擦去试件表面多余的水分。

③ 试件表面冲洗干净后，应在压力试验机上沿轴向劈成两个半圆柱体，并应在劈开的试件断面立即喷涂浓度为0.1mol/L的$AgNO_3$溶液显色指示剂。

④ 指示剂喷洒约15min后，应沿试件直径断面将其分成10等份，并应用防水笔描出渗透轮廓线。

⑤ 然后应根据观察到的明显的颜色变化，测量显色分界线（见图8-15）离试件底面的距离，精确至0.1mm。

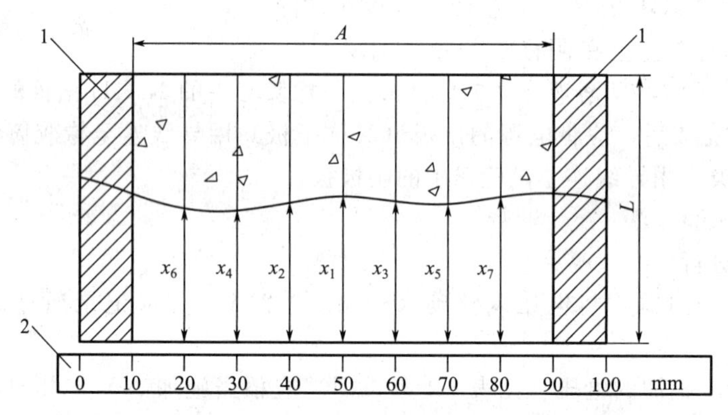

图8-15　显色分界线位置编号

1—试件边缘部分；2—尺子；A—测量范围；L—试件高度

⑥ 当某一测点被骨料阻挡时，可将此测点位置移动到最近未被骨料阻挡的位置进行测量，当某测点数据不能得到时，只要总测点数多于5个，可忽略此测点。

⑦ 当某测点位置有一个明显的缺陷，使该点测量值远大于各测点的平均值时，可忽略此测点数据，但应将这种情况在试验记录和报告中注明。

(6) 试验结果计算及处理

应符合下列规定。

① 混凝土的非稳态氯离子迁移系数应按下式进行计算：

$$D_{RCM}=\frac{0.0239\times(273+T)L}{(U-2)t}\left(X_d-0.0238\sqrt{\frac{(273+T)LX_d}{U-2}}\right)$$

式中　D_{RCM}——混凝土的非稳态氯离子迁移系数，精确到$0.1\times10^{-12}m^2/S$；

U——所用电压的绝对值，V；

T——阳极溶液的初始温度和结束温度的平均值，℃；

L——试件厚度，mm，精确到0.1mm；

X_d——氯离子渗透深度的平均值，mm，精确到0.1mm；

t——试验持续时间，h。

② 每组应以 3 个试样的氯离子迁移系数的算术平均值作为该组试件的氯离子迁移系数测定值。当最大值或最小值与中间值之差超过中间值的 15%时，应剔除此值，再取其余两值的平均值作为测定值；当最大值和最小值均超过中间值的 15%时，应取中间值作为测定值。

8.3.9 抗氯离子渗透试验——电通 A 法

本方法适用于以通过混凝土试件的电通量为指标来确定混凝土抗氯离子渗透性能。本方法不适用于掺有亚硝酸盐和钢纤维等良导电材料的混凝土抗氯离子渗透试验。

(1) 采用的试验装置、试剂和用具

应符合下列规定。

① 电通量试验装置应符合图 8-16 的要求，并应满足现行行业标准《混凝土氯离子电通量测定仪》JG/T 261 的有关规定。

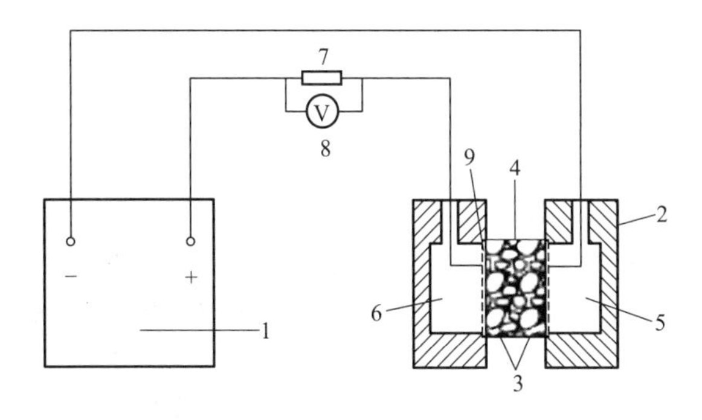

图 8-16 电通量试验装置示意图

1—直流稳压电源；2—试验槽；3—铜电极；4—混凝土试件；5—3.0%NaCl 溶液；6—0.3mol/NaOH 溶液；7—标准电阻；8—直流数字式电压表；9—试件垫圈（硫化橡胶垫或硅橡胶垫）

② 直流稳压电源的电压范围应为 0～80V，电流范围应为 0～10A。并应能稳定输出 60V 直流电压，精度应为±0.1V。

③ 耐热塑料或耐热有机玻璃试验槽（见图 8-17）的边长应为 150mm，总厚度不应小于 51mm。试验槽中心的两个槽的直径应分别为 89mm 和 112mm。两个槽的深度应分别为

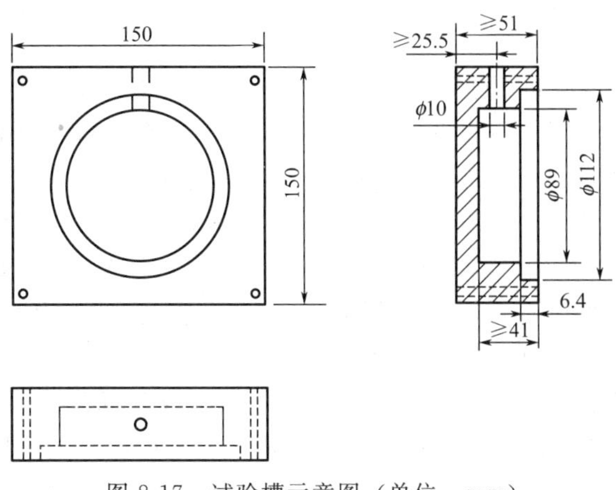

图 8-17 试验槽示意图（单位：mm）

41mm 和 6.4mm。在试验槽的一边应开有直径为 10mm 的注液孔。

④ 紫铜垫板宽度应为 (12±2)mm，厚度应为 (0.50±0.05)mm。铜网孔径应为 0.95mm (64 孔/cm^2) 或者 20 目。

⑤ 标准电阻精度应为±0.1%；直流数字电流表量程应为 0～20A，精度应为±0.1%。

⑥ 真空泵和真空表应符合上一节的要求。

⑦ 真空容器的内径不应小于 250mm，并应能至少容纳 3 个试件。

⑧ 阴极溶液应用化学纯试剂配制的质量浓度为 3.0%的 NaCl 溶液。

⑨ 阳极溶液应用化学纯试剂配制的摩尔浓度为 0.3mol/L 的 NaOH 溶液。

⑩ 密封材料应采用硅胶或树脂等密封材料。

⑪ 硫化橡胶垫或硅橡胶垫的外径应为 100mm，内径应为 75mm，厚度应为 6mm。

⑫ 切割试件的设备应采用水冷式金刚锯或碳化硅锯。

⑬ 抽真空设备可由烧杯 (体积在 1000mL 以上)、真空干燥器、真空泵、分液装置、真空表等组合而成。

⑭ 温度计的量程应为 0～120℃，精度应为±0.1℃。

⑮ 电吹风的功率应为 1000～2000W。

(2) 试验步骤

应按以下步骤进行。

① 电通量试验应采用直径 (100±1)mm，高度为 (50±2)mm 的圆柱体试件。试件的制作、养护应符合上一节的规定。当试件表面有涂料等附加材料时，应预先去除，且试样内不得含有钢筋等良导电材料。在试件移送试验室前，应避免冻伤或其他物理伤害。

② 电通量试验宜在试件养护到 28d 龄期时进行。对于掺有大量矿物掺和料的混凝土，可在 56d 龄期时进行试验。应先将养护到规定龄期的试件暴露于空气中至表面干燥，并应以硅胶或树脂密封材料涂刷试件圆柱侧面，还应填补涂层中的孔洞。

③ 电通量试验前应将试件进行真空饱水。应先将试件放入真空容器中，然后启动真空泵，并应在 5min 内将真空容器中的绝对压强减少至 1～5kPa，应保持该真空度 3h，然后在真空泵仍然运转的情况下，注入足够的蒸馏水或者去离子水，直至淹没试件，应在试件浸没 1h 后恢复常压，并继续浸泡 (18±2)h。

④ 在真空饱水结束后，应从水中取出试件，并抹掉多余水分，且应保持试件所处环境的相对湿度在 95%以上。应将试件安装于试验槽内，并应采用螺杆将两试验槽和端面装有硫化橡胶垫的试件夹紧。试件安装好以后，应采用蒸馏水或者其他有效方式检查试件和试验槽之间的密封性能。

⑤ 检查试件和试件槽之间的密封性后，应将质量浓度为 3.0%的 NaCl 溶液和 0.3mol/L 的 NaOH 溶液分别注入试件两侧的试验槽中，注入 NaCl 溶液的试验槽内的铜网应连接电源负极，注入 NaOH 溶液的试验槽中的铜网应连接电源正极。

⑥ 在正确连接电源线后，应在保持试验槽中充满溶液的情况下接通电源，并应对上述两铜网施加 (60±0.1)V 的直流恒电压，且应记录电流初始读数。开始时应每隔 5min 记录一次电流值，当电流值变化不大时，可每隔 10min 记录一次电流值；当电流变化很小时，应每隔 30min 记录一次电流值，直至通电 6h。

⑦ 当采用自动采集数据的测试装置时，记录电流的时间间隔可设定为 5～10min。电流测量值应精确至±0.5mA。试验过程中宜同时监测试验槽中溶液的温度。

⑧ 试验结束后，应及时排出试验溶液，并应用凉开水和洗涤剂冲洗试验槽 60s 以上，

然后用蒸馏水洗净并用电吹风冷风挡吹干。

⑨ 试验应在 20～25℃的室内进行。

(3) 试验结果计算及处理

应符合下列规定。

① 试验过程中或试验结束后，应绘制电流与时间的关系图。应通过将各点数据以光滑曲线连接起来，对曲线作面积积分，或按梯形法进行面积积分，得到试验 6h 通过的电通量（C）。

② 每个试件的总电通量可采用下列简化公式计算：

$$Q=900(I_0+2I_{30}+2I_{60}+\cdots+2I_t+\cdots+2I_{300}+2I_{330}+I_{360})$$

式中 Q——通过试件的总电通量，C；

I_0——初始电流，A，精确到 0.001A；

I_t——在时间 t（min）的电流，A，精确到 0.001A。

③ 计算得到的通过试件的总电通量应换算成直径为 95mm 的试件的电通量值。应通过将计算的总电通量乘以一个直径为 95mm 的试件和实际试件横截面积的比值来换算，换算可按下式进行：

$$Q_s=Q_x\times(95/x)^2$$

式中 Q_s——通过直径为 95mm 的试件的电通量，C；

Q_x——通过直径为 x（mm）的试件的电通量，C；

x——试件的实际直径，mm。

④ 每组应取 3 个试件电通量的算术平均值作为该组试件的电通量测定值。当某一个电通量值与中值的差值超过中值的 15%时，应取其余两个试件的电通量的算术平均值作为该组试件的试验结果测定值。当有两个测值与中值的差值都超过中值的 15%时，应取中值作为该组试件的电通量试验结果测定值。

8.3.10 收缩试验——非接触法

本方法主要适用于测定早龄期混凝土的自由收缩变形，也可用于无约束状态下混凝土自收缩变形的测定。

本方法应采用尺寸为 100mm×100mm×515mm 的棱柱体试件。每组应为 3 个试件。

(1) 试验设备

应符合下列规定。

① 非接触法混凝土收缩变形测定仪（见图 8-18）应设计成整机一体化装置，并应具备

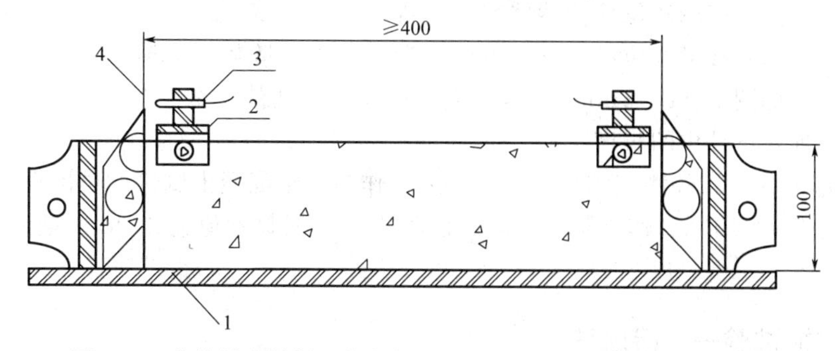

图 8-18 非接触法混凝土收缩变形测定仪原理示意图（单位：mm）

1—试模；2—固定架；3—传感器探头；4—反射靶

自动采集和处理数据、能设定采样时间间隔等功能。整个测试装置（含试件、传感器等）应固定于具有避振功能的固定式实验台面上。

② 应有可靠方式将反射靶固定于试模上，使反射靶在试件成型浇筑振动过程中不会移位偏斜，且在成型完成后应能保证反射靶与试模之间的摩擦力尽可能小。试模应采用具有足够刚度的钢模，且本身的收缩变形应小。试模的长度应能保证混凝土试件的测量标距不小于400mm。

③ 传感器的测试量程不应小于试件测量标距长度的0.5%或量程不应小于1mm，测试精度不应低于0.002mm。且应采用可靠方式将传感器测头固定，并应能使测头在测量整个过程中与试模相对位置保持固定不变。试验过程中应能保证反射靶能够随着混凝土收缩而同步移动。

（2）试验步骤

应符合以下规定。

① 试验应在温度为（20±2)℃、相对湿度为（60±5)%的恒温恒湿条件下进行。非接触法收缩试验应带模进行测试。

② 试模准备后，应在试模内涂刷润滑油，然后应在试模内铺设两层塑料薄膜或者放置一片聚四氟乙烯（PTFE）片，且应在薄膜或者聚四氟乙烯片与试模接触的面上均匀涂抹一层润滑油。应将反射靶固定在试模两端。

③ 将混凝土拌和物浇筑入试模后，应振动成型并抹平，然后应立即带模移入恒温恒湿室。成型试件的同时，应测定混凝土的初凝时间。混凝土初凝试验和早龄期收缩试验的环境应相同。当混凝土初凝时，应开始测读试件左右两侧的初始读数，此后应至少每隔1h或按设定的时间间隔测定试件两侧的变形读数。

④ 在整个测试过程中，试件在变形测定仪上放置的位置、方向均应始终保持固定不变。

⑤ 需要测定混凝土自收缩值的试件，应在浇筑振捣后立即采用塑料薄膜作密封处理。

（3）试验结果的计算和处理

应符合下列规定：

① 混凝土收缩率应按照下式计算：

$$\varepsilon_{st}=\frac{(L_{10}-L_{1t})+(L_{20}-L_{2t})}{L_0}$$

式中 ε_{st}——测试期为t（h）的混凝土收缩率，t从初始读数时算起；

L_{10}——左侧非接触法位移传感器初始读数，mm；

L_{1t}——左侧非接触法位移传感器测试期为t（h）的读数，mm；

L_{20}——右侧非接触法位移传感器初始读数，mm；

L_{2t}——右侧非接触法位移传感器测试期为t（h）的读数，mm；

L_0——试件测量标距（mm），等于试件长度减去试件中两个反射靶沿试件长度方向埋入试件中的长度之和。

② 每组应取3个试件测试结果的算术平均值作为该组混凝土试件的早龄期收缩测定值，计算应精确到1.0×10^{-6}。作为相对比较的混凝土早龄期收缩值应以3d龄期测试得到的混凝土收缩值为准。

8.3.11 收缩试验——接触法

本方法适用于测定在无约束和规定的温湿度条件下硬化混凝土试件的收缩变形性能。

(1) 试件和测头

应符合下列规定。

① 本方法应采用尺寸为 100mm×100mm×515mm 的棱柱体试件。每组应为 3 个试件。

② 采用卧式混凝土收缩仪时，试件两端应预埋测头或留有埋设测头的凹槽。卧式收缩试验用测头（见图 8-19）应由不锈钢或其他不生锈的材料制成。

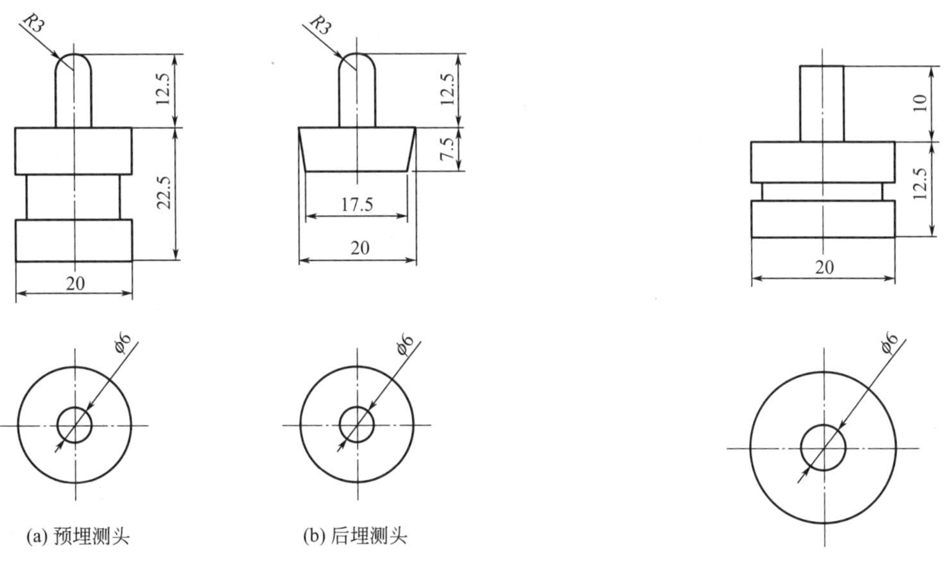

图 8-19 卧式收缩试验用测头（单位：mm）

图 8-20 立式收缩试验用测头（单位：mm）

③ 采用立式混凝土收缩仪时，试件一端中心应预埋测头（见图 8-20）。立式收缩试验用测头的另外一端宜采用 M20mm×35mm 的螺栓（螺纹通长），并应与立式混凝土收缩仪底座固定。螺栓和测头都应预埋进去。

④ 采用接触法引伸仪时，所用试件的长度应至少比仪器的测量标距长出一个截面边长。测头应粘贴在试件两侧面的轴线上。

⑤ 使用混凝土收缩仪时，制作试件的试模应具有能固定测头或预留凹槽的端板。使用接触法引伸仪时，可用一般棱柱体试模制作试件。

⑥ 收缩试件成型时不得使用机油等憎水性脱模剂。试件成型后应带模养护 1～2d，并保证拆模时不损伤试件。对于事先没有埋设测头的试件，拆模后应立即粘贴或埋设测头。试件拆模后，应立即送至温度为 (20±2)℃、相对湿度为 95%以上的标准养护室内养护。

(2) 试验设备

应符合下列规定。

① 测量混凝土收缩变形的装置应具有硬钢或石英玻璃制作的标准杆，并应在测量前及测量过程中及时校核仪表的读数。

② 收缩测量装置可采用下列形式之一。

a. 卧式混凝土收缩仪的测量标距应为 540mm，并应装有精度为±0.001mm 的千分表或测微器。

b. 立式混凝土收缩仪的测量标距和测微器同卧式混凝收缩仪。

c. 其他形式的变形测量仪表的测量标距不应小于 100mm 及骨料最大粒径的 3 倍。并至少能达到±0.001mm 的测量精度。

（3）试验步骤

应按下列要求进行。

① 收缩试验应在恒温恒湿的环境中进行，室温应保持在（20±2)℃，相对湿度应保持在（60±5)%。试件应放置在不吸水的搁架上，底面应架空，每个试件之间的间隙应大于30mm。

② 测定代表某一混凝土收缩性能的特征值时，试件应在3d龄期时（从混凝土搅拌加水时算起）从标准养护室取出，并应立即移入恒温恒湿室测定其初始长度，此后应至少按下列规定的时间间隔测量其变形读数：1d、3d、7d、14d、28d、45d、60d、90d、120d、150d、180d、360d（从移入恒温恒湿室内计时）。

③ 测定混凝土在某一具体条件下的相对收缩值时（包括在徐变试验时的混凝土收缩变形测定）应按要求的条件进行试验。对非标准养护试件，当需要移入恒温恒湿室内进行试验时，应先在该室内预置4h，再测其初始值。测量时应记下试件的初始干湿状态。

④ 收缩测量前应先用标准杆校正仪表的零点，并应在测定过程中至少再复核1～2次，其中一次应在全部试件测读完后进行。当复核时发现零点与原值的偏差超过±0.001mm时，应调零后重新测量。

⑤ 试件每次在卧式收缩仪上放置的位置和方向均应保持一致。试件上应标明相应的方向记号。试件在放置及取出时应轻稳仔细，不得碰撞表架及表杆。当发生碰撞时，应取下试件，并应重新以标准杆复核零点。

⑥ 采用立式混凝土收缩仪时，整套测试装置应放在不易受外部振动影响的地方。读数时宜轻敲仪表或者上下轻轻滑动测头。安装立式混凝土收缩仪的测试台应有减振装置。

⑦ 用接触法引伸仪测量时，应使每次测量时试件与仪表保持相对固定的位置和方向。每次读数应重复3次。

（4）试验结果计算和处理

应符合以下规定。

① 混凝土收缩率应按下式计算：

$$\varepsilon_{st}=\frac{L_0-L_t}{L_b}$$

式中 ε_{st}——试验期为t（d）的混凝土收缩率，t从测定初始长度时算起；

L_b——试件的测量标距，用混凝土收缩仪测量时应等于两测头内侧的距离，即等于混凝土试件长度（不计测头凸出部分）减去两个测头埋入深度之和（mm），采用接触法引伸仪时，即为仪器的测量标距；

L_0——试件长度的初始读数，mm；

L_t——试件在试验期为t（d）时测得的长度读数，mm。

② 每组应取3个试件收缩率的算术平均值作为该组混凝土试件的收缩率测定值，计算精确至1.0×10^{-6}。

③ 作为相互比较的混凝土收缩率值应为不密封试件于180d所测得的收缩率值。可将不密封试件于360d所测得的收缩率值作为该混凝土的终极收缩率值。

8.3.12 早期抗裂试验

本方法适用于测试混凝土试件在约束条件下的早期抗裂性能。

（1）试验装置及试件尺寸

应符合下列规定。

① 本方法应采用尺寸为800mm×600mm×100mm的平面薄板型试件，每组应至少有2个试件。混凝土骨料最大公称粒径不应超过31.5mm。

② 混凝土早期抗裂试验装置（见图8-21）应采用钢制模具，模具的四边（包括长侧板和短侧板）宜采用槽钢或者角钢焊接而成，侧板厚度不应小于5mm，模具四边与底板宜通过螺栓固定在一起。模具内应设有7根裂缝诱导器，裂缝诱导器可分别用50mm×50mm、40mm×40mm的角钢与5mm×50mm的钢板焊接组成，并应平行于模具短边。底板应采用不小于5mm厚的钢板，并应在底板表面铺设聚乙烯薄膜或者聚四氟乙烯片作隔离层。模具应作为测试装置的一个部分，测试时应与试件连在一起。

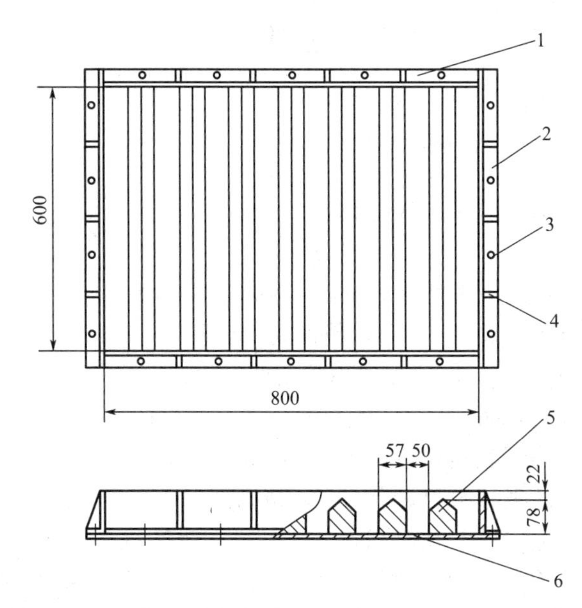

图8-21 混凝土早起抗裂试验装置示意图（单位：mm）

1—长侧板；2—短侧板；3—螺栓；4—加强肋；5—裂缝诱导器；6—底板

③ 风扇的风速应可调，并且应能够保证试件表面中心处的风速不小于5m/s。

④ 温度计精度不应低于±0.5℃。相对湿度计精度不应低于±1%。风速计精度不应低于±0.5m/s。

⑤ 刻度放大镜的放大倍数不应小于40倍，分度值不应大于0.01mm。

⑥ 照明装置可采用手电筒或者其他简易照明装置。

⑦ 钢直尺的最小刻度应为1mm。

(2) 试验步骤

应按以下步骤进行。

① 试验宜在温度为(20±2)℃，相对湿度为(60±5)%的恒温恒湿室中进行。

② 将混凝土浇筑至模具内以后，应立即将混凝土摊平，且表面应比模具边框略高。可使用平板表面式振捣器或者采用振捣棒插捣，应控制好振捣时间，并应防止过振和欠振。

③ 在振捣后，应用抹子整平表面，并应使骨料不外露，且应使表面平实。

④ 应在试件成型30min后，立即调节风扇位置和风速，使试件表面中心正上方100mm处风速为(5±0.5)m/s，并应使风向平行于试件表面和裂缝诱导器。

⑤ 试验时间应从混凝土搅拌加水开始计算，应在(24.0±0.5)h测读裂缝。裂缝长度

应用钢直尺测量，并应取裂缝两端直线距离为裂缝长度。当一个刀口上有两条裂缝时，可将两条裂缝的长度相加，折算成一条裂缝。

⑥ 裂缝宽度应采用放大倍数至少为 40 倍的读数显微镜进行测量，并应测量每条裂缝的最大宽度。

⑦ 平均开裂面积、单位面积的裂缝数目和单位面积上的总开裂面积应根据混凝土浇筑 24h 测量得到的裂缝数据来计算。

(3) 试验结果计算及其确定

应符合下列规定。

① 每条裂缝的平均开裂面积应按下式计算：

$$a=\frac{1}{2N}\sum_{i=1}^{N}(W_i-L_i)$$

② 单位面积的裂缝数目应按下式计算：

$$b=\frac{N}{A}$$

③ 面积上的总开裂面积应按下式计算：

$$c=ab$$

式中 W_i——第 i 条裂缝的最大宽度，mm，精确到 0.01mm；

L_i——第 i 条裂缝的长度，mm，精确到 1mm；

A——平板的面积，m^2，精确到小数点后两位；

N——总裂缝数目，条；

a——裂缝的平均开裂面积，mm^2/条，精确到 $1mm^2$/条；

b——单位面积的裂缝数目，条/m^2，精确到 0.1 条/m^2；

c——单位面积上的总开裂面积，mm^2/m^2，精确到 $1mm^2/m^2$。

④ 每组应分别以 2 个或多个试件的平均开裂面积（单位面积上的裂缝数目或单位面积上的总开裂面积）的算术平均值作为该组试件平均开裂面积（单位面积上的裂缝数目或单位面积上的总开裂面积）的测定值。

8.3.13 受压徐变试验

本方法适用于测定混凝土试件在长期恒定轴向压力作用下的变形性能。

(1) 试验仪器设备

应符合下列规定。

① 徐变仪应符合下列规定。

a. 徐变仪应在要求时间范围内（至少 1 年）把所要求的压缩荷载加到试件上并应能保持该荷载不变。

b. 常用徐变仪可选用弹簧式或液压式，其工作荷载范围应为 180～500kN。

c. 弹簧式压缩徐变仪（见图 8-22）应包括上下压板、球座或球铰及其配套垫板、弹簧持荷装置以及 2～3 根承力丝杆。压板与垫板应具有足够的刚度。压板的受压面的平整度偏差不应大于 0.1mm/100mm，并应

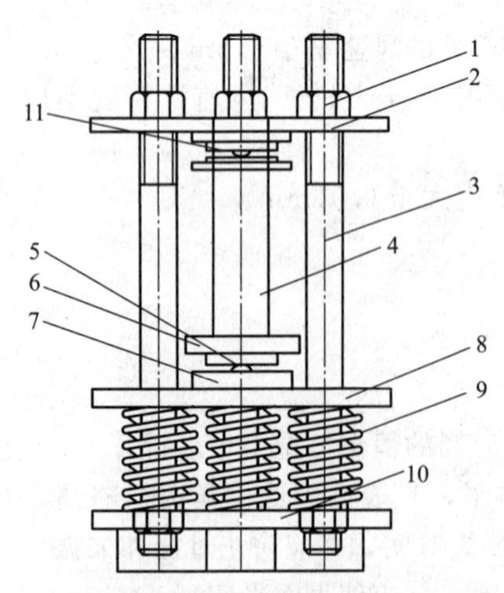

图 8-22 弹簧式压缩徐变仪示意图

1—螺母；2—上压板；3—丝杆；4—试件；5—球铰；6—垫板；7—定心；8—下压板；9—弹簧；10—地盘；11—球铰

能保证对试件均匀加荷。弹簧及丝杆的尺寸应按徐变仪所要求的试验吨位而定。在试验荷载下，丝杆的拉应力不应大于材料屈服点的 30%，弹簧的工作压力不应超过允许极限荷载的 80%，且工作时弹簧的压缩变形不得小于 20mm。

d. 当使用液压式持荷部件时，可通过一套中央液压调节单元同时加荷几个徐变架，该单元应由储液器、调节器、显示仪表和一个高压源（如高压氮气瓶或高压泵）等组成。

e. 有条件时可采用几个试件串叠受荷，上下压板之间的总距离不得超过 1600mm。

② 加荷装置应符合下列规定。

a. 加荷架应由接长杆及顶板组成。加荷时加荷架应与徐变仪丝杆顶部相连。

b. 油压千斤顶可采用一般的起重千斤顶，其吨位应大于所要求的试验荷载。

c. 测力装置可采用钢环测力计、荷载传感器或其他形式的压力测定装置。其测量精度应达到所加荷载的±2%，试件破坏荷载不应小于测力装置全量程的 20%且不应大于测力装置全量程的 80%。

③ 变形量测装置应符合下列规定。

a. 变形量测装置可采用外装式、内埋式或便携式，其测量的应变值精度不应低于 0.001mm/m。

b. 采用外装式变形量测装置时，应至少测量不少于两个均匀地布置在试件周边的基线的应变。测点应精确地布置在试件的纵向表面的纵轴上，且应与试件端头等距，与相邻试件端头的距离不应小于一个截边长。

c. 采用差动式应变计或钢弦式应变计等内埋式变形测量装置时，应在试件成型时可靠地固定该装置，应使其量测基线位于试件中部并应与试件纵轴重合。

d. 采用接触法引伸仪等便携式变形量测装置时，测头应牢固附置在试件上。

e. 量测标距应大于混凝土骨料最大粒径的 3 倍，且不少于 100mm。

（2）试件

应符合下列规定。

① 试件的形状与尺寸应符合下列规定。

a. 徐变试验应采用棱柱体试件。试件的尺寸应根据混凝土中骨料的最大粒径按表 8-5 选用，长度应为截面边长尺寸的 3～4 倍。

表 8-5　徐变试验试件尺寸的选用

骨料最大公称粒径/mm	试件最小边长/mm	试件长度/mm
31.5	100	400
40	150	≥450

b. 当试件叠放时，应在每叠试件端头的试件和压板之间加装一个未安装应变量测仪表的辅助性混凝土垫块，其截面边长尺寸应与被测试件的相同，且长度应至少等于其截面尺寸的一半。

② 试件数量应符合下列规定。

a. 制作徐变试件时，应同时制作相应的棱柱体抗压试件及收缩试件。

b. 收缩试件应与徐变试件相同，并应装有与徐变试件相同的变形测量装置。

c. 每组抗压、收缩和徐变试件的数量宜各为 3 个，其中每个加荷龄期的每组徐变试件应至少为 2 个。

③ 试件制备应符合下列规定。

a. 当要叠放试件时，宜磨平其端头。

b. 徐变试件的受压面与相邻的纵向表面之间的角度与直角的偏差不应超过 1mm/100mm。

c. 采用外装式应变量测装置时，徐变试件两侧面应有安装量测装置的测头，测头宜采用埋入式，试模的侧壁应具有能在成型时使 W 头定位的装置。在对黏结的工艺及材料确有把握时，可采用胶粘。

④ 试件的养护与存放方式应符合下列规定。

a. 抗压试件及收缩试件应随徐变试件一并同条件养护。

b. 对于标准环境中的徐变，试件应在成型后不少于 24h 且不多于 48h 时拆模，且在拆模之前，应覆盖试件表面。随后应立即将试件送入标准养护室养护到 7d 龄期（自混凝土搅拌加水开始计时），其中 3d 加载的徐变试验应养护 3d。养护期间试件不应浸泡于水中。试件养护完成后应移入温度为（20±2)℃、相对湿度为（60±5)%的恒温恒湿室进行徐变试验，直至试验完成。

c. 对于适用于大体积混凝土内部情况的绝湿徐变，试件在制作或脱模后应密封在保湿外套中（包括橡皮套、金属套筒等），且在整个试件存放和测试期间也应保持密封。

d. 对于需要考虑温度对混凝土弹性和非弹性性质的影响等特定温度下的徐变，应控制好试件存放的试验环境温度，应使其符合希望的温度历史。

e. 对于需确定在具体使用条件下的混凝土徐变值等其他存放条件，应根据具体情况确定试件的养护及试验制度。

（3）徐变试验规定

① 对比或检验混凝土的徐变性能时，试件应在 28d 龄期时加荷。当研究某一混凝土的徐变特性时，应至少制备 5 组徐变试件并应分别在龄期为 3d、7d、14d、28d 和 90d 时加荷。

② 徐变试验应按下列步骤进行。

a. 测头或测点应在试验前 1d 粘好，仪表安装好后应仔细检查，不得有任何松动或异常现象。加荷装置、测力计等也应予以检查。

b. 在即将加荷徐变试件前，应测试同条件养护试件的棱柱体抗压强度。

c. 测头和仪表准备好以后，应将徐变试件放在徐变仪的下压板后，应使试件、加荷装置、测力计及徐变仪的轴线重合。并应再次检查变形测量仪表的调零情况，且应记下初始读数。当采用未密封的徐变试件时，应在将其放在徐变仪上的同时，覆盖参比用收缩试件的端部。

d. 试件放好后，应及时开始加荷。当无特殊要求时，应取徐变应力为所测得的棱柱体抗压强度的 40%。当采用外装仪表或者接触法引伸仪时，应用千斤顶先加压至徐变应力的 20%进行对中。两侧的变形相差应小于其平均值的 10%，当超出此值时，应松开千斤顶卸荷，进行重新调整后，应再加荷到徐变应力的 20%，并再次检查对中的情况。对中完毕后，应立即继续加荷直到徐变应力，应及时读出两边的变形值，并将此时两边变形的平均值作为在徐变荷载下的初始变形值。从对中完毕到测初始变形值之间的加荷及测量时间不得超过 1min。随后应拧紧承力丝杆上端的螺母，并应松开千斤顶卸荷，且应观察两边变形值的变化情况。此时，试件两侧的读数相差不应超过平均值的 10%，否则应予以调整，调整应在试件持荷的情况下进行，调整过程中所产生的变形增值应计入徐变变形之中。然后应再加荷到徐变应力，并应检查两侧变形读数，其总和与加荷前数值相比，误差不应超过 2%。否则应予以补足。

e. 应在加荷后的 1d、3d、7d、14d、28d、45d、60d、90d、120d、150d、180d、270d 和 360d 测读试件的变形值。

f. 在测读徐变试件的变形读数的同时，应测量同条件放置参比用收缩试件的收缩值。

g. 试件加荷后应定期检查荷载的保持情况，应在加荷后 7d，28d，60d，90d 各校核一次，如荷载变化大于 2%，应予以补足。在使用弹簧式加载架时，可通过施加正确的荷载并拧紧丝杆上的螺母，来进行调整。

(4) 试验结果计算及其处理

应符合下列规定。

① 徐变应变应按下式计算：

$$\varepsilon_{ct}=\frac{\Delta L_t-\Delta L_0}{L_b}-\varepsilon_t$$

式中 ε_{ct}——加荷 t (d) 后的徐变应变，mm/m，精确至 0.001mm/m；

ΔL_t——加荷 t (d) 后的总变形值，mm，精确至 0.001mm；

ΔL_0——加荷时测得的初始变形值，mm，精确至 0.001mm；

L_b——测量标距，mm，精确到 1mm；

ε_t——同龄期的收缩值，mm/m，精确至 0.001mm/m。

② 徐变度应按下式计算：

$$C_t=\frac{\varepsilon_t}{\delta}$$

式中 C_t——加荷 t (d) 后的混凝土徐变度，1/MPa，计算精确至 1.0×10^{-6}MPa；

δ——徐变应力，MPa。

③ 徐变系数应按下列公式计算：

$$\varphi_t=\frac{\varepsilon_{ct}}{\varepsilon_0}$$

$$\varepsilon_0=\frac{\Delta L_0}{L_0}$$

式中 ε_0——在加荷时测得的初始应变值，mm/m，精确至 0.001mm/m；

φ_t——加荷 t (d) 后的徐变系数。

④ 每组应分别以 3 个试件徐变应变（徐变度或徐变系数）试验结果的算术平均值作为该组混凝土试件徐变应变（徐变度或徐变系数）的测定值。

⑤ 作为供对比用的混凝土徐变值，应采用经过标准养护的混凝土试件，在 28d 龄期时经受 0.4 倍棱柱体抗压强度恒定荷载持续作用 360d 的徐变值。可用测得的 3 年徐变值作为终极徐变值。

8.3.14 碳化试验

本方法适用于测定在一定浓度的二氧化碳气体介质中混凝土试件的碳化程度。

(1) 试件及处理

应符合下列规定。

① 本方法宜采用棱柱体混凝土试件，应以 3 块为一组。棱柱体的长宽比不宜小于 3。

② 无棱柱体试件时，也可用立方体试件，其数量应相应增加。

③ 试件宜在 28d 龄期进行碳化试验，掺有掺和料的混凝土可以根据其特性决定碳化前

的养护龄期。碳化试验的试件宜采用标准养护，试件应在试验前 2d 从标准养护室取出，然后应在 60℃下烘 48h。

④ 经烘干处理后的试件，除应留下一个或相对的两个侧面外，其余表面应采用加热的石蜡予以密封。然后应在暴露侧面上沿长度方向用铅笔以 10mm 的间距画出平行线，作为预定碳化深度的测量点。

（2）试验设备

应符合下列规定。

① 碳化箱应符合现行行业标准《混凝土碳化试验箱》JG/T 247 的规定，并应采用带有密封盖的密闭容器，容器的容积应至少为预定进行试验的试件体积的两倍。碳化箱内应有架空试件的支架、二氧化碳引入口、分析取样用的气体导出口、箱内气体对流循环装置、为保持箱内恒温恒湿所需的设施以及温湿度监测装置。宜在碳化箱上设玻璃观察口对箱内的温度进行读数。

② 气体分析仪应能分析箱内二氧化碳浓度，并应精确至±1%。

③ 二氧化碳供气装置应包括气瓶、压力表和流量计。

（3）试验步骤

应按以下步骤进行。

① 首先应将经过处理的试件放入碳化箱内的支架上。各试件之间的间距不应小于 50mm。

② 试件放入碳化箱后，应将碳化箱密封。密封可采用机械办法或油封，但不得采用水封。应开动箱内气体对流装置，徐徐充入二氧化碳，并测定箱内的二氧化碳浓度。应逐步调节二氧化碳的流量，使箱内的二氧化碳浓度保持在（20±3）%。在整个试验期间应采取去湿措施，使箱内的相对湿度控制在（70±5）%，温度应控制在（20±2）℃的范围内。

③ 当试验开始后应每隔一定时期对箱内的二氧化碳浓度、温度及湿度作一次测定。宜在前 2d 每隔 2h 测定一次，以后每隔 4h 测定一次。试验中应根据所测得的二氧化碳浓度、温度及湿度随时调节这些参数，去湿用的硅胶应经常更换。也可采用其他更有效的去湿方法。

④ 应在碳化到了 3d、7d、14d 和 28d 时，分别取出试件，破型测定碳化深度。棱柱体试件应通过在压力试验机上的劈裂法或者用干锯法从一端开始破型。每次切除的厚度应为试件宽度的一半，切后应用石蜡将破型后试件的切断面封好，再放入箱内继续碳化，直到下一个试验期。当采用立方体试件时，应在试件中部劈开，立方体试件应只作一次检验，劈开测试碳化深度后不得再重复使用。

⑤ 随后应将切除所得的试件部分刷去断面上残存的粉末，然后应喷上（或滴上）浓度为 1%的酚酞酒精溶液（酒精溶液含 20%的蒸馏水）。约经 30s 后，应按原先标划的每 10mm 一个测量点用钢板尺测出各点碳化深度。当测点处的碳化分界线上刚好嵌有粗骨料颗粒时，可取该颗粒两侧处碳化深度的算术平均值作为该点的深度值。碳化深度测量值应精确至 0.5mm。

（4）试验结果计算和处理

应符合下列规定。

① 混凝土在各试验龄期时的平均碳化深度应按下式计算：

$$\overline{d_t}=\frac{1}{n}\sum_{i=1}^{n}d_i$$

式中 $\overline{d_t}$——试件碳化 t（d）后的平均碳化深度，mm，精确至 0.1mm；

d_i——各测点的碳化深度，mm；

n——测点总数。

② 每组应以在二氧化碳浓度为（20±3）%、温度为（20±2）℃、湿度为（70±5）%的条件下 3 个试件碳化 28d 的碳化深度算术平均值作为该组混凝土试件碳化测定值。

③ 结果处理时宜绘制碳化时间与碳化深度的关系曲线。

8.3.15 混凝土中钢筋锈蚀试验

本方法适用于测定在给定条件下混凝土中钢筋的锈蚀程度。本方法不适用于在侵蚀性介质中混凝土内的钢筋锈蚀试验。

（1）试件的制作与处理

应符合下列规定。

① 本方法应采用尺寸为 100mm×100mm×300mm 的棱柱体试件，每组应为 3 块。

② 试件中埋置的钢筋应采用直径为 6.5mm 的 Q235 普通低碳钢热轧盘条调直截断制成，其表面不得有锈坑及其他严重缺陷。每根钢筋长应为（299±1）mm，应用砂轮将其一端磨出长约 30mm 的平面，并用钢字打上标记。钢筋应采用 12%盐酸溶液进行酸洗，并经清水漂净后，用石灰水中和，再用清水冲洗干净，擦干后应在干燥器中至少存放 4h，然后应用天平称取每根钢筋的初重（精确至 0.001g）。钢筋应存放在干燥器中备用。

③ 试件成型前应将套有定位板的钢筋放入试模，定位板应紧贴试模的两个端板，安放完毕后应使用丙酮擦净钢筋表面。

④ 试件成型后，应在（20±2）℃的温度下盖湿布养护 24h 后编号拆模，并应拆除定位板。然后应用钢丝刷将试件两端部混凝土刷毛，并应用水灰比小于试件用混凝土水灰比、水泥和砂子比例为 1∶2 的水泥砂浆抹上不小于 20mm 厚的保护层，并应确保钢筋端部密封质量。试件应就地潮湿养护（或用塑料薄膜盖好）24h 后，移入标准养护室养护 28d。

（2）试验设备

应符合下列规定。

① 混凝土碳化试验设备应包括碳化箱、供气装置及气体分析仪。碳化设备应符合 8.3.14 节的规定。

② 钢筋定位板（见图 8-23）宜采用木质五合板或薄木板等材料制作，尺寸应为 100mm×100mm，板上应钻有穿插钢筋的圆孔。

③ 称量设备的最大量程应为 1kg，感量应为 0.001g。

（3）试验步骤

应按以下步骤进行。

① 钢筋锈蚀试验的试件应先进行碳化，碳化应在 28d 龄期时开始。碳化应在二氧化碳浓度为（20±3）%、相对湿度为（70±5）%和温度为（20±2）℃的条件下进行，碳化时间应为 28d。对于有特殊要求的混凝土中钢筋的锈蚀试验，碳化时间可再延长 14d 或者 28d。

② 试件碳化处理后应立即移入标准养护室放置。在养护室中，相邻试件间的距离不应小于 50mm，并应避免试件直接淋水。应在潮湿条件下存放 56d 后将试件取出，然后破型，破型时不得损伤钢筋。应先测出碳化深度，然后进行钢筋锈蚀程度的测定。

③ 试件破型后，应取出试件中的钢筋，并应刮去钢筋上黏附的混凝土。应用 12%盐酸溶液对钢筋进行酸洗，经清水漂净后，再用石灰水中和，最后应以清水冲洗干净。应将钢筋

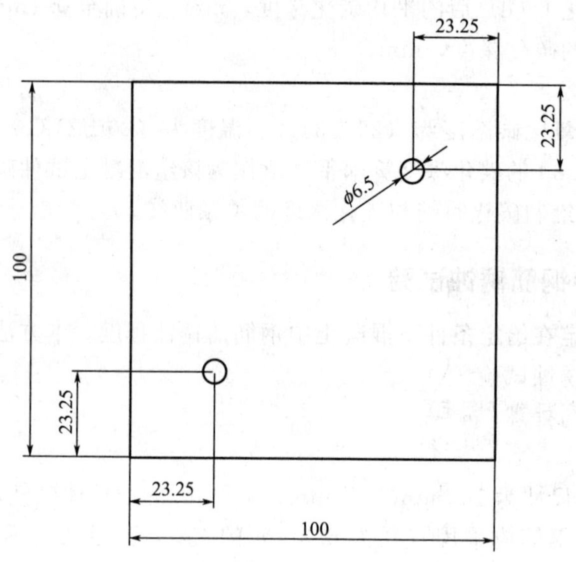

图 8-23 钢筋定位板示意图（单位：mm）

擦干后在干燥器中至少存放 4h，然后应对每根钢筋称重（精确至 0.001g），并应计算钢筋锈蚀失重率。酸洗钢筋时，应在洗液中放入两根尺寸相同的同类无锈钢筋作为基准校正。

（4）试验结果计算和处理

应符合以下规定。

① 钢筋锈蚀失重率应按下式计算：

$$L_w=\frac{\omega_o-\omega-\frac{(\omega_{o1}-\omega_1)+(\omega_{o2}-\omega_2)}{2}}{\omega_o}\times 100$$

式中 L_w——钢筋锈蚀失重率，%，精确至 0.01；

ω_o——钢筋未锈前质量，g；

ω——锈蚀钢筋经过酸洗处理后的质量，g；

ω_{o1}，ω_{o2}——基准校正用的两根钢筋的初始质量，g；

ω_1，ω_2——基准校正用的两根钢筋酸洗后的质量，g。

② 每组应取 3 个混凝土试件中钢筋锈蚀失重率的平均值作为该组混凝土试件中钢筋锈蚀失重率测定值。

8.3.16 抗压疲劳变形试验

本方法适用于在自然条件下，通过测定混凝土在等幅重复荷载作用下疲劳累计变形与加载循环次数的关系，来反映混凝土抗压疲劳变形性能。

（1）试验设备

应符合下列规定。

① 疲劳试验机的吨位应能使试件预期的疲劳破坏荷载不小于试验机全量程的 20%，也不应大于试验机全量程的 80%。准确度应为Ⅰ级，加载频率应为 4～8Hz。

② 上、下钢垫板应具有足够的刚度，其尺寸应大于 100mm×100mm，平面度要求为每 100mm 不应超过 0.02mm。

③ 微变形测量装置的标距应为150mm，可在试件两侧相对的位置上同时测量。承受等幅重复荷载时，在连续测量情况下，微变形测量装置的精度不得低于0.001mm。

④ 抗压疲劳变形试验应采用尺寸为100mm×100mm×300mm的棱柱体试件。试件应在振动台上成型，每组试件应至少为6个，其中3个用于测量试件的轴心抗压强度 f_c，其余3个用于抗压疲劳变形性能试验。

（2）试验步骤

应按以下步骤进行。

① 全部试件应在标准养护室内养护至28d龄期后取出，并应在室温（20±5)℃下存放至3个月龄期。

② 试件应在龄期达3个月时从存放地点取出，应先将其中3块试件按照现行国家标准《普通混凝土力学性能试验方法标准》GB/T 50081测定其轴心抗压强度 f_c。

③ 然后应对剩下的3块试件进行抗压疲劳变形试验。每一试件进行抗压疲劳变形试验前，应先在疲劳试验机上进行静压变形对中，对中时应采用两次对中的方式。首次对中的应力宜取轴心抗压强度的20%（荷载可近似取整数，kN)，第二次对中应力宜取轴心抗压强度 f_c 的40%。对中时，试件两侧变形值之差应小于平均值的5%，否则应调整试件位置，直至符合对中要求。

④ 抗压疲劳变形试验采用的脉冲频率宜为4Hz。试验荷载（见图8-24）的上限应力 σ_{max} 宜取 $0.66f_c$，下限应力 σ_{min} 宜取 $0.1f_c$。有特殊要求时，上限应力和下限应力可根据要求选定。

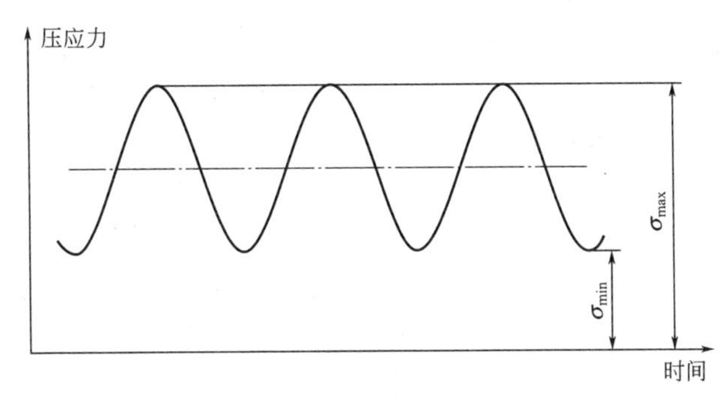

图8-24 试验荷载示意图

⑤ 抗压疲劳变形试验中，应于每 1×10^5 次重复加载后，停机测量混凝土棱柱体试件的累积变形。测量宜在疲劳试验机停机后15s内完成。应在对测试结果进行记录之后，继续加载进行抗压疲劳变形试验，直到试件破坏为止。若加载至 2×10^6 次，试件仍未破坏，可停止试验。

每组应取3个试件在相同加载次数时累积变形的算术平均值作为该组混凝土试件在等幅重复荷载下的抗压疲劳变形测定值，精确至0.001mm/m。

8.3.17 抗硫酸盐侵蚀试验

本方法适用于测定混凝土试件在干湿交替环境中，以能够经受的最大干湿循环次数来表示的混凝土抗硫酸盐侵蚀性能。

（1）试件

应符合下列规定。

① 本方法应采用尺寸为100mm×100mm×100mm的立方体试件，每组应为3块。

② 混凝土的取样、试件的制作和养护应符合8.3.1节的要求。

③ 除制作抗硫酸盐侵蚀试验用试件外，还应按照同样方法，同时制作抗压强度对比用试件。试件组数应符合表8-6的要求。

表8-6 抗硫酸盐侵蚀试验所需的试件组数

设计抗硫酸盐等级	KS15	KS30	KS60	KS90	KS120	KS150	KS150
检查强度所需干湿循环次数	15	15及30	30及60	60及90	90及120	120及150	150及设计次数
鉴定28d强度所需试件组数	1	1	1	1	1	1	1
干湿循环试件组数	1	2	2	2	2	2	2
对比试件组数	1	2	2	2	2	2	2
总计试件组数	3	5	5	5	5	5	5

（2）试验设备和试剂

应符合下列规定。

① 干湿循环试验装置宜采用能使试件静止不动，浸泡、烘干及冷却等过程应能自动进行的装置。设备应具有数据实时显示、断电记忆及试验数据自动存储的功能。

② 也可采用符合下列规定的设备进行干湿循环试验：

a. 烘箱应能使温度稳定在（80±5)℃；

b. 容器应至少能够装27L溶液，并应带盖，且应由耐盐腐蚀材料制成。

③ 试剂应采用化学纯无水硫酸钠。

（3）试验步骤

应按以下步骤进行。

① 试件应在养护至28d龄期的前2d，将需进行干湿循环的试件从标准养护室取出。擦干试件表面水分，然后将试件放入烘箱中，并应在（80±5)℃下烘48h。烘干结束后应将试件在干燥环境中冷却到室温。对于掺入掺和料比较多的混凝土，也可采用56d龄期或者设计规定的龄期进行试验，这种情况应在试验报告中说明。

② 试件烘干并冷却后，应立即将试件放入试件盒（架）中，相邻试件之间应保持20mm间距，试件与试件盒侧壁的间距不应小于20mm。

③ 试件放入试件盒以后，应将配制好的5%Na_2SO_4溶液放入试件盒，溶液应至少超过最上层试件表面20mm，然后开始浸泡。从试件开始放入溶液，到浸泡过程结束的时间应为(15±0.5)h。注入溶液的时间不应超过30min。浸泡龄期应从将混凝土试件移入5% Na_2SO_4溶液中起计时。试验过程中宜定期检查和调整溶液的pH值，可每隔15个循环测试一次溶液pH值，应始终维持溶液的pH值为6～8。溶液的温度应控制在25～30℃。也可不检测其pH值，但应每月更换一次试验用溶液。

④ 浸泡过程结束后，应立即排液，并应在30min内将溶液排空。溶液排空后应将试件风干30min，从溶液开始排出到试件风干的时间应为1h。

⑤ 风干过程结束后应立即升温，应将试件盒内的温度升到80℃，开始烘干过程。升温过程应在30min内完成。温度升到80℃后，应将温度维持在（80±5)℃。从升温开始到开

始冷却的时间应为6h。

⑥ 烘干过程结束后，应立即对试件进行冷却，从开始冷却到将试件盒内的试件表面温度冷却到25～30℃的时间应为2h。

⑦ 每个干湿循环的总时间应为（24±2)h。然后应再次放入溶液，按照上述③～⑥的步骤进行下一个干湿循环。

⑧ 在达到本标准规定的干湿循环次数后，应及时进行抗压强度试验。同时应观察经过干湿循环后混凝土表面的破损情况并进行外观描述。当试件有严重剥落、掉角等缺陷时，应先用高强石膏补平后再进行抗压强度试验。

⑨ 当干湿循环试验出现下列三种情况之一时，可停止试验：

a. 当抗压强度耐蚀系数达到75%；

b. 干湿循环次数达到150次；

c. 达到设计抗硫酸盐等级相应的干湿循环次数。

⑩ 对比试件应继续保持原有的养护条件，直到完成干湿循环后，与进行干湿循环试验的试件同时进行抗压强度试验。

（4）试验结果计算及处理

应按符合下列规定。

① 混凝土抗压强度耐蚀系数应按下式进行计算：

$$K_f=\frac{f_{cn}}{f_{cn'}}\times 100$$

式中 K_f——抗压强度耐蚀系数，%；

f_{cn}——N 次干湿循环后受硫酸盐腐蚀的一组混凝土试件的抗压强度测定值，MPa，精确至0.1MPa；

$f_{cn'}$——与受硫酸盐腐蚀试件同龄期的标准养护的一组对比混凝土试件的抗压强度测定值，MPa，精确至0.1MPa。

② f_{cn}和$f_{cn'}$应以3个试件抗压强度试验结果的算术平均值作为测定值。当最大值或最小值与中间值之差超过中间值的15%时，应剔除此值，并应取其余两值的算术平均值作为测定值；当最大值和最小值均超过中间值的15%时，应取中间值作为测定值。

③ 抗硫酸盐等级应以混凝土抗压强度耐蚀系数下降到不低于75%时的最大干湿循环次数来确定，并应以符号KS表示。

8.3.18 碱-骨料反应试验

本试验方法用于检验混凝土试件在温度38℃及潮湿养护条件下，混凝土中的碱与骨料反应所引起的膨胀是否具有潜在危害。适用于碱-硅酸反应和碱-碳酸盐反应。

（1）试验仪器设备

应符合下列要求。

① 本方法应采用与公称直径分别为20mm、16mm、10mm、5mm的圆孔筛对应的方孔筛。

② 称量设备的最大量程应分别为50kg和10kg，感量应分别不超过50g和5g，各一台。

③ 试模的内测尺寸应为75mm×75mm×275mm，试模两个端板应预留安装测头的圆孔，孔的直径应与测头直径相匹配。

④ 测头（埋钉）的直径应为5～7mm，长度应为25mm。应采用不锈金属制成，测头均

应位于试模两端的中心部位。

⑤ 测长仪的测量范围应为275～300mm，精度应为±0.001mm。

⑥ 养护盒应由耐腐蚀材料制成，不应漏水，且应能密封。盒底部应装有（20±5)mm深的水，盒内应有试件架，且应能使试件垂直立在盒中。试件底部不应与水接触。一个养护盒宜同时容纳3个试件。

（2）试验规定

① 原材料和设计配合比应按照下列规定准备。

a. 应使用硅酸盐水泥，水泥含碱量宜为（0.9±0.1)%（以Na_2O当量计，即Na_2O+0.658K_2O)。可通过外加浓度为10%的NaOH溶液，使试验用水泥含碱量达到1.25%。

b. 当试验用来评价细骨料的活性时，应采用非活性的粗骨料，粗骨料的非活性也应通过试验确定，试验用细骨料细度模数宜为2.7±0.2。当试验用来评价粗骨料的活性时，应用非活性的细骨料，细骨料的非活性也应通过试验确定。当工程用的骨料为同一品种的材料时，应用该粗、细骨料来评价活性。试验用粗骨料应由三种级配：20～16mm、16～10mm和10～5mm各取1/3等量混合。

c. 每立方米混凝土水泥用量应为（420±10)kg。水灰比应为0.42～0.45。粗骨料与细骨料的质量比应为6∶4。试验中除可外加NaOH外，不得再使用其他外加剂。

② 试件应按下列规定制作。

a. 成型前24h，应将试验所用所有原材料放入（20±5)℃的成型室。

b. 混凝土搅拌宜采用机械拌和。

c. 混凝土应一次装入试模，应用捣棒和抹刀捣实，然后应在振动台上振动30s或直至表面泛浆为止。

d. 试件成型后应带模一起送入（20±2)℃、相对湿度在95%以上的标准养护室中，应在混凝土初凝前1～2h，对试件沿模口抹平并应编号。

③ 试件养护及测量应符合下列要求。

a. 试件应在标准养护室中养护（24±4)h后脱模，脱模时应特别小心不要损伤测头，并应尽快测量试件的基准长度。待测试件应用湿布盖好。

b. 试件的基准长度测量应在（20±2)℃的恒温室中进行。每个试件应至少重复测试两次，应取两次测定值的算术平均值作为该试件的基准长度值。

c. 测量基准长度后应将试件放入养护盒中，并盖严盒盖。然后应将养护盒放入（38±2)℃的养护室或养护箱里养护。

d. 试件的测量龄期应从测定基准长度后算起，测量龄期应为1周、2周、4周、8周、13周、18周、26周、39周和52周，以后可每半年测一次。每次测量的前一天，应将养护盒从（38±2)℃的养护室中取出，并放入（20±2)℃的恒温室中，恒温时间应为（24±4)h。试件各龄期的测量应与测量基准长度的方法相同，测量完毕后，应将试件调头放入养护盒中，并盖严盒盖。然后应将养护盒重新放回（38±2)℃的养护室或者养护箱中继续养护至下一测试龄期。

e. 每次测量时，应观察试件有无裂缝、变形、渗出物及反应产物等，并应作详细记录。必要时可在长度测试周期全部结束后，辅以岩相分析等手段，综合判断试件内部结构和可能的反应产物。

④ 当碱-骨料反应试验出现以下两种情况之一时，可结束试验：

a. 在52周的测试龄期内的膨胀率超过0.04%；

b. 膨胀率虽小于0.04%，但试验周期已经达52周（或一年）。

（3）试验结果计算和处理

应符合下列规定。

① 试件的膨胀率应按下式计算：

$$\varepsilon_t=\frac{L_t-L_0}{L_0-2\Delta}\times 100$$

式中 ε_t——试件在 t（d）龄期的膨胀率，%，精确至0.001；

L_t——试件在 t（d）龄期的长度，mm；

L_0——试件的基准长度，mm；

Δ——测头的长度，mm。

② 每组应以3个试件测值的算术平均值作为某一龄期膨胀率的测定值。

③ 当每组平均膨胀率小于0.020%时，同一组试件中单个试件之间的膨胀率的差值（最高值与最低值之差）不应超过0.008%；当每组平均膨胀率大于0.020%时，同一组试件中单个试件的膨胀率的差值（最高值与最低值之差）不应超过平均值的40%。

参考文献

[1] GB 175—2007，通用硅酸盐水泥［S］.
[2] GB/T 17671—1999，水泥胶砂强度检验方法（ISO）［S］.
[3] GB/T 208—1994，水泥密度测定方法［S］.
[4] GB/T 1345—2005，水泥细度检验方法（45μm和80μm方孔筛）筛析法［S］.
[5] GB/T 1346—2011，水泥标准稠度用水量、凝结时间、安定性检验方法［S］.
[6] GB/T 2419—2005，水泥胶砂流动度测定方法［S］.
[7] GB/T 8074—2008，水泥比表面积测定方法勃氏法［S］.
[8] GB/T 1596—2005，用于水泥和混凝土中的粉煤灰［S］.
[9] GB/T 18046—2008，用于水泥和混凝土中的粒化高炉矿渣粉［S］.
[10] JGJ 52—2006，普通混凝土用砂、石质量及检验方法标准［S］.
[11] GB/T 14684—2011，建设用砂［S］.
[12] JT/T 523—2004，公路工程混凝土外加剂［S］.
[13] DL/T 5100—2014，水工混凝土外加剂技术规程［S］.
[14] GB 50119—2013，混凝土外加剂应用技术规范［S］.
[15] GB 50204—2002，混凝土结构工程施工质量验收规范［S］.
[16] GB 18588—2001，混凝土外加剂中释放氨的限量［S］.
[17] JC 475—2004，混凝土防冻剂［S］.
[18] JC 477—2005，喷射混凝土用速凝剂［S］.
[19] GB 18445—2012，水泥基渗透结晶型防水材料［S］.
[20] JC 474—2008，砂浆、混凝土防水剂［S］.
[21] GB 23440—2009，无机防水堵漏材料［S］.
[22] JC 473—2001，混凝土泵送剂［S］.
[23] 公路工程水泥混凝土外加剂与矿物掺和料应用技术指南［M］. 北京：人民交通出版社，2006.
[24] YB/T 9231—2009，钢筋阻锈剂使用技术规程［S］.
[25] GB/T 8077—2012，混凝土外加剂均质性试验方法［S］.
[26] GB/T 8076—2008，混凝土外加剂［S］.
[27] GB/T 50080—2011，普通混凝土拌和物性能试验方法标准［S］.
[28] GB/T 50081—2011，普通混凝土力学性能试验方法标准［S］.
[29] GB/T 50082—2009，普通混凝土长期性能和耐久性能试验方法标准［S］.
[30] JGJ 55—2011，普通混凝土配合比设计规程［S］.
[31] JGJ 63—2006，混凝土用水标准［S］.
[32] JGJ/T 10—2011，混凝土泵送技术规范［S］.
[33] GB 23439—2009，混凝土膨胀剂［S］.
[34] 逄鲁峰. 土木工程材料［M］. 北京：中国电力出版社，2012.